全国高等职业教育“十三五”规划教材

嵌入式操作系统实用教程

主编 沙 祥

参编 杨 永 杜 锋

机械工业出版社

本书全面而详细地介绍了嵌入式系统的使用，共分为5章：第1章介绍了目前在嵌入式系统中主流使用的 ARM 芯片和常见的硬件系统及其组成；第2章介绍了嵌入式系统与PC的连接和嵌入式Linux操作系统的安装、备份和恢复；第3章介绍了交叉编译工具链的安装与配置；第4章介绍了如何定制嵌入式Linux以及怎样利用交叉编译工具链生成相关文件；第5章介绍了嵌入式操作系统的使用方法。

本书可作为高职高专院校电子信息类相关专业学生的教材，也适合作为嵌入式系统初学者的参考书。

本书配有授课电子课件，需要的教师可登录www.cmpedu.com免费注册，审核通过后下载，或联系编辑索取（QQ：1239258369，电话：010-88379739）。

图书在版编目（CIP）数据

嵌入式操作系统实用教程 / 沙祥主编. —北京：机械工业出版社，2016.7
全国高等职业教育“十三五”规划教材
ISBN 978-7-111-55248-2

Ⅰ. ①嵌…　Ⅱ. ①沙…　Ⅲ. ①实时操作系统－高等职业教育－教材
Ⅳ. ①TP316.2

中国版本图书馆CIP数据核字（2016）第257563号

机械工业出版社（北京市百万庄大街22号　邮政编码100037）
策划编辑：王　颖　责任编辑：王　颖
责任校对：张艳霞　责任印制：李　飞
北京振兴源印务有限公司印刷

2017年1月第1版・第1次印刷
184mm×260mm・12.75印张・303千字
0001－3000册
标准书号：ISBN 978-7-111-55248-2
定价：33.00元

凡购本书，如有缺页、倒页、脱页，由本社发行部调换

电话服务
服务咨询热线：（010）88379833
读者购书热线：（010）88379649

网络服务
机 工 官 网：www.cmpbook.com
机 工 官 博：weibo.com/cmp1952
教育服务网：www.cmpedu.com
金 书 网：www.golden-book.com

封面无防伪标均为盗版

全国高等职业教育规划教材
电子类专业编委会成员名单

出 版 说 明

《国务院关于加快发展现代职业教育的决定》指出：到 2020 年，形成适应发展需求、产教深度融合、中职高职衔接、职业教育与普通教育相互沟通，体现终身教育理念，具有中国特色、世界水平的现代职业教育体系，推进人才培养模式创新，坚持校企合作、工学结合，强化教学、学习、实训相融合的教育教学活动，推行项目教学、案例教学、工作过程导向教学等教学模式，引导社会力量参与教学过程，共同开发课程和教材等教育资源。机械工业出版社组织全国 60 余所职业院校（其中大部分是示范性院校和骨干院校）的骨干教师共同策划、编写并出版的“全国高等职业教育规划教材”系列丛书，已历经十余年的积淀和发展，今后将更加结合国家职业教育文件精神，致力于建设符合现代职业教育教学需求的教材体系，打造充分适应现代职业教育教学模式的、体现工学结合特点的新型精品化教材。

“全国高等职业教育规划教材”涵盖计算机、电子和机电 3 个专业，目前在销教材 300 余种，其中“十五”“十一五”“十二五”累计获奖教材 60 余种，更有 4 种获得国家级精品教材。该系列教材依托于高职高专计算机、电子、机电 3 个专业编委会，充分体现职业院校教学改革和课程改革的需要，其内容和质量颇受授课教师的认可。

在系列教材策划和编写的过程中，主编院校通过编委会平台充分调研相关院校的专业课程体系，认真讨论课程教学大纲，积极听取相关专家意见，并融合教学中的实践经验，吸收职业教育改革成果，寻求企业合作，针对不同的课程性质采取差异化的编写策略。其中，核心基础课程的教材在保持扎实的理论基础的同时，增加实训和习题以及相关的多媒体配套资源；实践性较强的课程则强调理论与实训紧密结合，采用理实一体的编写模式；涉及实用技术的课程则在教材中引入了最新的知识、技术、工艺和方法，同时重视企业参与，吸纳来自企业的真实案例。此外，根据实际教学的需要对部分课程进行了整合和优化。

归纳起来，本系列教材具有以下特点。

1）围绕培养学生的职业技能这条主线来设计教材的结构、内容和形式。

2）合理安排基础知识和实践知识的比例。基础知识以“必需、够用”为度，强调专业技术应用能力的训练，适当增加实训环节。

3）符合高职学生的学习特点和认知规律。对基本理论和方法的论述容易理解、清晰简洁，多用图表来表达信息；增加相关技术在生产中的应用实例，引导学生主动学习。

4）教材内容紧随技术和经济的发展而更新，及时将新知识、新技术、新工艺和新案例等引入教材。同时注重吸收最新的教学理念，并积极支持新专业的教材建设。

5）注重立体化教材建设。通过主教材、电子教案、配套素材光盘、实训指导和习题及解答等教学资源的有机结合，提高教学服务水平，为高素质技能型人才的培养创造良好的条件。

由于我国高等职业教育改革和发展的速度很快，加之我们的水平和经验有限，因此在教材的编写和出版过程中难免出现问题和疏漏。恳请使用这套教材的师生及时向我们反馈质量信息，以利于我们今后不断提高教材的出版质量，为广大师生提供更多、更适用的教材。

机械工业出版社

前 言

近年来，基于 ARM 的嵌入式系统得到了飞速的发展，应用范围遍布人们生产、生活的各个领域。嵌入式系统的构成主要包括两方面，通俗地说就是硬件和软件。硬件方面，ARM 芯片是嵌入式系统的核心。但是一个系统还需要其他组成部分，它们是怎样组合在一起的？软件又可以分为操作系统和应用软件。操作系统中，嵌入式 Linux 的应用非常广泛，甚至于 Android 也是以 Linux 为基础的半开源操作系统，那么怎样在嵌入式系统中定制和安装操作系统呢？

本书着重解决以上两个问题。

第 1 章介绍了常用的 ARM 芯片和开发板及其构成等内容。

第 2 章介绍了嵌入式系统与 PC 的连接和嵌入式操作系统的安装等内容。

第 3 章介绍了使用交叉编译工具链的原因以及交叉编译工具链的安装等内容。

第 4 章介绍了系统的定制等内容。

第 5 章介绍了嵌入式操作系统的使用等内容。

嵌入式系统重在“移植”，要充分参考前辈的经验；嵌入式系统重在“总结”，要分析每一次失败的原因。

本书由淮安信息职业技术学院沙祥主编，杨永、杜锋参编，在本书编写过程中，得到了淮安信息职业技术学院的领导和同仁们的大力支持，在此向他们表示衷心的感谢。

由于编者水平有限，本书中必然存在不足之处，恳请广大读者批评指正。

编 者

目　录

第 1 章　嵌入式系统的组成

1.1　ARM 微处理器简介

目前，很多嵌入式产品和手持式设备使用了 ARM 芯片，那么什么是 ARM 呢？

1.1.1　ARM 公司简介

ARM Holdings 是全球领先的半导体知识产权（IP）提供商，并因此在数字电子产品的开发中处于核心地位。ARM 公司的总部位于英国剑桥，它拥有 1700 多名员工，在全球设立了多个办事处，其中包括比利时、法国、印度、瑞典和美国的设计中心。

ARM 公司是专门从事基于 RISC 技术芯片设计开发的公司，作为知识产权供应商，本身不直接从事芯片生产，靠转让设计许可由合作公司生产各具特色的芯片，世界各大半导体生产商从 ARM 公司购买其设计的 ARM 微处理器核，根据各自不同的应用领域，加入适当的外围电路，从而形成自己的 ARM 微处理器芯片进入市场。全世界有几十家大的半导体公司都使用 ARM 公司的授权，因此既使得 ARM 技术获得更多的第三方工具、制造、软件的支持，又使整个系统成本降低，使产品更容易进入市场被消费者所接受，更具有竞争力。

ARM 商品模式的强大之处在于它在世界范围有超过 100 个的合作伙伴。ARM 采用转让许可证制度，由合作伙伴生产芯片。

1.1.2　ARM 系列处理器

常见的 ARM 微处理器的系列及性能示意图如图 1-1 所示，常见的 ARM 系列微处理器如表 1-1 所示。

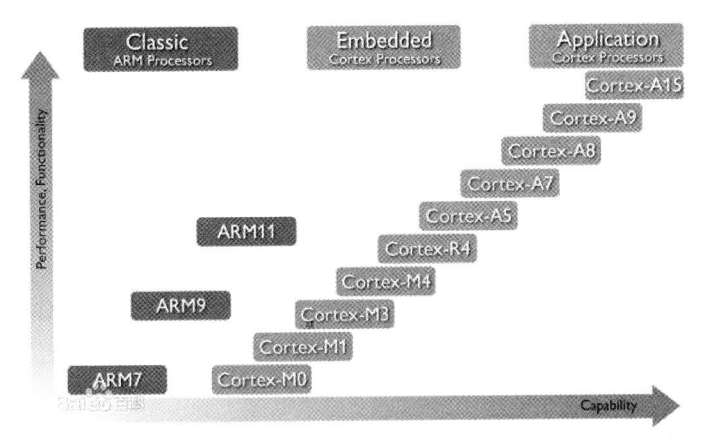

图 1-1　常见的 ARM 微处理器的系列及性能示意图

表 1-1 常见的 ARM 系列微处理器

系列	架构	内核	特色	高速缓存（I/D）与 MMU
ARM7TDMI	ARMv4T	ARM7TDMI（-S）	3 级流水线	无
		ARM710T		均为 8KB、MMU
		ARM720T		均为 8KB、MMU
		ARM740T		MPU
	ARMv5TEJ	ARM7EJ-S	Jazelle DBX	无
ARM9TDMI	ARMv4T	ARM9TDMI	5 级流水线	无
		ARM920T		16KB/16KB、MMU
		ARM922T		8KB/8KB、MMU
		ARM940T		4KB/4KB、MPU
ARM9E	ARMv5TE	ARM946E-S		可变动、tightly coupled memories、MPU
		ARM966E-S		无高速缓存、TCMs
		ARM968E-S		无高速缓存、TCMs
	ARMv5TEJ	ARM926EJ-S	Jazelle DBX	可变动、TCMs、MMU
	ARMv5TE	ARM996HS	无振荡器处理器	无高速缓存、TCMs、MPU
ARM10E	ARMv5TE	ARM1020E	（VFP），6 级流水线	32KB/32KB、MMU
		ARM1022E	（VFP）	16KB/16KB、MMU
	ARMv5TEJ	ARM1026EJ-S	Jazelle DBX	可变动，MMU or MPU
ARM11	ARMv6	ARM1136J（F)-S	SIMD、Jazelle DBX、（VFP）、8 级流水线	可变动，MMU
	ARMv6T2	ARM1156T2（F)-S	SIMD、Thumb-（2）（VFP）、9 级流水线	可变动，MPU
	ARMv6KZ	ARM1176JZ（F)-S	SIMD、Jazelle DBX、（VFP）	可变动，MMU+TrustZone
	ARMv6K	ARM11 MPCore	1～4 核多处理器、SIMD、Jazelle DBX、（VFP）	可变动，MMU
Cortex	ARMv7-A	Cortex-A8	Application profile、VFP、NEON、Jazelle RCT、Thumb-（2）13 级流水线	可变动（L1+L2）、MMU+TrustZone
	ARMv7-R	Cortex-R4（F）	Embedded profile、(FPU）	可变动高速缓存、MMU 可选配
	ARMv7-M	Cortex-M3	Microcontroller profile	无高速缓存、(MPU）

在表 1-1 中有一处英文缩写需要注意：MMU。

MMU 是 Memory Management Unit 的缩写，中文名是内存管理单元，它是中央处理器（CPU）中用来管理虚拟存储器、物理存储器的控制线路，同时也负责虚拟地址映射为物理地址以及提供硬件机制的内存访问授权，多用户多进程操作系统。

一般可以认为：只有具备了 MMU 的处理器才能支持实时性操作系统（Windows 系列操作系统和 Linux 系列操作系统等)。

1. ARM7 系列微处理器

ARM7 系列微处理器为低功耗的 32 位 RISC 处理器，最适合用于对价位和功耗要求较高的消费类应用。ARM7 微处理器系列具有如下特点：

- 具有嵌入式 ICE-RT 逻辑，调试开发方便；
- 极低的功耗，适合对功耗要求较高的应用，如便携式产品；
- 能够提供 0.9MIPS/MHz 的三级流水线结构；

- 代码密度高并兼容 16 位的 Thumb 指令集；
- 对操作系统的支持广泛，包括 WindowsCE、Linux 和 PalmOS 等；
- 指令系统与 ARM9 系列、ARM9E 系列和 ARM10E 系列兼容，便于用户的产品升级换代；
- 主频最高可达 130MIPS，高速的运算处理能力能胜任绝大多数的复杂应用。

ARM7 系列微处理器包括如下几种类型的核：ARM7TDMI、ARM7TDMI-S、ARM720T 和 ARM7EJ。其中，ARM7TDMI 是目前使用最广泛的 32 位嵌入式 RISC 处理器，属低端 ARM 处理器核。TDMI 的基本含义如下。

- T：支持 16 位压缩指令集 Thumb；
- D：支持片上 Debug；
- M：内嵌硬件乘法器；
- I：嵌入式 ICE，支持片上断点和调试点。

2．ARM9 系列微处理器

ARM9 系列微处理器在高性能和低功耗特性方面提供最佳的性能。具有以下特点：

- 5 级整数流水线，指令执行效率更高；
- 提供 1.1MIPS/MHz 的哈佛结构；
- 支持 32 位 ARM 指令集和 16 位 Thumb 指令集；
- 支持 32 位的高速 AMBA 总线接口；
- 全性能的 MMU，支持 Windows CE、Linux 和 PalmOS 等多种主流嵌入式操作系统 MPU 支持实时操作系统；
- 支持数据 Cache 和指令 Cache，具有更高的指令和数据处理能力。

ARM9 系列微处理器包含 ARM920T、ARM922T 和 ARM940T 3 种类型，以适用于不同的应用场合。

3．ARM9E 系列微处理器

ARM9E 系列微处理器为可综合处理器，使用单一的处理器内核提供了微控制器、DSP 和 Java 应用系统的解决方案，极大减少了芯片的面积和系统的复杂程度。ARM9E 系列微处理器提供了增强的 DSP 处理能力，很适合于那些需要同时使用 DSP 和微控制器的应用场合。

ARM9E 系列微处理器的主要特点如下：

- 支持 DSP 指令集，适合于需要高速数字信号处理的场合；
- 5 级整数流水线，指令执行效率更高；
- 支持 32 位 ARM 指令集和 16 位 Thumb 指令集；
- 支持 32 位的高速 AMBA 总线接口；
- 支持 VFP9 浮点处理协处理器；
- 全性能的 MMU，支持 WindowsCE、Linux 和 PalmOS 等多种主流嵌入式操作系统；
- MPU 支持实时操作系统；
- 支持数据 Cache 和指令 Cache，具有更高的指令和数据处理能力；
- 主频最高可达 300MIPS。

ARM9E 系列微处理器包含 ARM926EJ-S、ARM946E-S 和 ARM966E-S 3 种类型，以适用于不同的应用场合。

4．ARM10E 系列微处理器

ARM10E 系列微处理器具有高性能、低功耗的特点，由于采用了新的体系结构，与同等的 ARM9 器件相比较，在同样的时钟频率下，性能提高了近 50%，同时，ARM10E 系列微处理器采用了两种先进的节能方式，使其功耗极低。

ARM10E 系列微处理器的主要特点如下：

- 支持 DSP 指令集，适合于需要高速数字信号处理的场合；
- 6 级整数流水线，指令执行效率更高；
- 支持 32 位 ARM 指令集和 16 位 Thumb 指令集；
- 支持 32 位的高速 AMBA 总线接口；
- 支持 VFP10 浮点处理协处理器；
- 全性能的 MMU，支持 WindowsCE、Linux 和 PalmOS 等多种主流嵌入式操作系统；
- 支持数据 Cache 和指令 Cache，具有更高的指令和数据处理能力；
- 主频最高可达 400MIPS；
- 内嵌并行读/写操作部件。

ARM10E 系列微处理器包含 ARM1020E、ARM1022E 和 ARM1026EJ-S 3 种类型，以适用于不同的应用场合。

5．ARM11 系列微处理器

ARM11 系列微处理器是 ARM 公司近年推出的新一代 RISC 处理器，它是 ARM 新指令架构——ARMv6 的第一代设计实现。ARMv6 架构是根据下一代的消费类电子、无线设备、网络应用和汽车电子产品等需求而制定的。

ARMv6 架构决定了可以达到高性能处理器的基础。总的来说，ARMv6 架构通过以下几点来增强处理器的性能：

- 多媒体处理扩展，使 MPEG4 编码/解码加快一倍、使音频处理加快一倍；
- 增强的 Cache 结构，实地址 Cache4，减少 Cache 的刷新和重载，减少上下文切换的开销；
- 增强的异常和中断处理使实时任务的处理更加迅速；
- 支持 Unaligned 和 Mixed-endian 数据访问，使数据共享、软件移植更简单，也有利于节省存储器空间。

对绝大多数应用来说，ARMv6 保持了 100%的二进制向下兼容，使用户过去开发的程序可以进一步继承下去。ARMv6 保持了所有过去架构中的 T（Thumb 指令）和 E（DSP 指令）扩展，使代码压缩和 DSP 处理特点得到延续；为了加速 Java 代码执行速度的 ARM Jazalle 技术也继续在 ARMv6 架构中发挥重要作用。

ARM11 系列微处理器主要有 ARM1136J、ARM1156T2 和 ARM1176JZ 3 个内核型号，以适用于不同的应用场合。

6．ARM Cortex 系列微处理器

ARM 公司在经典处理器 ARM11 以后的产品改用 Cortex 命名（ARM11 及之前的则重新命名为 Classic 系列），并分成 A、R 和 M 三类，旨在为各种不同的市场提供服务。

Cortex 系列属于 ARMv7 架构，这是 ARM 公司最新的指令集架构。ARMv7 架构定义了三大分工明确的系列：

- "A"系列面向尖端的基于虚拟内存的操作系统和用户应用；
- "R"系列针对实时系统；
- "M"系列对微控制器。

由于应用领域不同，基于 v7 架构的 Cortex 处理器系列所采用的技术也不相同，基于 v7A 的称为 Cortex-A 系列，基于 v7R 的称为 Cortex-R 系列，基于 v7M 的称为 Cortex-M 系列。

（1）ARM Cortex-A

ARM Cortex-A 系列应用型处理器可向托管丰富 OS 平台和用户应用程序的设备提供全方位的解决方案，从超低成本手机、智能手机、移动计算平台、数字电视和机顶盒到企业网络、打印机和服务器解决方案。高性能的 Cortex-A15、可伸缩的 Cortex-A9、经过市场验证的 Cortex-A8 处理器和高效的 Cortex-A7 和 Cortex-A5 处理器均共享同一架构，因此具有完全的应用兼容性，支持传统的 ARM、Thumb 指令集和新增的高性能紧凑型 Thumb-2 指令集。

Cortex-A15 和 Cortex-A7 都支持 ARMv7A 架构的扩展，从而为大型物理地址访问和硬件虚拟化以及处理 AMBA4ACE 一致性提供支持。同时，这些都支持大小端处理。

ARM 在 Cortex-A 系列处理器大体上可以排序为 Cortex-A57 处理器、Cortex-A53 处理器、Cortex-A15 处理器、Cortex-A9 处理器、Cortex-A8 处理器、Cortex-A7 处理器和 Cortex-A5 处理器。

需要指出的是，单从命名数字来看 Cortex-A7 似乎比 A8 和 A9 低端，但是从 ARM 的官方数据看，A7 的架构和工艺都是仿照 A15 来做的，单个性能超过 A8 并且能耗控制很好。另外 A57 和 A53 属于 ARMv8 架构。

（2）ARM Cortex-R

ARM Cortex-R 实时处理器为要求可靠性、高可用性、容错功能、可维护性和实时响应的嵌入式系统提供高性能计算解决方案。

Cortex-R 系列处理器通过已经在数以亿计的产品中得到验证的成熟技术提供极快的上市速度，并利用广泛的 ARM 生态系统、全球和本地语言以及全天候的支持服务，保证快速、低风险的产品开发。

许多应用都需要 Cortex-R 系列的关键特性。

- 高性能：与高时钟频率相结合的快速处理能力；
- 实时：处理能力在所有场合都符合硬实时限制；
- 安全：具有高容错能力的可靠且可信的系统；
- 经济实惠：可实现最佳性能、功耗和面积的功能。

Cortex-R 系列处理器与 Cortex-M 和 Cortex-A 系列处理器都不相同。显而易见，Cortex-R 系列处理器提供的性能比 Cortex-M 系列提供的性能高得多，而 Cortex-A 系列专用于具有复杂软件操作系统（需使用虚拟内存管理）的面向用户的应用。

（3）ARM Cortex-M

ARM Cortex-M 处理器系列是一系列可向上兼容的高能效、易于使用的处理器，这些处理器旨在帮助开发人员满足将来的嵌入式应用的需要。这些需要包括以更低的成本提供更多功能、不断增加连接、改善代码重用和提高能效。

Cortex-M 系列针对成本和功耗敏感的 MCU 和终端应用（如智能测量、人机接口设备、汽车和工业控制系统、大型家用电器、消费性产品和医疗器械）的混合信号设备进行过优化。

1.1.3 常用的ARM芯片

目前在嵌入式系统中比较常用的ARM芯片有S3C2440A和S5PV210。

1. S3C2440A简介

S3C2440A是三星推出的一款基于ARM920T核心、0.13μm的CMOS标准宏单元和存储器单元的微处理器。S3C2440A具备的低功耗、简单、精致且全静态的设计特别适合于对成本和功率敏感型的应用。它采用了新的总线架构如先进微控制总线构架（AMBA）。S3C2440A的主频为400MHz，最高可以达到533MHz。

S3C2440A的突出特点是其处理器核心，ARM920T实现了MMU、AMBA总线和哈佛结构高速缓冲体系结构。这一结构具有独立的16KB指令高速缓存和16KB数据高速缓存。每个都是由具有8字长的行（line）组成。

通过提供一套完整的通用系统外设，S3C2440A减少整体系统成本，无须配置额外的组件。S3C2440A集成了以下片上功能：

- 1.2V内核供电、1.8V/2.5V/3.3V储存器供电、3.3V外部I/O供电，具备16KB的指令缓存和16KB的数据缓存和MMU的微处理器；
- 外部存储控制器（SDRAM控制和片选逻辑）；
- LCD控制器（最大支持4K色STN和256K色TFT）提供1通道LCD专用DMA；
- 4通道DMA并有外部请求引脚；
- 3通道UART（IrDA1.0、64字节发送FIFO和64字节接收FIFO）；
- 2通道SPI；
- 1通道I^2C总线接口（支持多主机）；
- 1通道IIS总线音频编码器接口；
- AC'97编解码器接口；
- 兼容SD主接口协议1.0版和MMC卡协议2.11兼容版；
- 2通道USB主机/1通道USB设备（1.1版）；
- 4通道PWM定时器和1通道内部定时器/看门狗定时器；
- 8通道10位ADC和触摸屏接口；
- 具有日历功能的RTC；
- 摄像头接口（最大支持4096×4096像素输入；2048×2048像素输入支持缩放）；
- 130个通用I/O口和24通道外部中断源；
- 具有普通、慢速、空闲和掉电模式；
- 具有PLL片上时钟发生器。

2. S5PV210简介

S5PV210又名“蜂鸟”（Hummingbird），是三星推出的一款适用于智能手机和平板式计算机等多媒体设备的应用处理器，S5PV210和S5PC110功能一样，110小封装适用于智能手机，210封装较大，主要用于平板式计算机和上网本，苹果的iPad和iPhone4上用的A4处理器（三星制造的），就用的和S5PV210一样的架构（只是3D引擎和视频解码部分不同），三星的Galaxy Tab平板式计算机上用的也是S5PV210。

S5PV210采用了ARM Cortex-A8内核、ARMv7架构指令集；主频可达1GHZ、64/32位内部总线结构、32/32KB的数据/指令一级缓存、512KB的二级缓存，可以实现

2000DMIPS（每秒运算两亿条指令集）的高性能运算能力。

S5PV210 包含很多强大的硬件编解码功能：

- 内建 MFC（Multi Format Codec），支持 MPEG-1/2/4、H.263 和 H.264 等格式视频的编解码，支持模拟/数字 TV 输出；
- JPEG 硬件编解码，最大支持 8192×8192 分辨率；
- 内建高性能 PowerVR SGX540 3D 图形引擎和 2D 图形引擎，支持 2D/3D 图形加速，是第五代 PowerVR 产品，其多边形生成率为 2800 万多边形/s，像素填充率可达 2.5 亿/s，在 3D 和多媒体方面比以往大幅提升，能够支持 DX9、SM3.0 和 OpenGL2.0 等 PC 级别显示技术；
- 具备 IVA3 硬件加速器，具备出色的图形解码性能，可以支持全高清、多标准的视频编码，流畅播放和录制 30 帧/s 的 1920×1080 像素的视频文件，可以更快解码更高质量的图像和视频；
- 内建的 HDMI V1.3，可以将高清视频输出到外部显示器上。

S5PV210 的存储控制器支持 LPDDR1、LPDDR2 和 DDR2 类型的 RAM，Flash 支持 OneNand、Nand Flash 和 Nor Flash 等。

S5PV210 提供的资源非常丰富，包括：

- 具有 NEON 单元，可加速浮点运算和信号处理算法，可用于多媒体应用；
- 使用 AMBA3.0 标准中的 AXI 总线，可挂载加密引擎和音频数字信号处理器等；
- 片内自带 64KB 安全启动代码区 ROM 和可安全性区域配置的 96KB 片内 RAM；
- 具有 1 个 RTC（Real Time Clock）实时时钟；
- 具有 4 个 PLL（Phase Locked Loop）锁相环；
- 具有 5 个定时器（timer）支持 PWM（脉宽调制）；
- 具有 1 个看门狗定时器（WatchdogTimer）；
- 具有 24 通道 DMA（Direct Memory Access）：8 通道用于内存到内存，16 通道用于外围总线接口；
- 支持 14×8 矩阵键盘；
- 具有 10 个的 12 位 IO 复用 ADC；
- 音频接口模块：3 个 24 位 IIS 总线接口，1 路 SPDIF 数字音频接口，1 个 AC’97 编解码接口，3 通道 PCM 串行接口；
- 存储接口：支持 4 路 SDIO 接口，ATA/ATAPI-6 转输接口；
- 连接接口：支持 USB2.0 OTG（主从可切换），4 路 UART 串行接口，3 路 I^2C 总线接口，2 路高速 SPI 总线接口，1 个调制解调接口；
- 237 个 GPIO（通用处理输入输出接口）。

1.2 嵌入式系统的硬件构成

1.2.1 Micro2440 核心板的构成

图 1-2 所示为 FriendlyARM（友善之臂）的 Micro2440 核心板布局图，它采用 6 层板设

计，并使用等长布线以满足信号完整性要求。

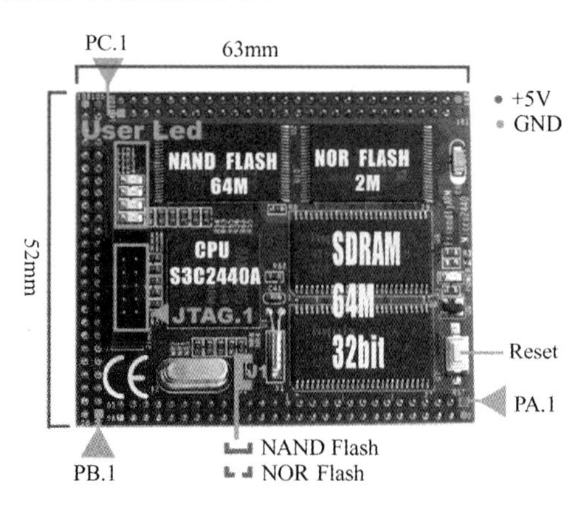

图 1-2 Micro2440 核心板布局图

1. S3C2440A 地址空间分配和片选信号定义

S3C2440A 支持两种启动模式：从 Nand Flash 启动和从 Nor Flash 启动。在此两种启动模式下，各个片选的存储空间分配是不同的，S3C2440A 存储空间分配如图 1-3 所示。

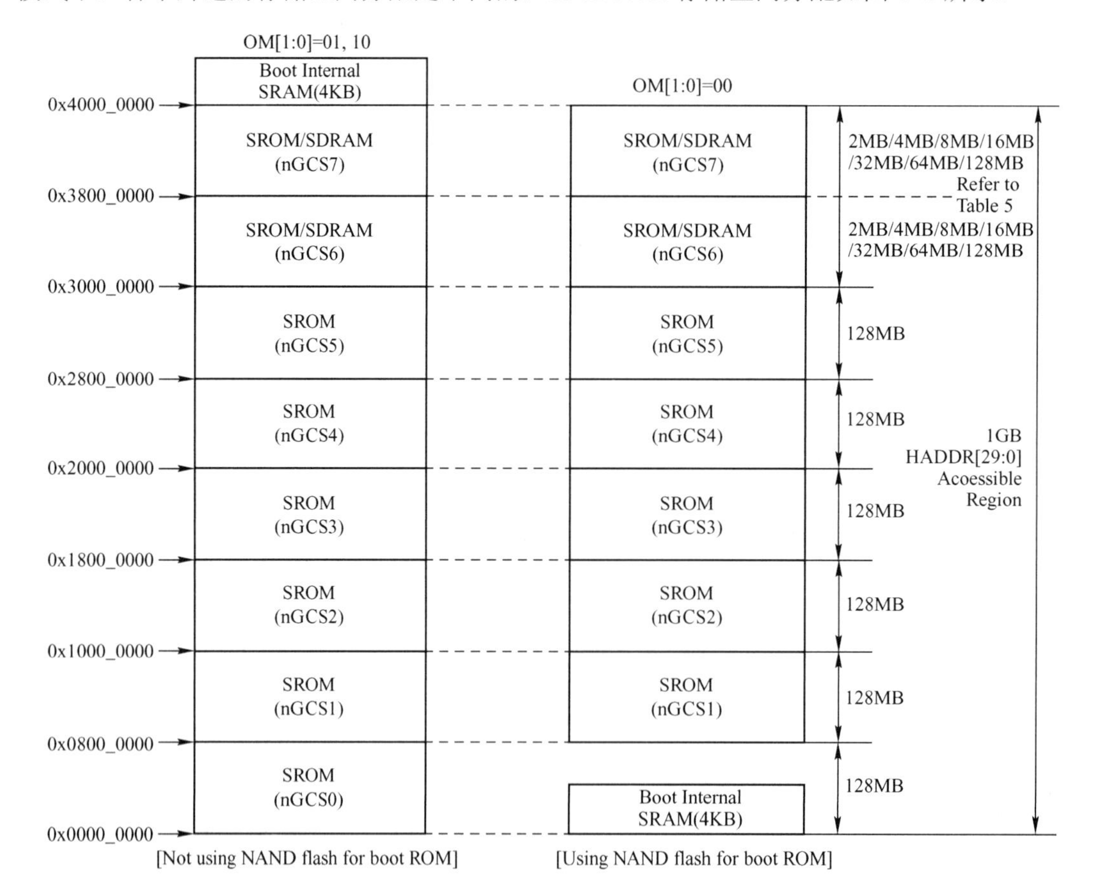

图 1-3 S3C2440A 存储空间分配

从图 1-3 可以看出：

- 图 1-3 中指出了器件地址空间分配和其片选定义；
- 图 1-3 左侧是 nGCS0 片选的 Nor Flash 启动模式下的存储空间分配图；
- 图 1-3 右侧是 Nand Flash 启动模式下的存储空间分配图。

可见，nGCS0 片选的空间在不同的启动模式下，映射的器件是不一样的：

- 在 NAND Flash 启动模式下，内部的 4KB BootSRAM 被映射到 nGCS0 片选的空间；
- 在 Nor Flash 启动模式下（非 Nand Flash 启动模式），与 nGCS0 相连的外部存储器 Nor Flash 就被映射到 nGCS0 片选的空间；
- 由于 Nor Flash 存储器价格较高，相对而言 SDRAM 和 Nand Flash 存储器更经济，这样促使了一些用户在 Nand Flash 中执行引导代码，在 SDRAM 中执行主代码。
- S3C2440A 引导代码可以在外部 Nand Flash 存储器上执行。为了支持 Nand Flash 的 bootloader，S3C2440A 配备了一个内置的 SRAM 缓冲器，如图 1-3 所示：Boot Internal SRAM，称为：Steppingstone。引导启动时，Nand Flash 存储器的开始 4KB 将被加载到 Steppingstone 中并且执行加载到 Steppingstone 的引导代码。
- 通常引导代码会复制 Nand Flash 的内容到 SDRAM 中。通过使用硬件 ECC，有效地检查 Nand Flash 数据。在复制完成的基础上，将在 SDRAM 中执行主程序。
- 当复位时，Nand Flash 控制器将通过引脚状态来获取连接的 Nand Flash 的信息，在发生掉电或系统复位后，Nand Flash 控制器自动加载 4KB 的 bootloader 代码。在加载完 bootloader 代码后，Steppingstone 中的 bootloader 代码已经执行了。在此需要注意的是：当自动引导启动期间，ECC 不会去检测，所以，Nand Flash 的开始 4KB 不应当包含位相关的错误。

2．SDRAM 存储系统

（1）SDRAM 简介

SDRAM 的全称是 Synchronous Dynamic Random Access Memory，中文为同步动态随机存储器，其中：

- 同步是指 Memory 工作需要同步时钟，内部的命令的发送与数据的传输都以它为基准；
- 动态是指存储阵列需要不断刷新来保证数据不丢失；
- 随机是指数据不是线性依次存储，而是自由指定地址进行数据读写。

SDRAM 等产品一般又称为内存（相对于外存而言），是计算机中的主要部件，我们平常使用的程序，如 Windows 操作系统、打字软件和游戏软件等，一般都是安装在硬盘等外存上的，但仅此是不能使用其功能的，必须把它们调入内存中运行，才能真正使用其功能。我们平时输入一段文字，或玩一个游戏，其实都是在内存中进行的。就好比在一个书房里，存放书籍的书架和书柜相当于计算机的外存，而我们工作的办公桌就是内存。通常我们把要永久保存的、大量的数据存储在外存上，而把一些临时的或少量的数据和程序放在内存上，当然内存的好坏会直接影响计算机的运行速度。

SDRAM 在计算机中被广泛使用，从起初的 SDRAM 到之后一代的 DDR（或称为 DDR1），然后是 DDR2 和 DDR3 进入大众市场，显卡上的 DDR 已经发展到 DDR5。

（2）SDRAM 芯片的寻址

Micro2440 核心板使用了 32MB×2 总共 64MB 的 SDRAM 芯片，具体型号为 HY57V561620，其寻址的原理如下所述：

➢ 在 HY57V561620 中，共有 4 个 Bank；
➢ 在每 Bank 中寻址的时候，地址线时分复用为 Row Address 和 Column Address；
➢ A0～A12 复用为 Row Address：RA0～RA12 和 Column Address：CA0～CA8；
➢ 每 Bank 中寻址范围为 $2^{13}\times2^{9}=2^{22}$=4 194 304=4M，每个寻址空间对应 16bit 数据；
➢ 其容量为 4Banks×4M×16bit=16M×16bit，一般就认为其大小为 32MB（32M×8bit）。

（3）SDRAM 存储系统

Micro2440 核心板的 SDRAM 存储系统是由两片 HY57V561620 并联构成，形成 32bit 的总线数据宽度，这样可以增加访问的速度，SDRAM 存储系列如图 1-4 所示。

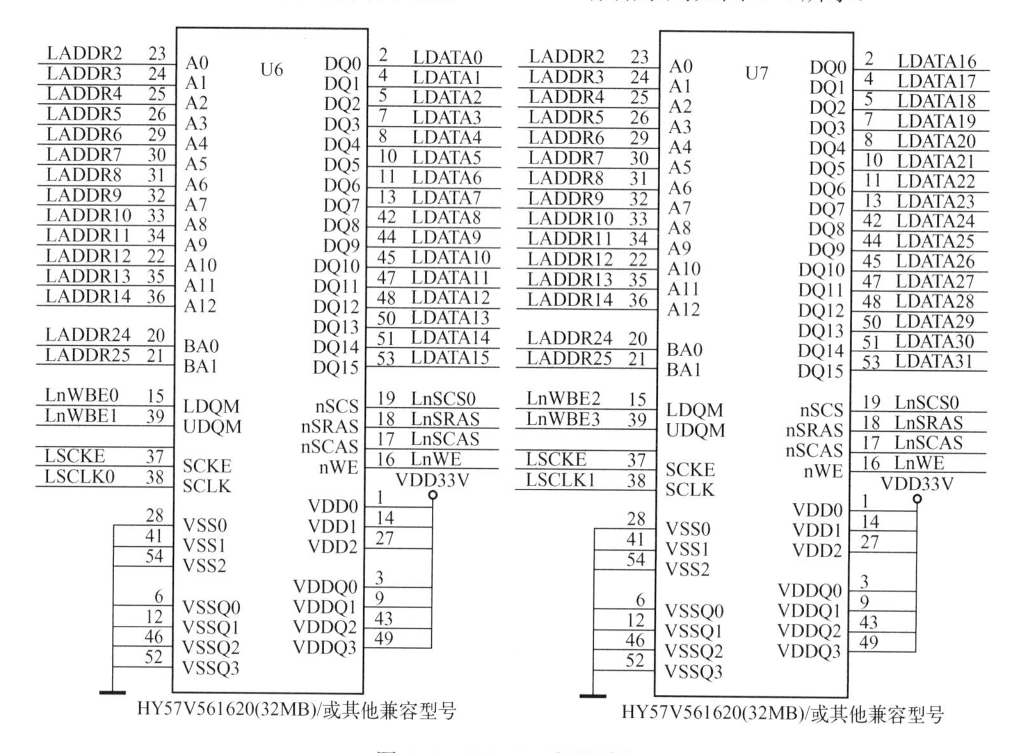

图 1-4　SDRAM 存储系统

从图 1-4 可以看出如下内容：

➢ 两片 HY57V561620 因为是并联，故它们都使用了 nGCS6 作为片选，根据图 1-3 所示，这就决定了它们的物理地址范围为 0x3000 0000～0x33ff ffff；
➢ 每个寻址空间对应 32bit 数据，所以 SDRAM 存储系统大小为 4Banks×4M×32bit=16M×32bit，一般就认为其大小为 64MB（64M×8bit）；
➢ 从 SDRAM 存储系统分配到的地址线来计算，其寻址范围为 224=16 777 216Word，1Word=32bit=4B，总大小依然为 16 777 216×4B=67 108 864B=64MB；
➢ 64M 转换为 16 进制数为：（67 108 864）10=（400 0000）16，正好符合物理地址范围为 0x3000 0000～0x33ff ffff。

3．Flash 存储系统

Micro2440 核心板具备两种 Flash，一种是 Nor Flash，型号为 S29AL016J（大小为 16M bit)；另一种是 Nand Flash，型号为 K9F2G08（大小为 2G bit)。S3C2440A 支持这两种 Flash 启动系统，通过拨动开关（在对应的开发板上为 S2)，你可以选择从 Nor Flash 还是从 Nand Flash 启动系统。

（1）Nor Flash

Intel 于 1988 年首先开发出 Nor Flash 技术，彻底改变了原先由电可编程序只读存储器（Erasable Programmable Read-Only-Memory，EPROM）和电可擦只读存储器（Electrically Erasable Programmable Read-Only-Memory，EEPROM）一统天下的局面。

Nor Flash 的特点是芯片内执行（eXecute In Place，XIP)，这样应用程序可以直接在 Flash 闪存内运行，不必再把代码读到系统 RAM 中。NOR 的传输效率很高，在 1～4MB 的小容量时具有很高的成本效益，但是很低的写入和擦除速度大大影响了它的性能。

Micro2440 核心板中的 Nor Flash 存储系统的原理图如图 1-5 所示。

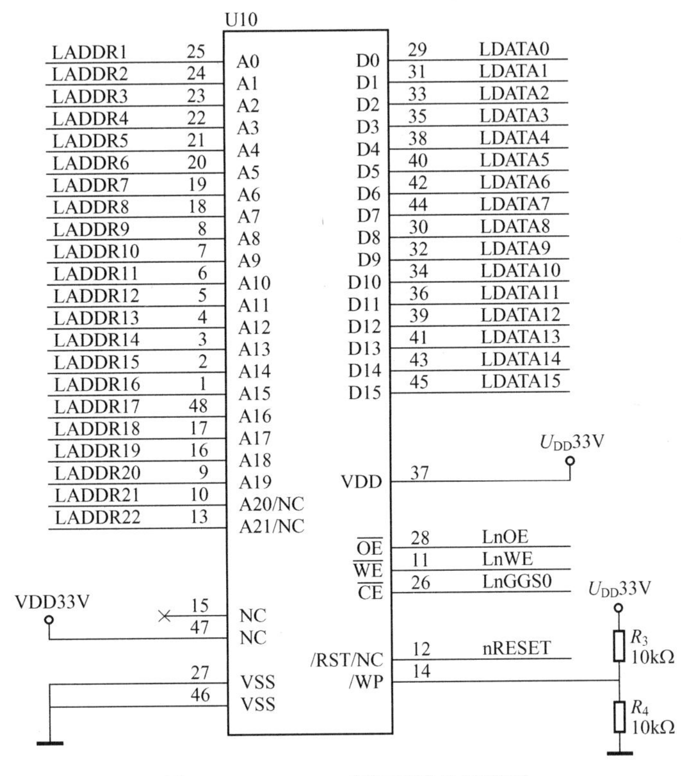

图 1-5　Nor Flash 存储系统的原理图

从图 1-5 可以看出：

- Nor Flash 采用了 A1～A22 总共 22 条地址总线和 16 条数据总线与 CPU 连接；
- 地址线是从 A1 开始的，这意味着它每次最小的读写单位是 2B；
- 根据原理图，该设计总共可以兼容支持最大 $2^{22}\times16$ bit=67 108 864bit=8MB 的 Nor Flash；
- 实际开发板上只用了 A1～A20 条地址线，即 $2^{20}\times16$ bit=16 777 216bit=2MB。

（2）Nand Flash

1989 年，东芝公司发表了 Nand Flash 技术，强调降低每比特的成本，有更高的性能，并且像磁盘一样可以通过接口轻松升级。Nand Flash 的结构能提供极高的单元密度，可以达到高存储密度，并且写入和擦除的速度也很快。应用 Nand Flash 的困难在于其管理需要使用特殊的系统接口。Nand Flash 不具有地址线，它有专门的控制接口与 CPU 相连，数据总线为 8bit，但这并不意味着 Nand Flash 读写数据会很慢。大部分的优盘或者 SD 卡等都是 Nand Flash 制成的设备。

Micro2440 核心板中的 Nand Flash 存储系统的原理图如图 1-6 所示。

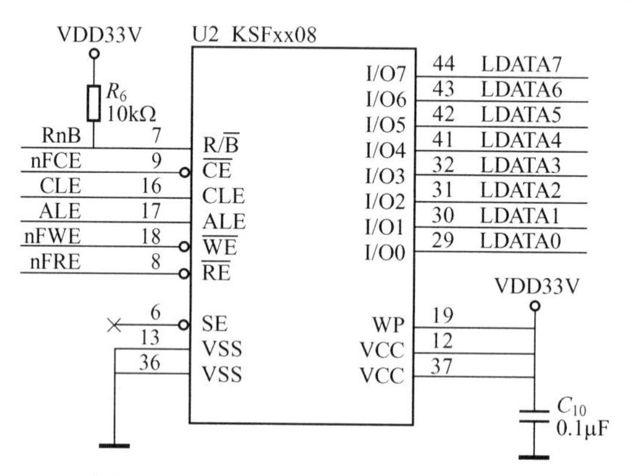

图 1-6　Nand Flash 存储系统的原理图

4. 电源系统

本开发板的电源系统比较简单，直接使用外接的 5V 电源，通过降压芯片产生整个系统所需要的两种电压：3.3V、1.25V，电源系统如图 1-7 所示。

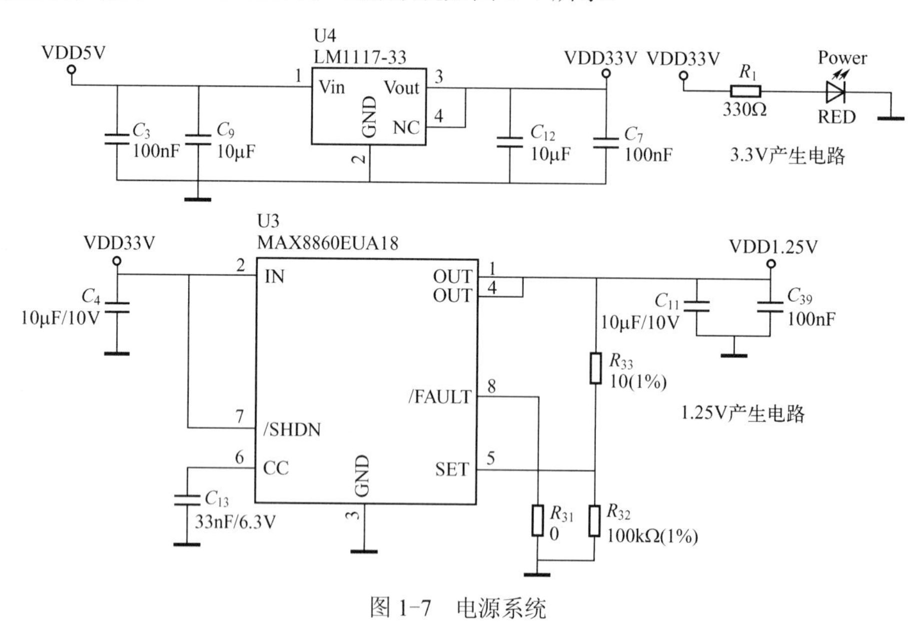

图 1-7　电源系统

5. 复位系统

Micro2440 核心板采用专业的复位芯片 MAX811 实现 CPU 所需要的低电平复位，复位系统如图 1-8 所示。

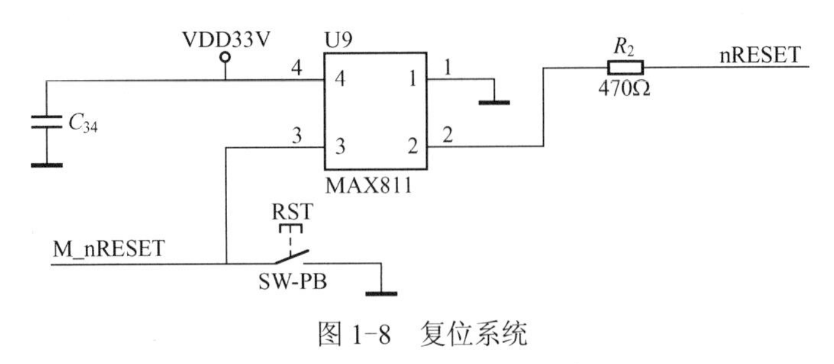

图 1-8　复位系统

1.2.2　Smart210 开发板的构成

1．Smart210 核心板简介

图 1-9 所示为 FriendlyARM（友善之臂）的 Smart210 核心板布局图，它同样采用 6 层板设计，并使用等长布线以满足信号完整性要求。

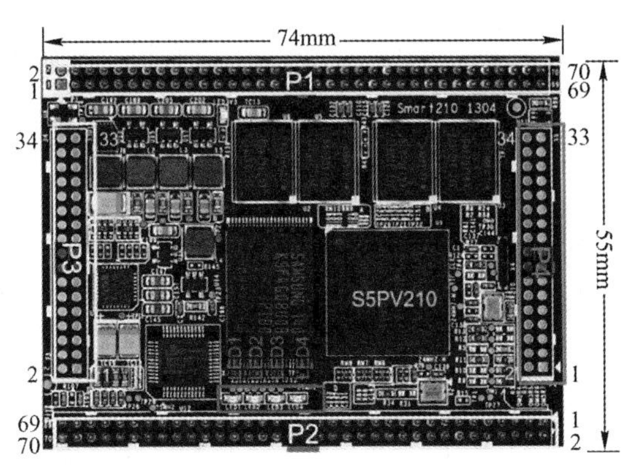

图 1-9　Smart210 核心板布局图

（1）DDR SDRAM 存储系统

1）DDR SDRAM 简介。

DDR 的全称是 Double Data Rate，中文为双倍速率。至于 DDR SDRAM 是 Double Data Rate SDRAM 的缩写，是双倍速率同步动态随机存储器的意思。DDR SDRAM 是在 SDRAM 基础上发展而来的，仍然沿用 SDRAM 生产体系，因此对于内存厂商而言，只需要对制造普通 SDRAM 的设备稍加改进，即可实现 DDR 内存的生产，可有效降低成本。

SDRAM 在一个时钟周期内只传输一次数据，它是在时钟的上升期进行数据传输；而 DDR SDRAM 则是一个时钟周期内传输两次数据，它能够在时钟的上升期和下降期各传输一次数据，因此称为双倍速率同步动态随机存储器。DDR SDRAM 可以在与 SDRAM 相同的总线频率下达到更高的数据传输率。

DDR2 SDRAM 是 DDR SDRAM 内存的第二代产品。它在 DDR SDRAM 技术的基础上加以改进，它与上一代 DDR SDRAM 技术标准最大的不同就是 DDR2 SDRAM 拥有两倍于上一代 DDR SDRAM 的预读取能力，即 DDR SDRAM 具有 2bit 数据预读取能力，DDR2 SDRAM 为 4bit，DDR3 SDRAM 为 8bit。换句话说，DDR2 SDRAM 每个时钟能够以 4 倍外部总线的速度读/写数据，并且能够以内部控制总线 4 倍的速度运行。

2）DDR2 SDRAM 芯片的寻址。

Smart210 核心板使用了 1G Bit×4 总共 512MB 的 DDR2 SDRAM 芯片，具体型号为 K4T1G084QE，其寻址的原理和 SDRAM 的类似，简述如下：

- 在 K4T1G084QE 中，共有 8 个 Bank；
- 在每 Bank 中寻址的时候，地址线时分复用为 Row Address 和 Column Address；
- A0～A13 复用为 Row Address：RA0～RA13 和 Column Address：CA0～CA9；
- 每 Bank 中寻址范围为 $2^{14}\times2^{10}=2^{24}$=16 777 216=16M，每个寻址空间对应 8bit 数据；
- 其容量为 8Banks×16M×8bit=128M×8bit，一般就认为其大小为 1G Bit。

3）DDR2 SDRAM 存储系统。

Smart210 核心板的 DDR2 SDRAM 存储系统是由四片 K4T1G084QE 并联构成，形成 32bit 单通道的总线数据宽度，这样可以增加访问的速度。其原理图与图 1-4 所示的 SDRAM 存储系统类似。其大小为 1G bit×4=4G bit=512MB。

（2）Flash 存储系统

1）Nand Flash。

S5PV210 可以支持 SD 卡启动，因此 Smart210 核心板只配备了 Nand Flash。其标配为 512MB SLC Nand Flash，具体型号为 K9F4G08（大小为 4G bit）。另外可以根据需要选配 256M/1GB SLC Nand Flash 或 2GB MLC NAND Flash。通过拨动开关（在对应的开发板上为 S2），你可以选择从 SD 卡还是从 Nand Flash 启动系统。

2）SLC、MLC 和 TLC Nand Flash。

最早期 Nand Flash 技术架构是 SLC（Single-Level Cell），原理是利用正、负两种电荷在一个浮动栅中存储 1 个 bit 的信息。

2003 年 MLC（Multi-Level Cell）技术问世，其原理是利用不同电位的电荷，一个浮动栅存储中两个 bit 的信息，相比于 SLC，容量增大了一倍，但寿命缩短为 1/10。

2009 年 TLC（Trinary-Level Cell）架构正式问世，其原理是利用不同电位的电荷，一个浮动栅中存储 3 个 bit 的信息，相比于 MLC，容量增大了 1/2 倍，但寿命缩短为 1/20。

这三者之间性能的对比如下。

- SLC：速度快寿命长、价格超贵（约为 MLC 的价格 3 倍以上）、约 10 万次擦写寿命；
- MLC：速度一般寿命一般、价格一般、约 3000～10000 次擦写寿命；
- TLC：速度慢寿命短、价格便宜、约 500 次擦写寿命，目前还没有厂家能做到 1000 次。

由于性能的差别，这三者的用途也不一样。

TLC 芯片虽然储存容量变大，成本低廉许多，但因为效能也大打折扣，因此仅能用在低级的 Nand Flash 相关产品上，如低速 Flash 存储卡或 U 盘等。像一些技术门槛高，对于 Nand Flash 的性能要求较高的产品，例如智能型手机（Smartphone）或固态硬盘（SSD）等，则一定要使用 SLC 或 MLC 芯片。

（3）声卡

S5PV210 支持 IIS、PCM 和 AC'97 等音频接口，Smart210 核心板采用的是 IIS 总线，它外接了 WM8960 作为 Codec 解码芯片，可支持 HDMI 音视频同步输出。

1）IIS 总线。

集成电路内置音频（Inter-IC Sound，IIS）总线是飞利浦公司为数字音频设备之间的音频数据传输而制定的一种总线标准，该总线专责于音频设备之间的数据传输，广泛应用于各种多媒体系统。它采用了沿独立的导线传输时钟与数据信号的设计，通过将数据和时钟信号分离，避免了因时差诱发的失真，为用户节省了购买抵抗音频抖动的专业设备的费用。

2）Codec 解码芯片。

Codec 就是多媒体数字信号编解码器，主要负责数字到模拟信号转换（DAC）和模拟到数字信号的转换（ADC）。不管是音频加速器，还是 I/O 控制器，它们输入、输出的都是纯数字信号，我们要使用声卡上的 Line Out 插孔输出信号，信号就必须经过声卡上的 Codec 的转换处理。

可以说，声卡模拟输入、输出的品质和 Codec 的转换品质有着重大的关系，音频加速器或 I/O 控制器决定了声卡内部数字信号的质量，而 Codec 则决定了模拟输入输出的好坏。

3）WM8960 芯片。

WM8960 是一款低功耗、高质量的立体编码解码器，专为便携式数字音频应用设计。其内置的 D 类功率放大器针对到 8Ω 负载可以提供每声道 1W 输出。

该器件集成了一个完整的传声器接口和一个立体声耳机驱动器，由于不再需要单独的传声器、扬声器或耳机放大器，极大地降低了对外部元件的要求。高级的片上数字信号处理实现了传声器或线路输入的自动电平控制。立体声 24 比特 sigma-delta 模数转换器（ADC）和数模转换器（DAC），同时采用了低功耗超采样数字插补及抽取滤波器，以及一个灵活的数字音频总线接口。主时钟可以直接输入或由内置锁相环内部产生。

（4）网络

Smart210 核心板的有线网络采用了 DM9000 网卡芯片，它可以自适应 10/100M 网络。

2．Smart210SDK 底板简介

友善之臂（FriendlyARM）的 Smart210SDK 底板布局图如图 1-10 所示。

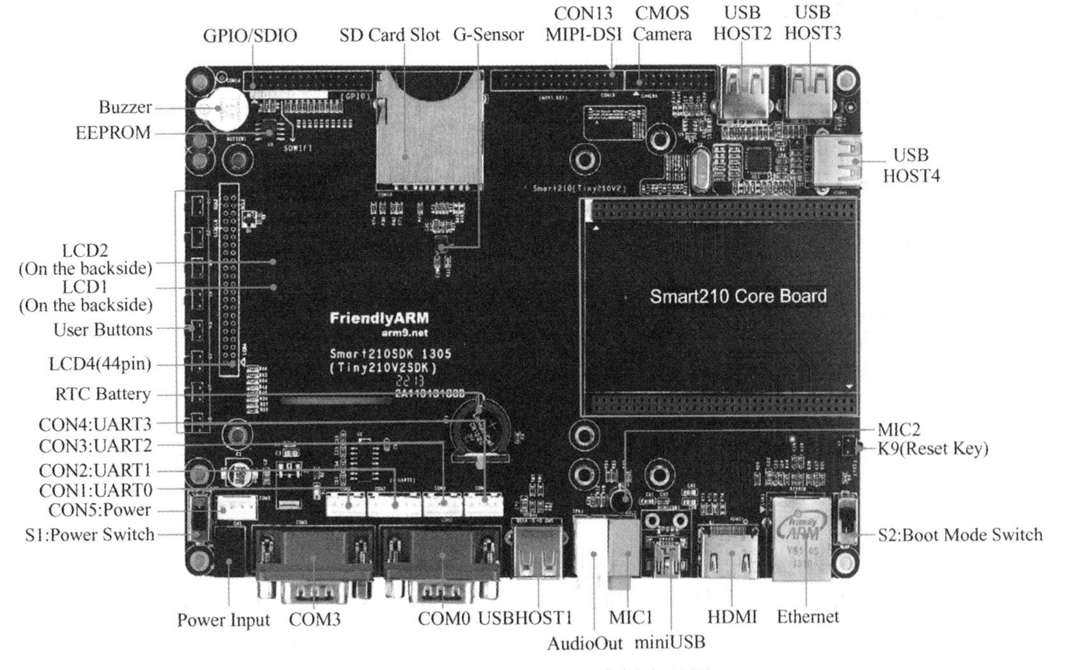

图 1-10 Smart210SDK 底板布局图

（1）串口

S5PV210 本身总共有 4 个串口，其中 UART0 和 UART1 为四线（RXD、TXD、nRTS 和 nCTS）功能的串口；UART2 和 UART3 可以单独作为两个两线（RXD 和 TXD）功能的串口，也可以组合为一个四线功能的串口。

在 Smart210SDK 底板上，UART0 和 UART3 已经过 RS232 电平转换，它们分别对应于 COM0 和 COM3。由于 COM0 和 COM3 在 PCB 中没有交叉，所以需要使用交叉串口线和 PC 进行通信。

现在很多新的 PC，尤其是笔记本式计算机上并没有设置串口，这个时候就需要使用 USB 转串口线。USB 转串口线根据芯片的不同有很多种，价格也不尽相同。目前市面上主流的 USB 转串口芯片有 CH34x 系列、CP210x 系列、FTDI 系列和 PL230x 系列。其中性能最好的是 FTDI 系列，支持 Windows XP、Windows Vista、Windows 7、Windows 8 和 Linux 等，但价格也最高。

（2）USB 接口

1）USB 接口的种类。

本开发板具有两种 USB 接口。

一种是 A 型 USB Host 接口，它和普通 PC 的 USB 接口是一样的，可以接 USB 摄像头、USB 键盘、USB 鼠标和优盘等常见的 USB 外设，A 型 USB 插座引脚定义如表 1-2 所示。

表 1-2　A 型 USB 插座引脚定义

	编号	定义
Pin1 Pin4 A型USB插座	1	VBUS
	2	D-
	3	D+
	4	GND

另外一种是 Mini USB 接口，主要用于 Android 系统下的 ADB 功能，用于软件安装和程序调试，Mini USB 插座引脚定义如表 1-3 所示。

表 1-3　Mini USB 插座引脚定义

	编号	定义
Pin1 Pin5 Mini USB插座	1	VBUS
	2	D-
	3	D+
	4	OTG ID
	5	GND

2）OTG。

Mini USB 插座的 ID 脚在 OTG 功能中才使用。OTG 是 On-The-Go 的缩写，是近年发展起来的技术，2001 年 12 月 18 日由 USB Implementers Forum 公布，主要应用于各种不同的设备或移动设备间的连接，进行数据交换。

USB 技术的发展使得 PC 和周边设备能够方便地连接在一起，并在 PC 的控制下进行数据交换。但这种方便的交换方式，一旦离开了 PC 便无法进行，因为没有一个从设备能够充当 PC 一样的 Host。OTG 技术就是在没有 Host 的情况下，实现设备间的数据传送。

Mini USB 插头分 Mini A、B 两种：

➢ 当 OTG ID 接 GND，则为 Mini A；

➢ 当 OTG ID 悬空，则为 Mini B。

当 Mini USB 插头接入时，Mini USB 插座所在的系统会根据 OTG ID 脚的电平判断是什么样的设备插入：

➢ 如果 OTG ID 脚是高电平，则是 Mini B 插头接入，此时插座所在的系统就做主模式（master mode）；

➢ 如果 OTG ID 脚为低电平，则是 Mini A 插头接入，然后两个系统就会使用 HNP（主机协商协议）来决定哪个做 Master，哪个做 Slave。

USB OTG 目前已经成为很多电子产品的基本配置功能。

（3）网络接口

Smart210 开发板的有线网络采用了 DM9000 网卡芯片，它可以自适应 10/100M 网络，RJ45 连接头内部已经包含了耦合线圈，因此不必另接网络变压器，使用普通的网线即可连接本开发板至你的路由器或者交换机。

（4）音频接口

Smart210 开发板的音频系统的输出为开发板上的常用 3.5mm 绿色孔径插座。为方便学习开发使用，Smart210 开发板上提供了传声器输入，但是 Smart210 开发板并非专业的录音设备，音频输入的处理电路很简单，录音时尽量把音源靠近传声器。

（5）LCD 接口

为了方便用户使用，Smart210SDK 均带有 3 个 LCD 接口，其中一个是 45pin，同时运行一线触摸和电容触摸屏。LCD 接口座中包含了常见 LCD 所用的大部分控制信号（行场扫描、时钟和使能等）和完整的 RGB（RGB 输出为 8∶8∶8）数据信号，最高可支持 1600 万（$2^8 \times 2^8 \times 2^8$=16 777 216）色的 LCD；为了用户方便试验，还引出了 PWM 输出和复位信号（nRESET），其中 LCD_PWR 是背光开关控制信号。

因为采用了一线精准触摸，LCD1 和 LCD2 座中并不包含 CPU 自带的四线电阻触摸引脚，而是增设了 I^2C 和中断脚，这样设计是为了能够采用电容触摸屏。

1.2.3 A8 实验仪的构成

1．凌阳教育 A8 核心板简介

凌阳教育 A8 核心板的配置与 Smart210 核心板的配置基本类似。

（1）DDR SDRAM 存储系统

1）DDR2 SDRAM 芯片的寻址。

A8 核心板使用了 1Gbit×4 总共 512MB 的 DDR2 SDRAM 芯片，具体型号为 K4T1G164QE，其寻址的原理和 SDRAM 的类似，简述如下：

➢ 在 K4T1G164QE 中，共有 16 个 Bank；

➢ 在每 Bank 中寻址的时候，地址线时分复用为 Row Address 和 Column Address；

➢ A0～A12 复用为 Row Address：RA0～RA12 和 Column Address：CA0～CA9；
➢ 每 Bank 中寻址范围为 $2^{13}\times2^{10}=2^{23}$=8 388 608=8M，每个寻址空间对应 8bit 数据；
➢ 其容量为 16Banks×8M×8bit=128M×8bit，一般就认为其大小为 1Gbit。

2）DDR2 SDRAM 存储系统。

Smart210 核心板的 DDR2 SDRAM 存储系统是由四片 K4T1G164QE 并联构成，形成 32bit 单通道的总线数据宽度，这样可以增加访问的速度。其原理图与图 1-4 所示的 SDRAM 存储系统类似。其大小为 1G bit×4=4G bit=512MB。

（2）Flash 存储系统

S5PV210 可以支持 SD 卡启动，因此 A8 核心板只配备了 Nand Flash。其标配为 1GB SLC Nand Flash，具体型号为 K9K8G08U0A（大小为 8G bit）。通过拨动开关你可以选择从 SD 卡还是从 Nand Flash 启动系统。

2．凌阳教育 A8 底板简介

凌阳教育 A8 底板的配置与 Smart210SDK 底板的配置基本类似。不过 A8 底板的 UART0 除了经过 RS232 电平转换，还使用了 USB 转串口芯片 PL2303 进行了转换，使用了 B 型 USB 接口引出，B 型 USB 插座引脚定义如表 1-4 所示。

表 1-4　B 型 USB 插座引脚定义

Pin2　Pin1
Pin3　Pin4
B型USB插座

编号	定义
1	VBUS
2	D−
3	D+
4	GND

1.3　实训

请拿出你的手机或平板，查阅资料，回答如下问题。

1．CPU 的型号、系列和特点。
2．所用 RAM 型号和容量。
3．所用 Flash 型号、容量和特点。
4．是否支持 OTG 功能。

1.4　习题

1．ARM 公司的特点是什么？
2．ARM 系列芯片是如何分类的？
3．MMU 的作用是什么？
4．SDRAM 代表的含义是什么？
5．举例说明 SDRAM 芯片是如何寻址的。
6．说明 Micro2240 的 SDRAM 存储系统的构成。

7．Nor Flash 的特点是什么？

8．Nand Flash 的特点是什么？

9．DDR SDRAM 代表的含义是什么？

10．举例说明 SDRAM、DDR SDRAM、DDR2 SDRAM 和 DDR3 SDRAM 工作方式的异同。

11．SLC、MLC 和 TLC Nand Flash 的特点分别是什么？

12．OTG 的作用是什么？

第 2 章　嵌入式操作系统的安装

2.1　嵌入式系统与 PC 的连接与通信

在本小节的介绍中，将不会出现目前市面上非常常用的 JTAG 调试器的介绍，这是因为 JTAG 接口在开发中最常见的用途是单步调试，不管是市面上常见的 JLINK 还是 ULINK，以及其他的仿真调试器，最终都是通过 JTAG 接口连接的。标准的 JTAG 接口是 4 线，即 TMS、TCK、TDI 和 TDO，分别为模式选择、时钟、数据输入和数据输出线，加上电源和地，一般总共 6 条线就够了；为了方便调试，大部分仿真器还提供了一个复位信号。

然而对于打算致力于 Linux、Windows CE 或者 Android 开发的初学者而言，JTAG 接口基本是没有任何意义和用途的。想一想手头使用的 PC 就知道了，或许你从没有见过甚至听过有谁会在 PC 主板上插一个仿真器，来调试 PCI 这样接口的 Windows XP 或者 Linux 驱动。这就是为什么经常见到或者听到那么多人在讲驱动“移植”，因为大部分人都是参考前辈的实现来做驱动的。

JTAG 仅对那些不打算采用操作系统，或者采用简易操作系统（例如 uCos2 等）的用户有用。大部分开发板所提供的 bootloader 或者 BIOS 已经是一个基本完好的系统了，因此也不需要单步调试。

2.1.1　嵌入式系统与 PC 的连接

1．Micro2440 开发板

1）使用直连串口线连接开发板的 COM0 和 PC 的串口，如图 2-1 所示。

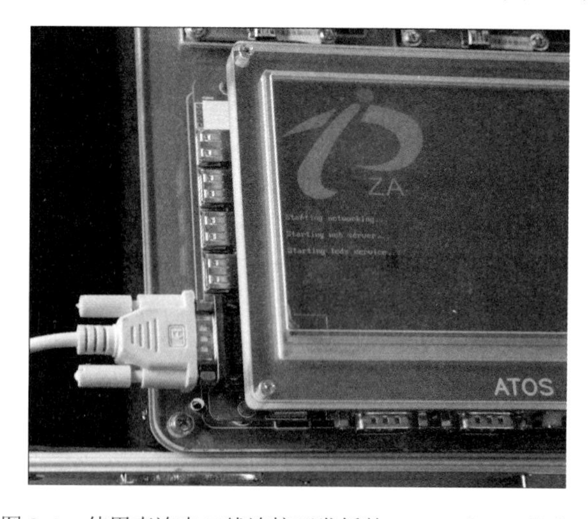

图 2-1　使用直连串口线连接开发板的 COM0 和 PC 的串口

2）使用 USB 电缆（一侧为 A 型，一侧为 B 型）连接 PC 和开发板上唯一的 B 型插座，如图 2-2 所示。

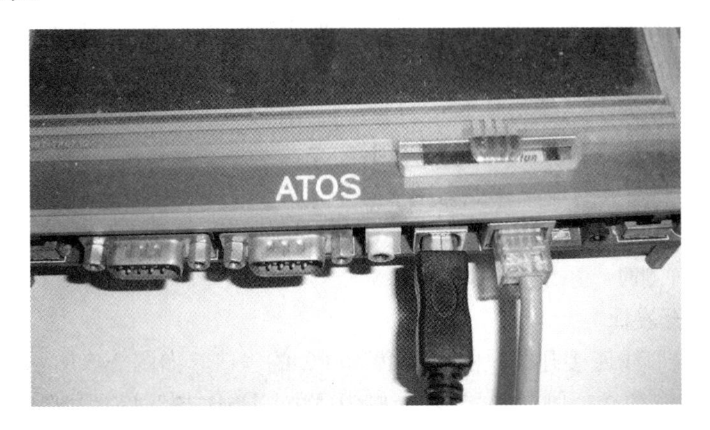

图 2-2　连接开发板与 PC 的 RJ45 网络接口

3）使用网线连接开发板与 PC 的 RJ45 网络接口，如图 2-2 所示，但是需要注意的是：

- 如果没有使用路由器或者交换机，请使用交叉网线将开发板的网络接口与 PC 相连；
- 如果使用了路由器或者交换机，由于现在的新型设备一般都有自适应功能，因此只需要使用网线（直连、交叉均可）将开发板和 PC 连接到路由器或者交换机的非 WAN 口上即可；
- 直连网线两端水晶头的做法相同，一般都是 TIA/EIA-568B 标准，如图 2-3 所示；

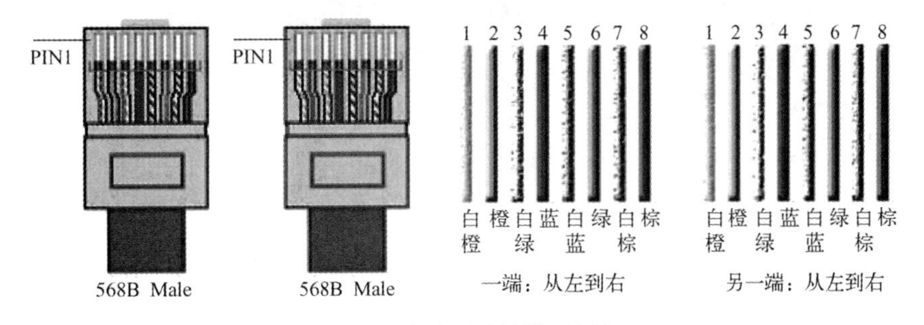

图 2-3　直连网线的排列顺序

- 交叉网线两端水晶头的做法为：一端 TIA/EIA-568B 标准，另一端 TIA/EIA-568A 标准，如图 2-4 所示。

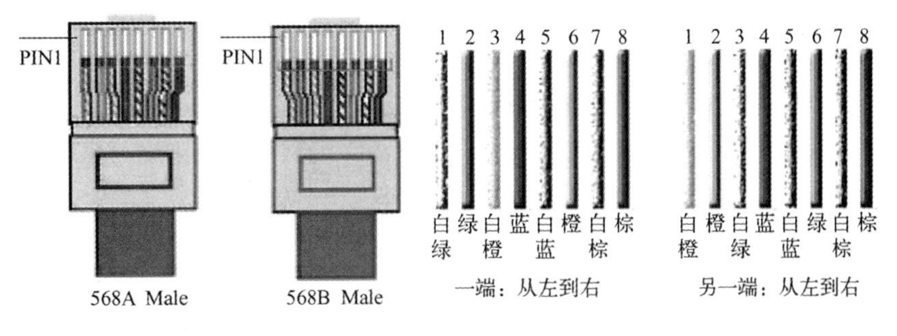

图 2-4　交叉网线的排列顺序

4）Micro2440 开发板需要接入 5V 直流电源，且由于使用了比较大的 LCD，5V 直流电源的输出电流必须保证 2A 或以上。

5）Micro2240 开发板的启动模式选择，是通过拨动开关 S2（其位置在图 2-1 所示的 COM0 附近）来决定的：

➢ S2 拨动到右侧时，系统将从 Nand Flash 启动；

➢ S2 拨动到左侧时，系统将从 Nor Flash 启动。

6）Micro2240 开发板的电源开关为图 2-2 所示右侧的 S1：

➢ S1 拨动到左侧时，系统关闭；

➢ S1 拨动到右侧时，系统打开。

2．Smart210 开发板

1）使用交叉串口线连接开发板的 COM0 和 PC 的串口，如图 2-5 所示。

2）使用 USB 电缆（一侧为 A 型，一侧为 Mini USB 型）连接 PC 和开发板上唯一的 Mini USB 型插座，如图 2-5 所示。

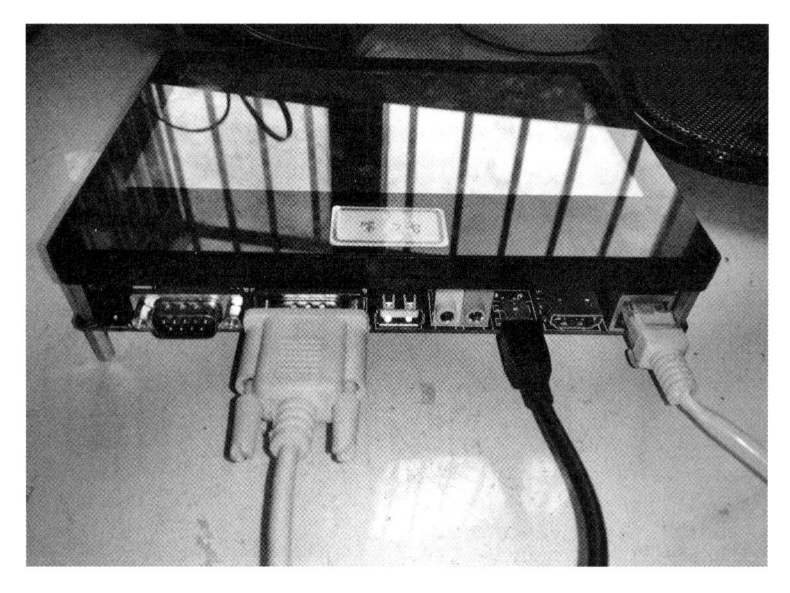

图 2-5　连接开发板的串口、USB 和网络接口

3）使用网线连接开发板与 PC 的 RJ45 网络接口，如图 2-5 所示，其注意事项同 Micro2440 开发板。

4）Smart210 开发板需要接入 5V 直流电源，且由于使用了比较大的 LCD，5V 直流电源的输出电流必须保证 2A 或以上。

5）开发板的启动模式选择，是通过拨动图中 S2 开关来决定的：

➢ S2 向〈Reset〉键（K9）方向拨动时，将从 SD 卡启动，用于烧写系统或者从 SD 卡启动系统；

➢ S2 远离〈Reset〉键（K9）方向拨动时，将从 Nand Flash 启动，正常启动系统。

6）Smart210 开发板的电源开关为图中的 S1：

➢ S1 向多个按键的方向拨动时，系统关闭；

➢ S1 远离多个按键的方向拨动时，系统打开。

3．A8 实验仪

1）使用直连串口线连接开发板的 COM0 和 PC 的串口，如图 2-6 所示；由于 A8 实验仪内部已经使用了 USB 转串口芯片（PL230x），也可以使用 USB 电缆（一侧为 A 型，一侧为 B 型）连接 PC 和开发板上唯一的 B 型插座。

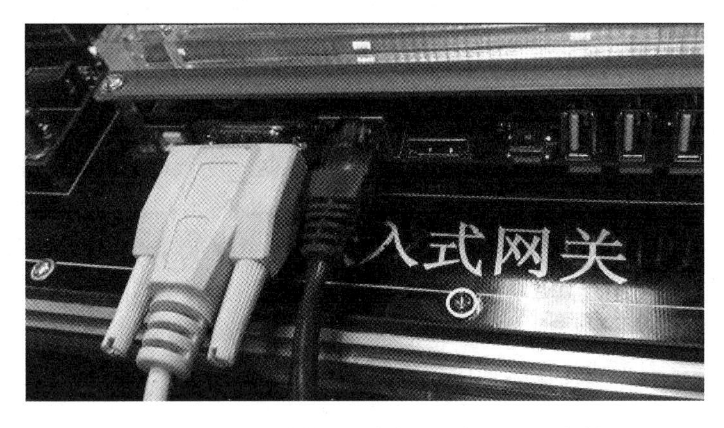

图 2-6　使用网线连接开发板与 PC 的 RJ45 网络接口

2）使用网线连接开发板与 PC 的 RJ45 网络接口，如图 2-6 所示，其注意事项同 Micro2440 和 Smart210 开发板。

3）A8 实验仪开发板需要接入 5V 直流电源，且由于使用了比较大的 LCD，5V 直流电源的输出电流必须保证 2A 或以上。

4）开发板的启动模式选择，是通过拨动实验仪 LCD 接口右侧的拨码开关来决定的：

➢ 当第 3 位和第 4 位设置为 ON，其余位设置为 OFF 时，将从 SD 卡启动，用于烧写系统；

➢ 当第 2 位设置为 ON，其余位设置为 OFF 时，将从 Nand Flash 启动，正常启动系统。

5）开发板的启动是通过将 A8 实验仪的拨动开关拨至“ON”，并按下实验仪上的〈Power〉键，连接开发板的串口和网络接口如图 2-7 所示。

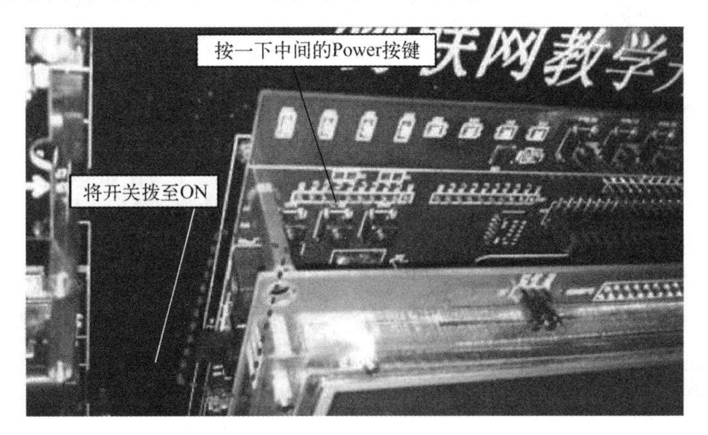

图 2-7　连接开发板的串口和网络接口

2.1.2 终端与串口的设置

1．为什么使用串口

目前，很多笔记本式计算机中已经不提供了物理串口了，但在嵌入式系统中，为什么还要使用串口呢？

在嵌入式系统中，一般选择安装的实时操作系统都为嵌入式 Linux（现在流行的 Android 也是一个以 Linux 为基础的半开源操作系统）。那么在 Linux 的世界中命令行的命令才是整个 Linux 操作系统的灵魂和精华所在，只有学会并且掌握 Linux 命令行才能真正精通 Linux，也才能精通嵌入式系统。

在 Linux PC 中，命令行的操作使用“终端”。然而，嵌入式系统的资源有限，此时利用串口作为嵌入式 Linux 的终端，可以免去额外的键盘、显示卡和显示器，同时可将 Linux 主机作为一个任意用途的嵌入式黑匣来使用。仅仅在 PC 上需要一个终端模拟软件就可以使用串口提供的标准输入输出，使用习惯跟在 Linux PC 中使用终端没有区别。

并不是只有串口才可以实现嵌入式 Linux 的终端，网络也可以。但是串口设备最简单，配置要求最低，很多嵌入式处理器都内建提供了至少一个串口；同时并不是所有的嵌入式开发都是有网络的。

2．超级终端类软件的设置与使用

为了通过串口连接开发板，必须使用终端模拟程序，几乎所有的类似软件都可以使用：

- ➢ 在 Windows 系列操作系统中，系统自带的超级终端是最常用的选择（Windows 9x 和 Windows 7 以上需要自行下载安装）；
- ➢ 桌面版的 Linux 操作系统也自带了类似的串口终端软件，叫 minicom，它是基于命令行的程序，对于初学者而言使用比较复杂一些，感兴趣的读者可以在网上找一下这方面的介绍。

在此着重介绍一下 Windows 系列自带的超级终端程序，并以 Windows XP 的超级终端为例，介绍超级终端类软件的设置与使用。

超级终端程序通常位于“开始”→“程序”→“附件”→“通信”中，打开超级终端如图 2-8 所示。

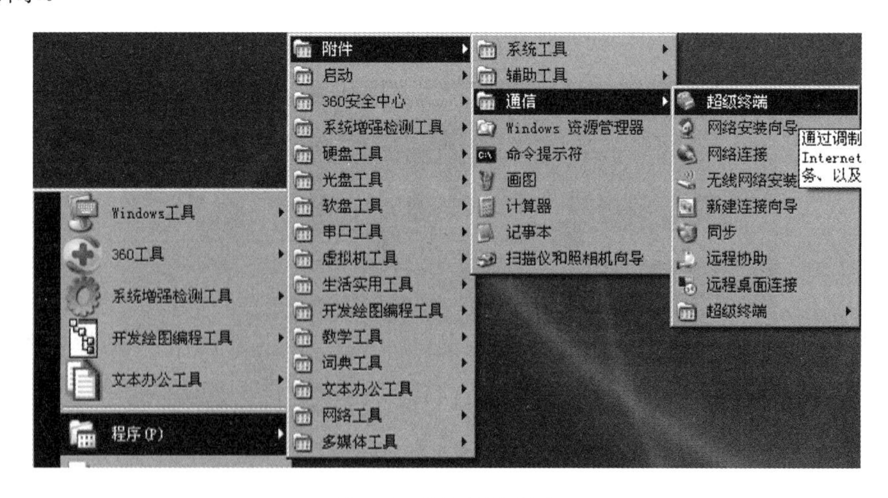

图 2-8　打开超级终端

打开超级终端后会要求你为新的连接取一个名字，输入连接的名字如图 2-9 所示。Windows 系列操作系统会禁止你取类似“COM1”这样的名字，因为这个名字被系统占用了。在这里取名为“超级终端-COM2-嵌入式”。

单击“确定”之后进入选择串口界面，如图 2-10 所示。此时需要根据实际串口的连接情况进行选择，例如：如果自己串口线接在串口 1 上就选择 COM1。

图 2-9　输入连接的名字

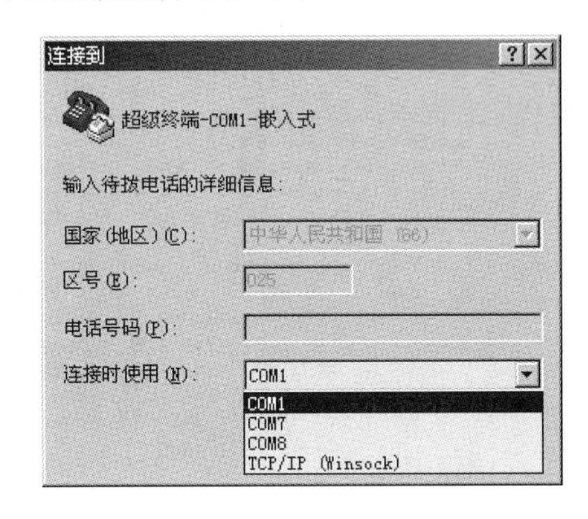

图 2-10　选择串口界面

单击“确定”按钮之后进入串口属性设置界面，如图 2-11 所示。设置串口属性如下。

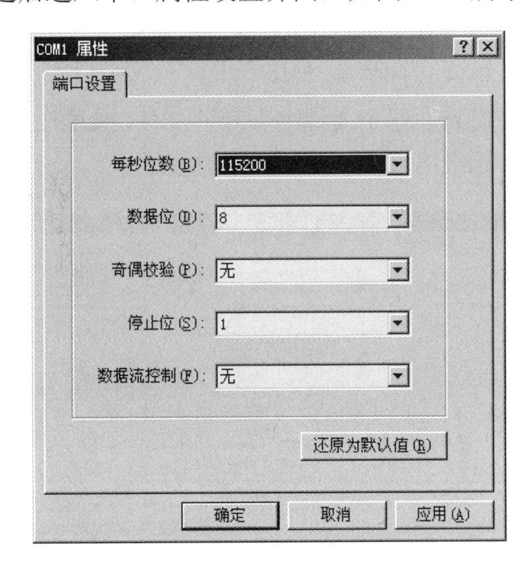

图 2-11　串口属性设置界面

- 每秒位数：115200；
- 数据位：8；
- 奇偶校验：无；
- 停止位：1；
- 数据流控制：无。

单击“确定”之后进入超级终端的界面，此时如果打开嵌入式系统电源开关，超级终端将会出现相关操作界面，如图 2-12 所示。

超级终端-COM1-Mini2440 - 超级终端

文件(F) 编辑(E) 查看(V) 呼叫(C) 传送(T) 帮助(H)

```
[root@FriendlyARM /]# ifconfig eth0 down
[root@FriendlyARM /]# ifconfig eth0 hw ether 00:11:AA:BB:CC:DD
[root@FriendlyARM /]# ifconfig eth0 up
eth0: link down
[root@FriendlyARM /]# ifconfig
eth0      Link encap:Ethernet  HWaddr 00:11:AA:BB:CC:DD
          inet addr:192.168.1.230  Bcast:192.168.1.255  Mask:255.255.255.0
          UP BROADCAST MULTICAST  MTU:1500  Metric:1
          RX packets:0 errors:0 dropped:0 overruns:0 frame:0
          TX packets:0 errors:0 dropped:0 overruns:0 carrier:0
          collisions:0 txqueuelen:1000
          RX bytes:0 (0.0 B)  TX bytes:0 (0.0 B)
          Interrupt:51 Base address:0x4300

lo        Link encap:Local Loopback
          inet addr:127.0.0.1  Mask:255.0.0.0
          UP LOOPBACK RUNNING  MTU:16436  Metric:1
          RX packets:0 errors:0 dropped:0 overruns:0 frame:0
          TX packets:0 errors:0 dropped:0 overruns:0 carrier:0
          collisions:0 txqueuelen:0
          RX bytes:0 (0.0 B)  TX bytes:0 (0.0 B)

[root@FriendlyARM /]#
```

已连接 0:59:47 ANSIW 115200 8-N-1 SCROLL CAPS NUM 捕 打印

图 2-12　超级终端操作界面

此时可以选择超级终端“文件”菜单下的“保存”，如图 2-13 所示，保存该连接设置。当保存完成后会在“开始”→“程序”→“附件”→“通信”→“超级终端”文件夹中出现以“超级终端-COM2-嵌入式.ht”这个文件名保存的文件，如图 2-14 所示。以后可以直接单击这个文件打开设置好的超级终端而不需要重新设置了。

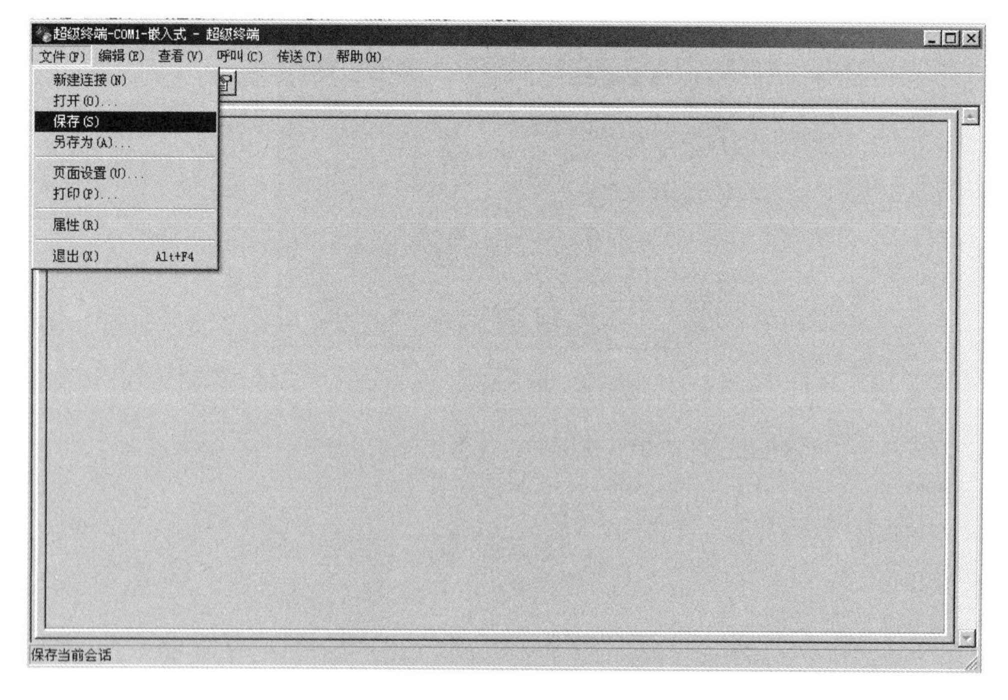

图 2-13　保存超级终端设置

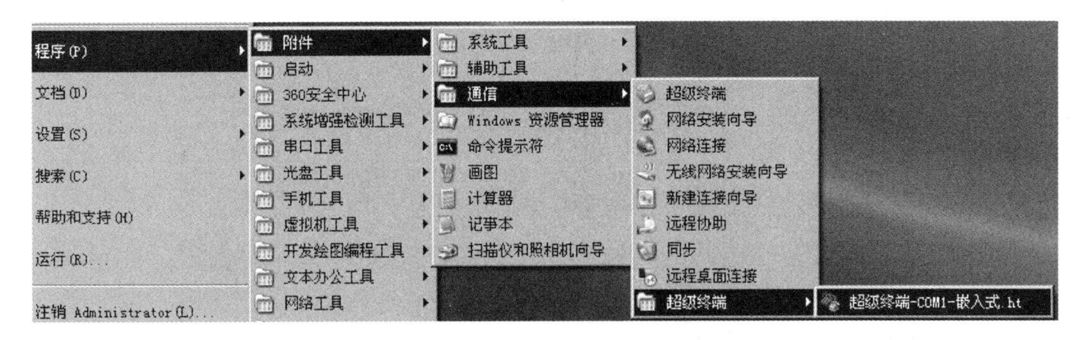

图 2-14　超级终端文件

2.2　嵌入式操作系统的备份、恢复与烧写

基于 Linux 的嵌入式操作系统从软件角度看可以分为 4 个组成部分：引导加载程序（bootloader）、Linux 内核、文件系统和应用程序。

- 当系统首次引导时或被重置时，处理器会执行一个位于 Flash 或 ROM 中的已知位置处的代码，即 bootloader。其主要用来初始化处理器及外设，然后调用 Linux 内核；
- Linux 内核在完成系统的初始化之后需要挂载某个文件系统作为根文件系统（Root Filesystem），然后加载必要的内核模块，启动应用程序；
- Linux 内核有两种映象：一种是非压缩内核，称为 Image，另一种是它的压缩版本，称为 zImage。根据内核映象的不同，Linux 内核的启动在开始阶段也有所不同。zImage 是 Image 经过压缩形成的，所以它的大小比 Image 小。但为了能使用 zImage，必须在它的开头加上解压缩的代码，将 zImage 解压缩之后才能执行，因此它的执行速度比 Image 要慢。但考虑到嵌入式系统的存储空容量一般比较小，采用 zImage 可以占用较少的存储空间，因此牺牲一点性能上的代价也是值得的。所以一般的嵌入式系统均采用压缩内核的方式；
- 根文件系统是 Linux 操作系统的核心组成部分，它可以作为操作系统中文件和数据的存储区域，通常它还包括系统配置文件和运行应用软件所需要的库；
- 应用程序可以说是嵌入式系统的“灵魂”，它所实现的功能通常就是设计该嵌入式系统所要达到的目标。如果没有应用程序的支持，任何硬件上设计精良的嵌入式系统都没有实用意义。

本节讲述的是怎样对嵌入式操作系统进行备份与恢复，以及怎样将嵌入式操作系统的 4 个组成部分烧写至嵌入式系统中去。

2.2.1　Micro2440 开发板系统的备份、恢复与烧写

1．安装 FriendlyARM USB Download Driver

使用 Micro2440 开发板进行系统烧录与备份之前需要安装驱动，用鼠标双击 FriendlyARM USB Download Driver 的安装文件，出现图 2-15 所示的安装界面。

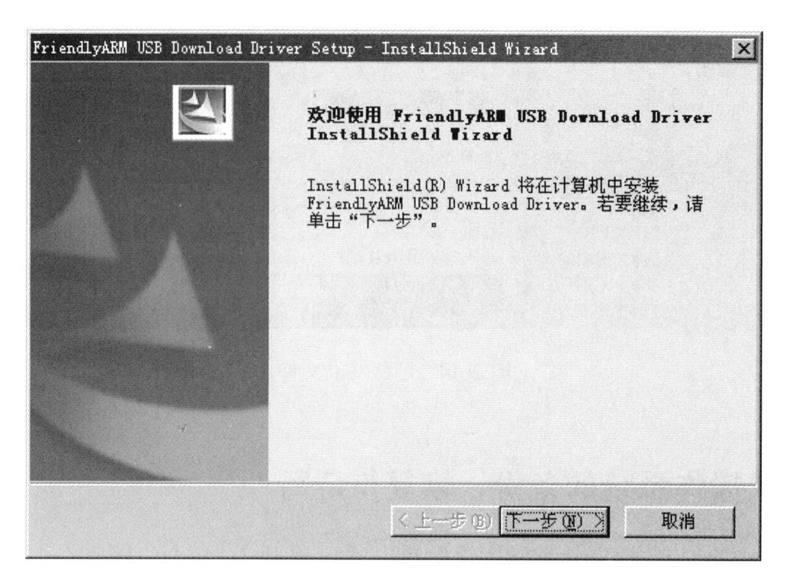

图 2-15　FriendlyARM USB Download Driver 安装界面

单击“下一步”按钮，等待一段时间即可完成驱动的安装。

2．Micro2440 的连接与开机

在 PC 上打开超级终端（一定要注意自己当前使用的串口号），并按照图 2-1 和图 2-2 进行连接，并将 S2 拨动到左侧切换为从 Nor Flash 启动后就可以将 S1 拨动到右侧来打开嵌入式系统。如果是第一次连接设备后开机，一般会出现图 2-16 所示找到新的硬件向导。

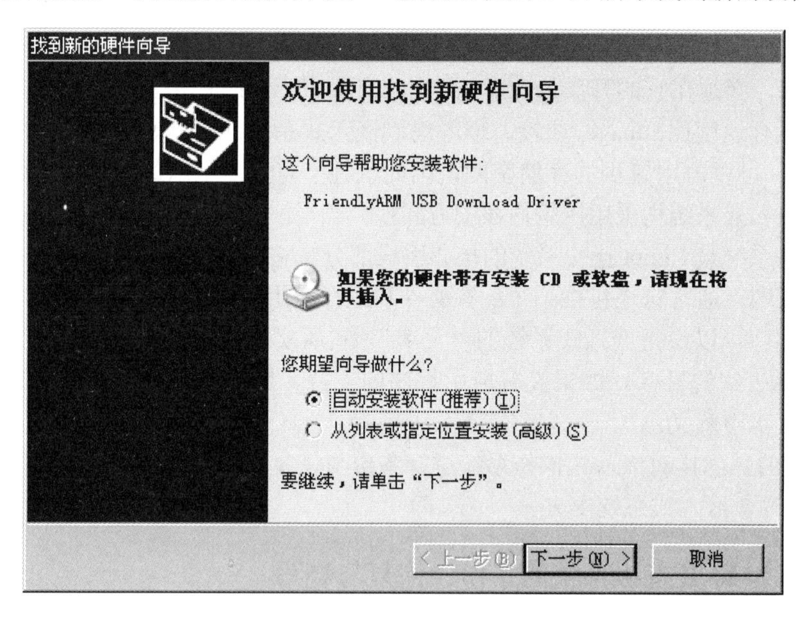

图 2-16　找到新的硬件向导

单击“下一步”按钮，等待一段时间即可完成实际驱动的安装。如果驱动安装成功，用 PC 的“设备管理器”查看“通用串行总线控制器”时可以看到“FriendlyARM USB Download Driver”项，如图 2-17 所示。

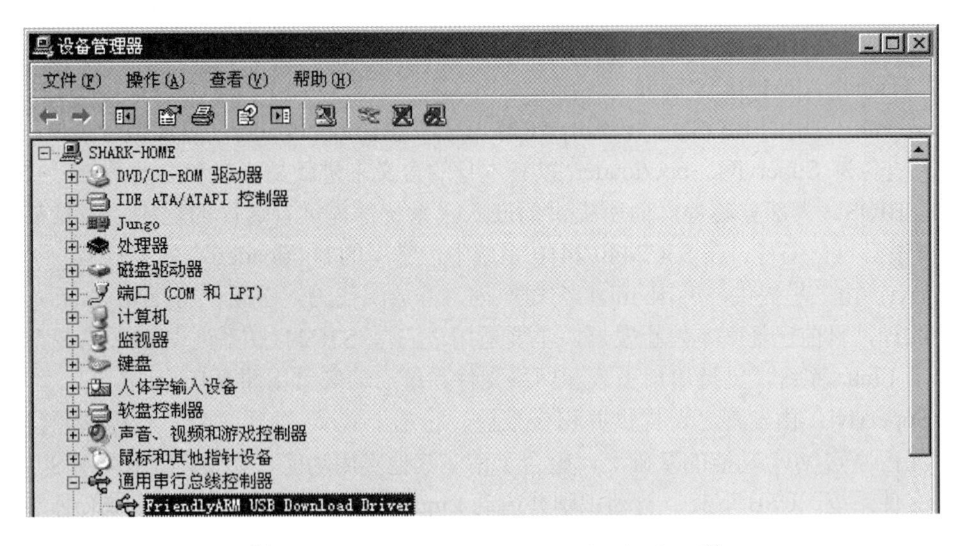

图 2-17　FriendlyARM USB Download Driver 项

3．FriendlyARM BIOS

从 Nor Flash 启动嵌入式系统后，可以在超级终端中看到图 2-18 所示的 FriendlyARM BIOS 2.0 for 2440 界面（如果在确保硬件连接正确的情况下没有出现该界面，可以在键盘上按下〈Enter〉键直至界面出现）。

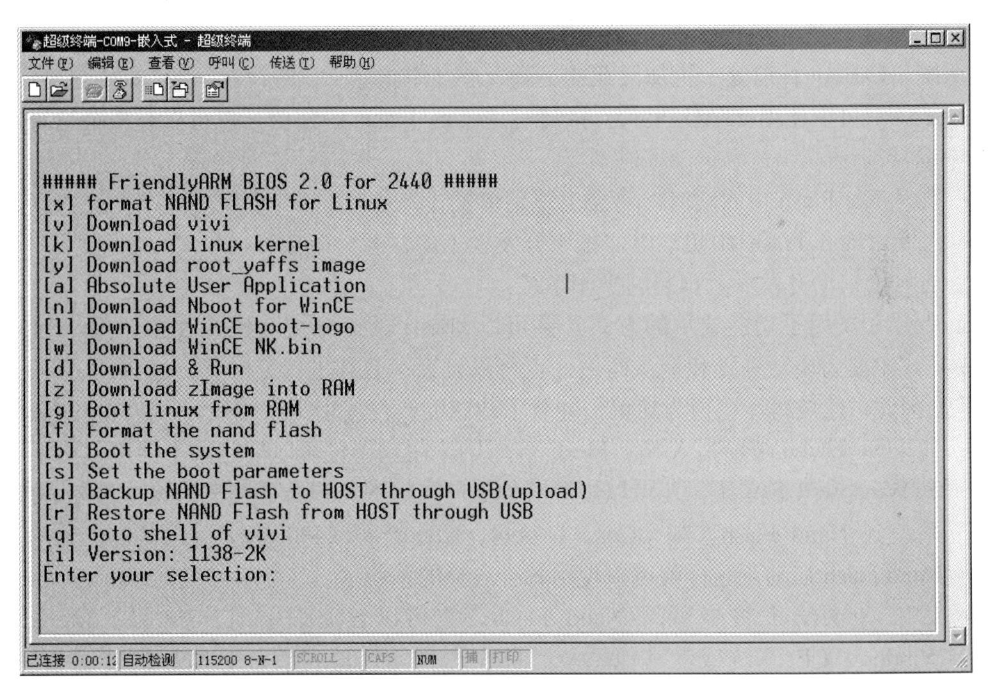

图 2-18　FriendlyARM BIOS 2.0 for 2440 界面

所谓的 BIOS 是 Basic Input Output System（基本输入、输出系统）的缩写。BIOS 概念不仅仅存在于嵌入式系统中，例如，当你开启一台安装了 Windows 系列操作系统的 PC 时，在你按下电源按钮之后到显示进入操作系统的进度条之前的这一段时间里，你所看到的一系列提示就是 PC 的 BIOS。

（1）FriendlyARM BIOS 简介

Micro2440 采用的 BIOS 是 FriendlyARM 基于三星的 bootloader（具体型号为 vivi）改进而来的，故名为 Supervivi。bootloader 以其本身的含义来讲就是下载和启动系统，它类似于 PC 中的 BIOS，大部分芯片厂商所提供的嵌入式系统都提供有这样的程序，而且都比较成熟，大可不必自行编写。在 S3C2440/2410 系统中，常用的 bootloader 有如下几种。

- vivi：由三星提供，韩国 mizi 公司原创，开放源代码，必须使用 arm-linux-gcc 进行编译，目前已经基本停止发展。主要适用于三星 S3C24xx 系列 ARM 芯片，用以启动 Linux 系统，支持串口下载和网络文件系统启动等常用简易功能；
- Supervivi：由友善之臂提供并积极维护，它基于 vivi 发展而来，不提供源代码，在保留原始 vivi 功能的基础上，整合了诸多其他实用功能，如支持 CRAMFS、YAFFS 文件系统、USB 下载、自动识别并启动 Linux、WinCE、uCos 和 Vxwork 等多种嵌入式操作系统，下载程序到内存中执行，并独创了系统备份和恢复功能；
- vboot：由友善之臂制作并开源提供，它的功能很简单，只是启动 Linux 系统；
- YL-BIOS：深圳优龙基于三星的监控程序 24xxmon 改进而来，提供源代码，可以使用 ADS 进行编译，整合了 USB 下载功能，仅支持 CRAMFS 文件系统，并增加了手工设置启动 Linux 和 WinCE，下载到内存执行测试程序等多种实用功能；
- U-Boot：一个开源的针对嵌入式 Linux 系统设计的最流行 bootloader，必须使用 arm-linux-gcc 进行编译，具有强大的网络功能，支持网络下载内核并通过网络启动系统。U-Boot 目前处于更加活跃的更新发展之中。

Supervivi 可以使用 JTAG 工具直接烧写进 Nor Flash 中使用，也可以直接烧写进 Nand Flash 中运行：

- 当从 Nor Flash 中启动时，将会出现菜单模式；
- 当从 Nand Flash 中启动时，按下开发板上的任意一个按键，也可以出现菜单模式，否则会启动开发板上预装的操作系统。

Supervivi 采用了功能菜单的方式，并可以和原来的命令交互模式互相切换。Supervivi 的菜单模式主要为烧写系统和调试而用，也可以设置参数和进行分区等，它采用 USB 下载的方式，因此搭建烧写环境极为简单，并且下载速度快，使用十分方便。

- 如果 Supervivi 被烧写入 Nor Flash（默认），用户不仅可以用它来方便下载更新 Linux 和 Windows CE 系统，还可以烧写其他任何支持 Nand Flash 启动的操作系统和非操作系统到 Nand Flash，如 uCos、U-boot、Nboot 和 2440test 等，然后再选择系统从 Nand Flash 启动，这样就可以使用各种各样的系统了。
- 如果 Supervivi 被烧写入 Nand Flash，它可以自动识别用户烧写的 Linux 或者 Windows CE 系统或者其他系统，并快速自动启动它们。可以直接使用它来作为 bootloader。

另外，使用 Download & Run 功能，用户还可以把程序下载到内存马上运行，这对于开发调试是极有帮助的，这样甚至不使用仿真器都可以。

使用 Supervivi 还可以把 Linux 内核文件 zImage 直接下载到内存中运行，如果在 Supervivi 中设定好网络启动参数，则还可以通过网络启动整个系统；同样的，Supervivi 也可以把 WinCE 的运行时映象文件 NK.nb0 下载在内存中运行。

（2）FriendlyARM BIOS 的功能

FriendlyARM BIOS 的详细功能介绍如下。

- 功能[x]：对 Nand Flash 进行默认分区（此命令仅对 Linux 系统有效），相当于执行命令行的 bon part 0 320k 2368k。
- 功能[v]：通过 USB 下载 Linux bootloader 到 Nand Flash 的 bootloader 分区。
- 功能[k]：通过 USB 下载 Linux 内核到 Nand Flash 的 kernel 分区。
- 功能[y]：通过 USB 下载 yaffs 文件系统映象到 Nand Flash 的 root 分区。
- 功能[a]：通过 USB 下载用户程序到 Nand Flash 中，一般这样的用户程序为 bin 可执行文件。
- 功能[n]：通过 USB 下载 Windows CE 之启动程序 Nboot 到 Nand Flash 的 Block0。
- 功能[l]：通过 USB 下载 Windows CE 启动时的开机 Logo（bmp 格式的图片）。
- 功能[w]：通过 USB 下载 Windows CE 发行映象 NK.bin 到 Nand Flash。
- 功能[d]：通过 USB 下载程序到指定内存地址（通过 DNW 的 Configuration→Option 选项指定运行地址）中并运行。对于 Micro2440 核心板，SDRAM 的物理起始地址是 0x30000000，结束地址是 0x34000000，BIOS 本身占用了 0x33DE8000 以上的空间，因此在用 BIOS 的 USB 下载功能时应指定地址在 0x30000000～0x33DE8000 之间。
- 功能[z]：通过 USB 下载 Linux 内核映象文件 zImage 到内存中，下载地址为 0x30008000。
- 功能[g]：运行内存中的 Linux 内核映象，该功能一般配合功能[z]一起使用。
- 功能[f]：擦除整片 Nand Flash。
- 功能[b]：启动系统。
- 功能[s]：设置 Linux 启动参数，这样可以更加灵活地启动 Linux 操作系统（对于初学者建议不要更改设置）。
- 功能[u]：备份整个 Nand Flash 中的内容并通过 USB 上传到 PC 中存储为一个文件。
- 功能[r]：通过 USB 将 PC 中的备份文件恢复到整个 Nand Flash 中。
- 功能[i]：显示版本信息。
- 功能[q]：返回 vivi 的命令交互模式；在交互模式下输入 menu 命令，则可以返回到菜单模式。

4．备份与恢复系统

（1）备份系统

打开 DNW 程序，如果 DNW 标题栏提示[USB:OK]，如图 2-19 所示，说明 USB 连接成功。

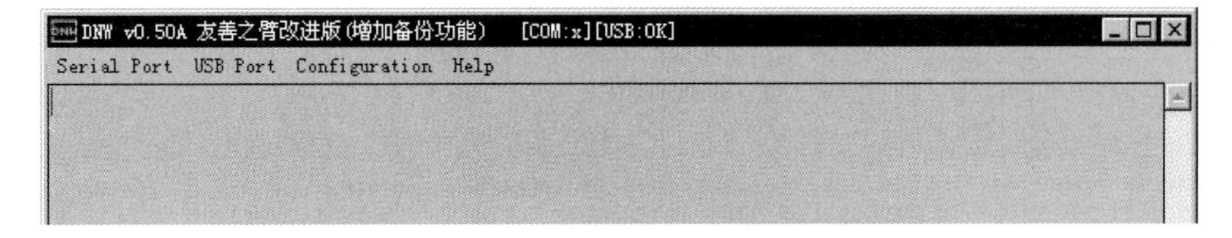

图 2-19　DNW 程序（USB 连接成功）

在图 2-18 所示的串口终端界面中输入字母“u”来选择功能[u]，会出现图 2-20 所示的界面。

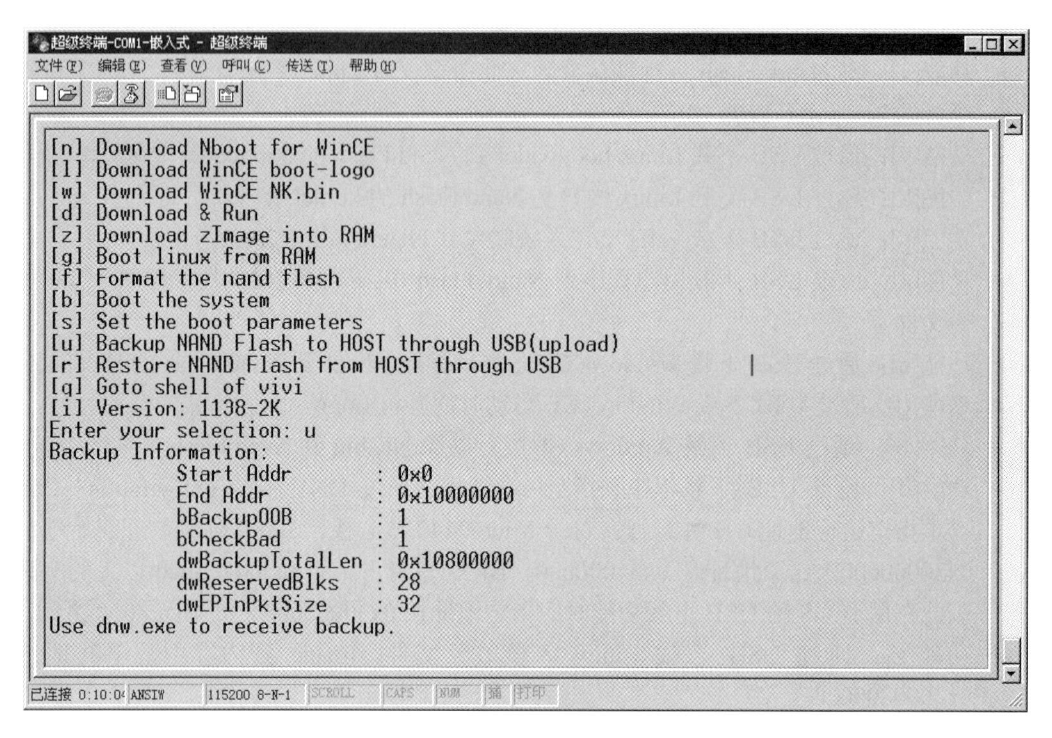

图 2-20 选择功能[u]

此时在图 2-19 所示的 DNW 界面中单击“USB Port”→“Backup NandFlash to File”选项，如图 2-21 所示。

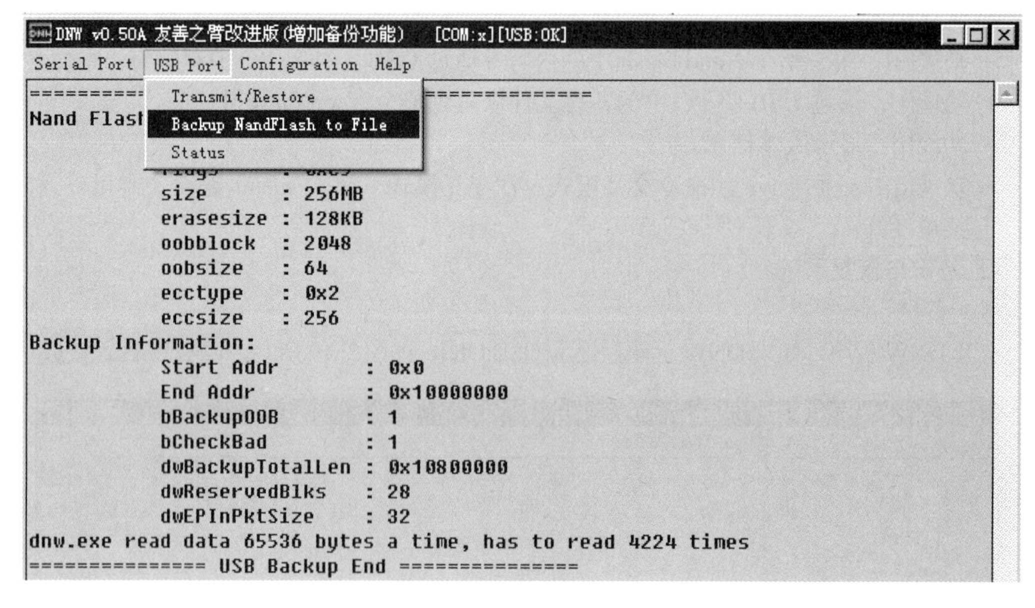

图 2-21 “Backup NandFlash to File”选项

设置待保存的文件夹和文件名后即可进入 DNW 及串口终端备份界面，如图 2-22 和图 2-23 所示。

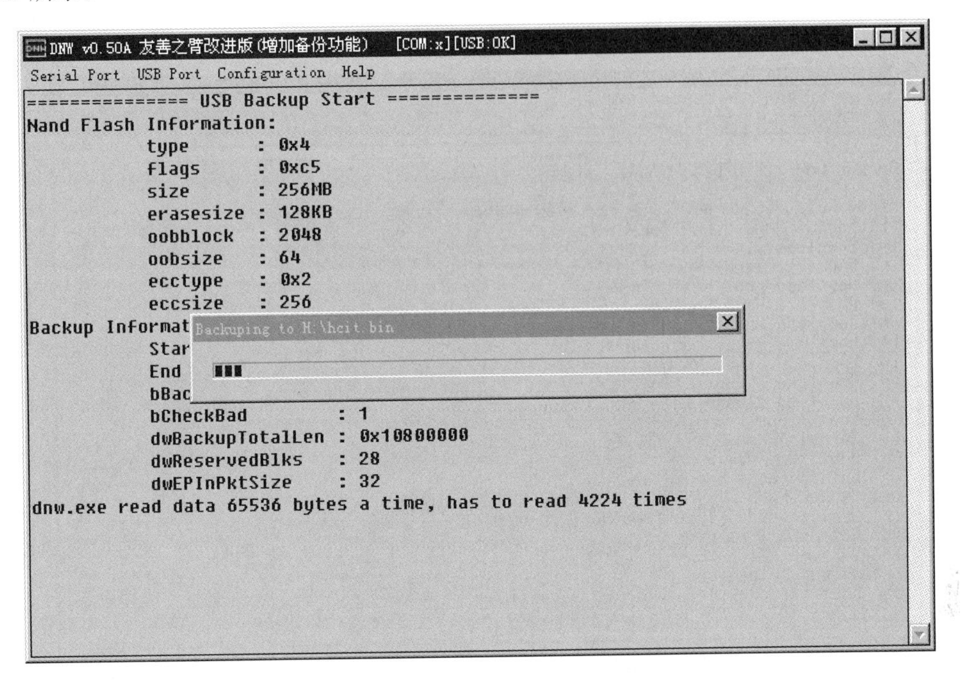

图 2-22　DNW 备份界面

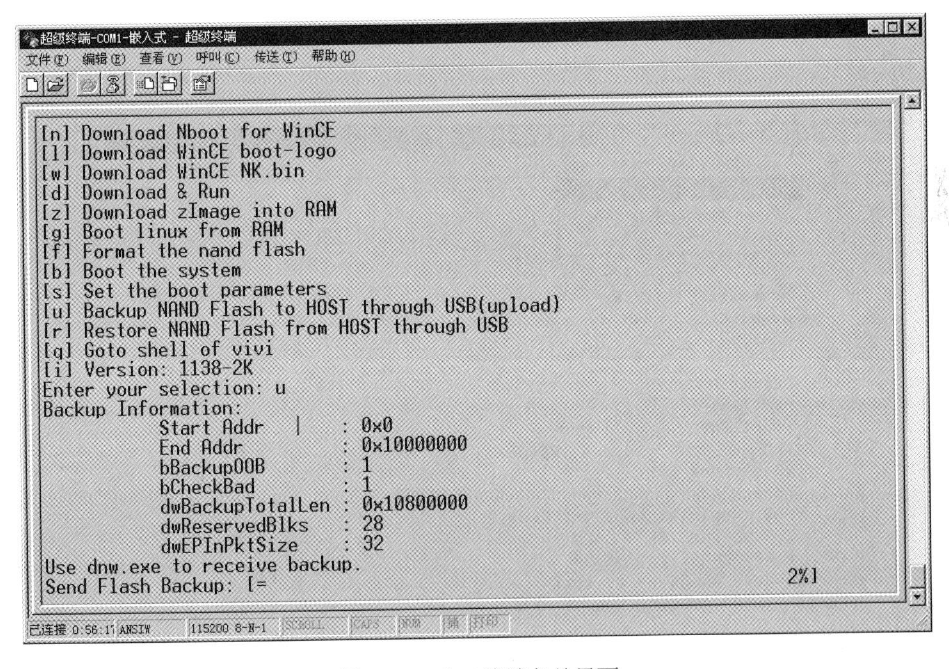

图 2-23　串口终端备份界面

（2）恢复系统

在进行本步所有操作时，一定要保证 USB 连接成功，即 DNW 标题栏提示[USB:OK]，如图 2-19 所示。需要注意的是恢复系统会擦除整片 Nand Flash。

在图 2-18 所示的串口终端界面中输入字母“r”来选择功能[r]，会出现图 2-24 所示的界面。

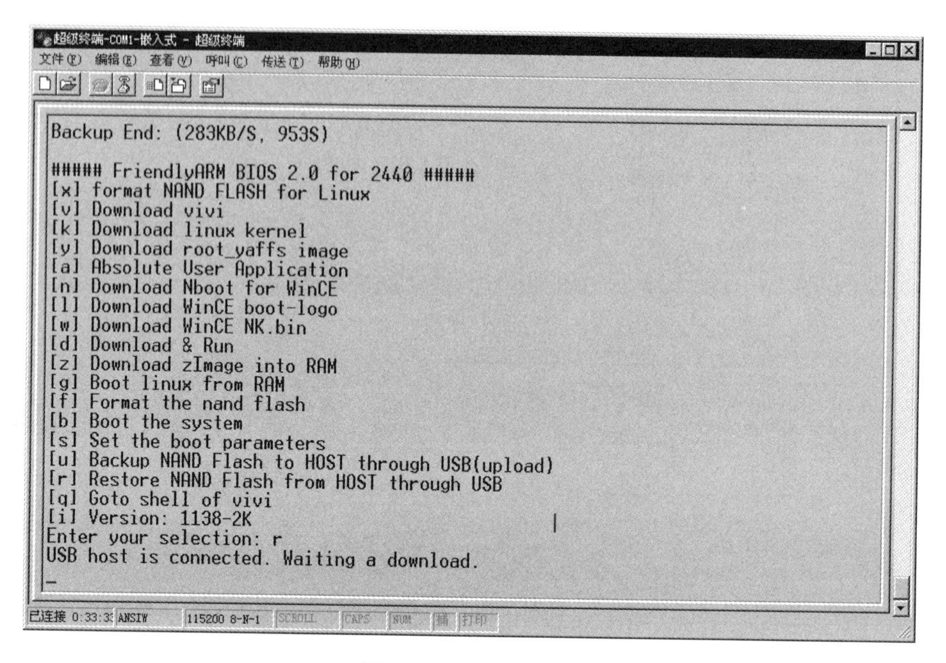

图 2-24 选择功能[r]

此时在图 2-19 所示的 DNW 界面中单击“USB Port”→“Transmit/Restore”选项，如图 2-25 所示。

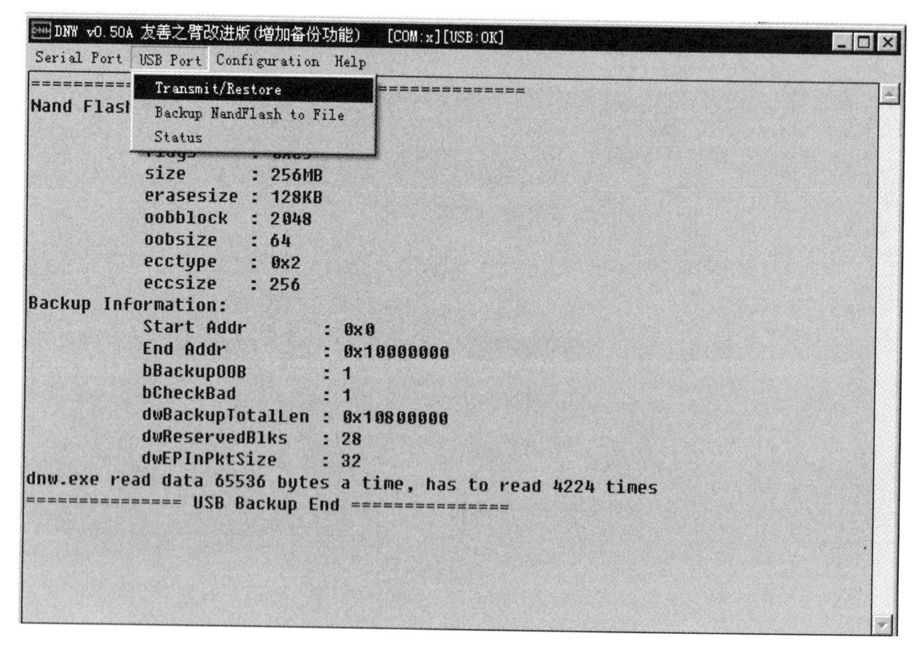

图 2-25 “Transmit/Restore”选项

此时会跳出文件选择窗口，选择要使用的备份文件（例如上一步骤所生成的备份），单击“打开”按钮开始恢复系统，DNW 恢复系统界面、串口终端恢复系统界面分别如图 2-26 和图 2-27 所示。

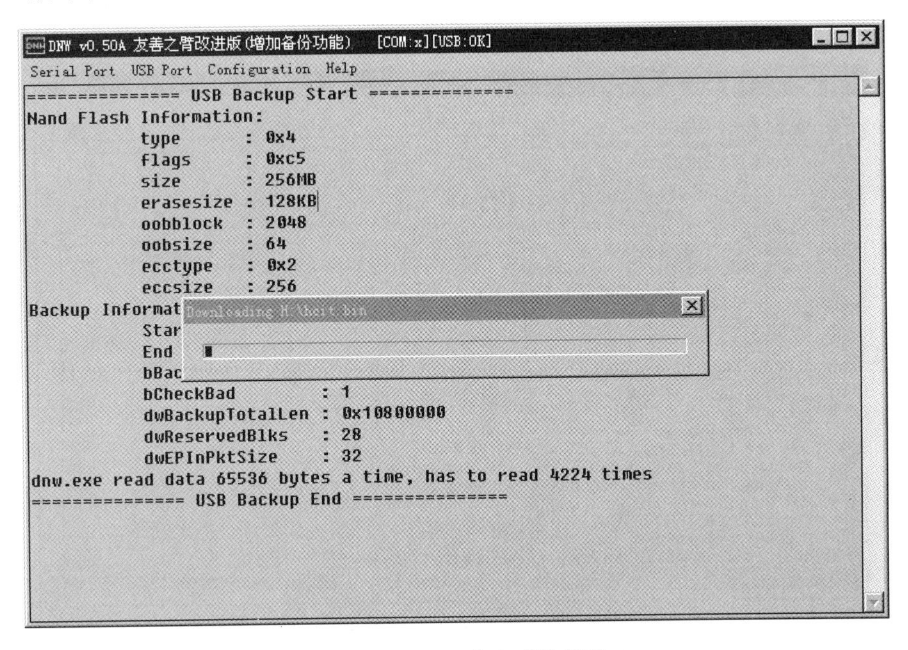

图 2-26 DNW 恢复系统界面

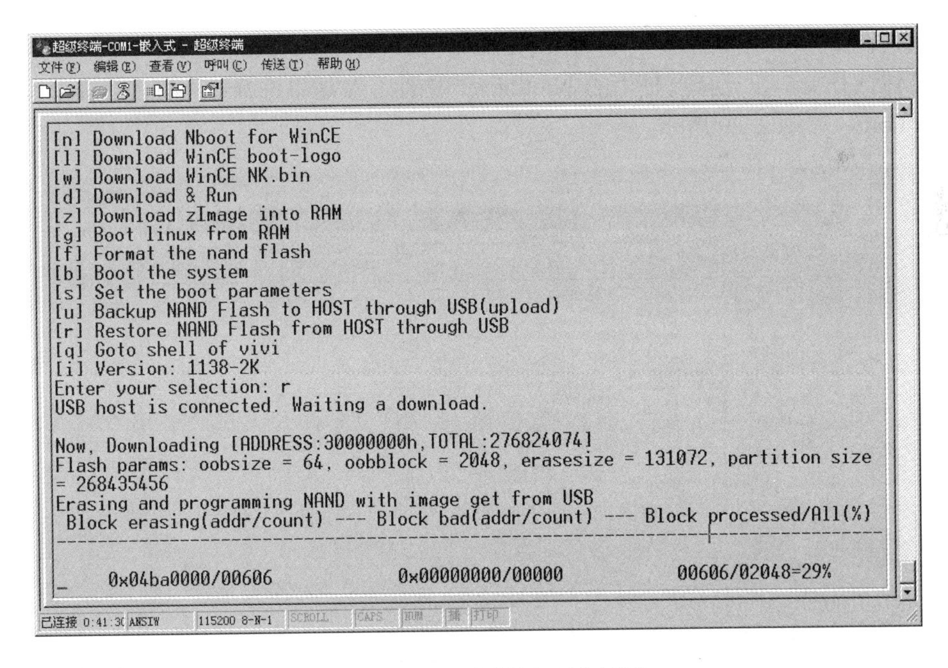

图 2-27 串口终端恢复系统界面

5. 烧写系统

在进行本步的所有操作时，一定要保证 USB 连接成功，即 DNW 标题栏提示[USB:

OK]，如图 2-19 所示。

（1）下载 bootloader

在图 2-18 所示的串口终端界面中输入字母“v”来选择功能[v]，会出现图 2-28 所示的界面。

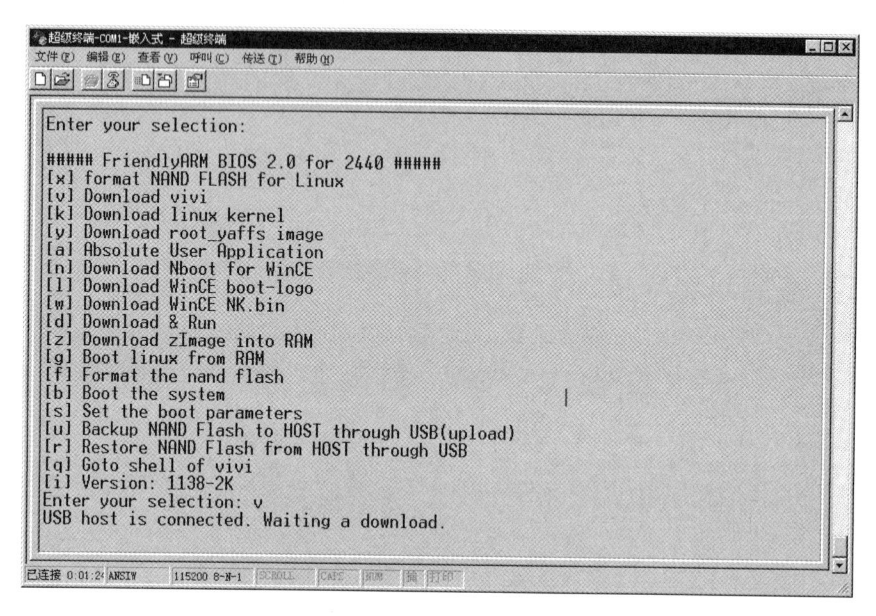

图 2-28　选择功能[v]

此时在图 2-19 所示的 DNW 界面中单击“USB Port”→“Transmit/Restore”选项，此时会跳出文件选择窗口，选择要使用的 bootloader 文件，在这里选择一个开源的 bootloader 文件：vboot.bin，如图 2-29 所示。

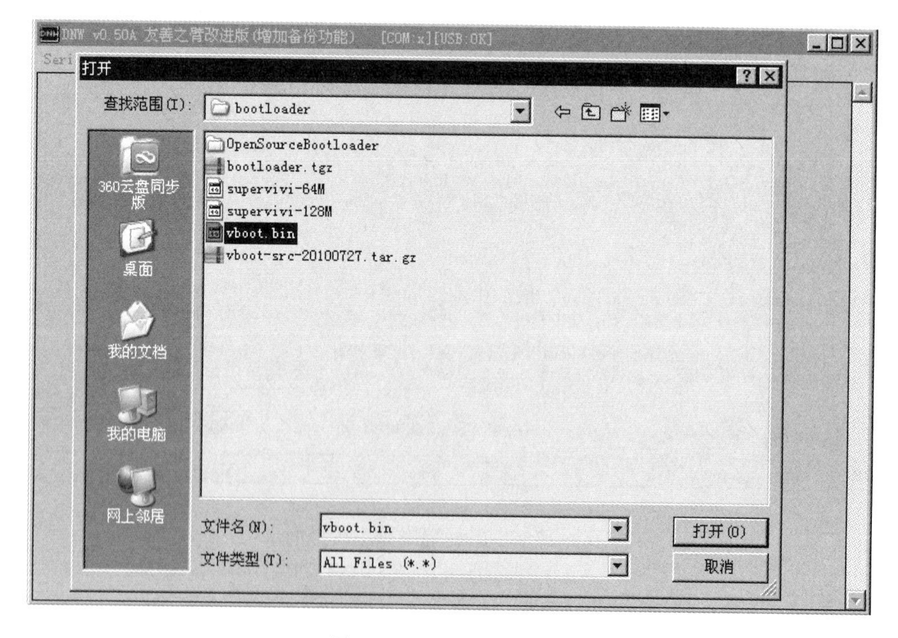

图 2-29　选择 vboot.bin

单击“打开”按钮开始下载 bootloader，由于 vboot.bin 文件体积很小，所以下载所需要的时间非常短。当下载完成后会在串口终端界面中出现下载完成的提示，如图 2-30 所示。

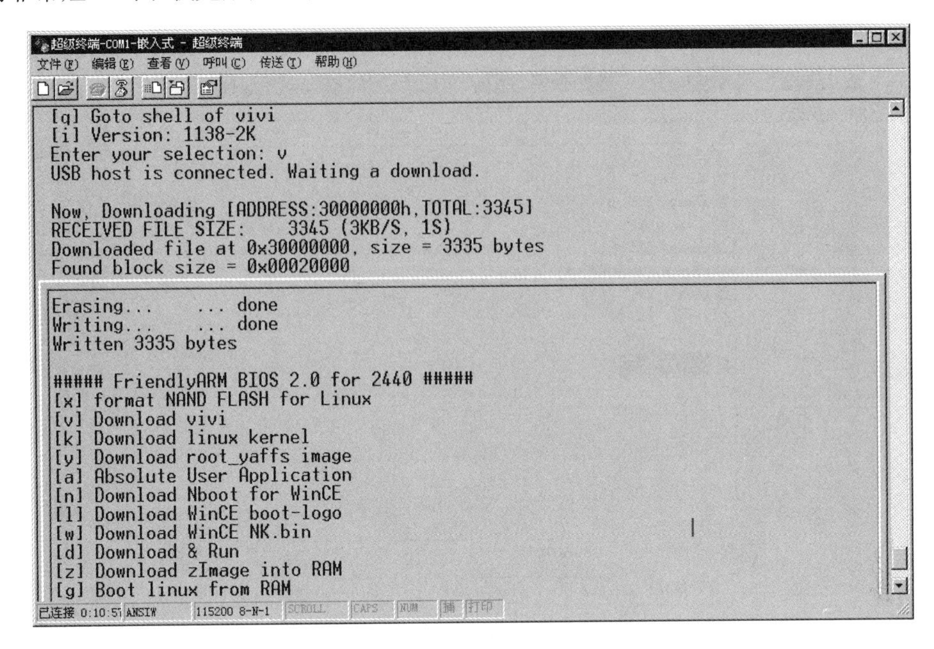

图 2-30　bootloader 下载完成提示

（2）下载 Linux 内核

在图 2-18 所示的串口终端界面中输入字母“k”来选择功能[k]，会出现图 2-31 所示的界面。

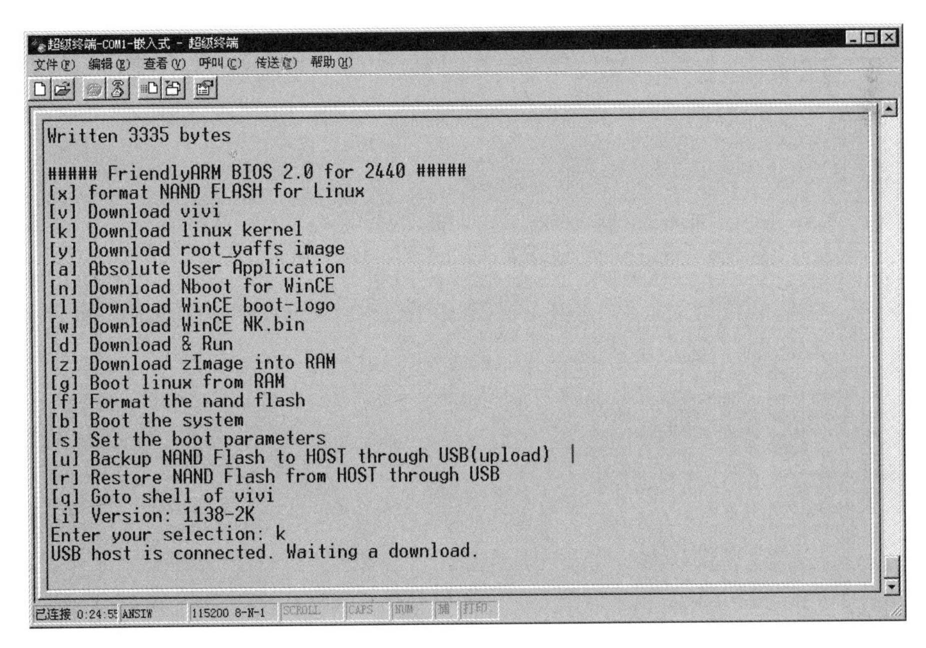

图 2-31　选择功能[k]

此时在图 2-19 所示的 DNW 界面中单击“USB Port”→“Transmit/Restore”选项，此时会跳出文件选择窗口，选择要使用的 Linux 内核文件，选择 zImage-HCIT 如图 2-32 所示。

图 2-32　选择 zImage-HCIT

单击“打开”按钮开始下载 zImage-HCIT，由于 Linux 内核文件体积一般也比较小，所以下载所需要的时间也比较短。当下载完成后会在串口终端界面中出现下载完成的提示，如图 2-33 所示。

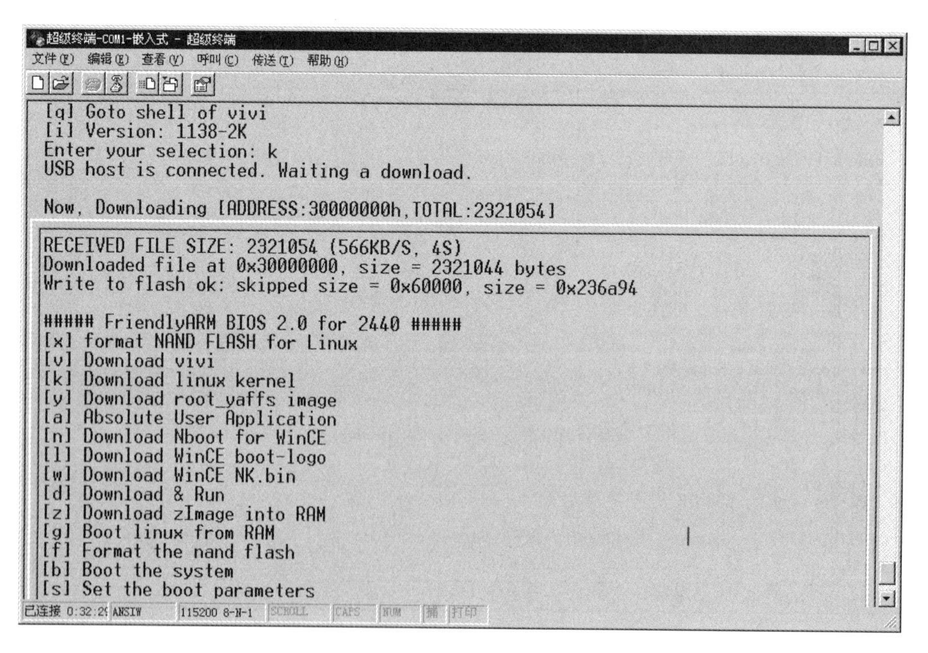

图 2-33　Linux 内核下载完成提示

（3）下载目标文件系统

在图 2-18 所示的串口终端界面中输入字母“y”来选择功能[y]，会出现图 2-34 所示的界面。

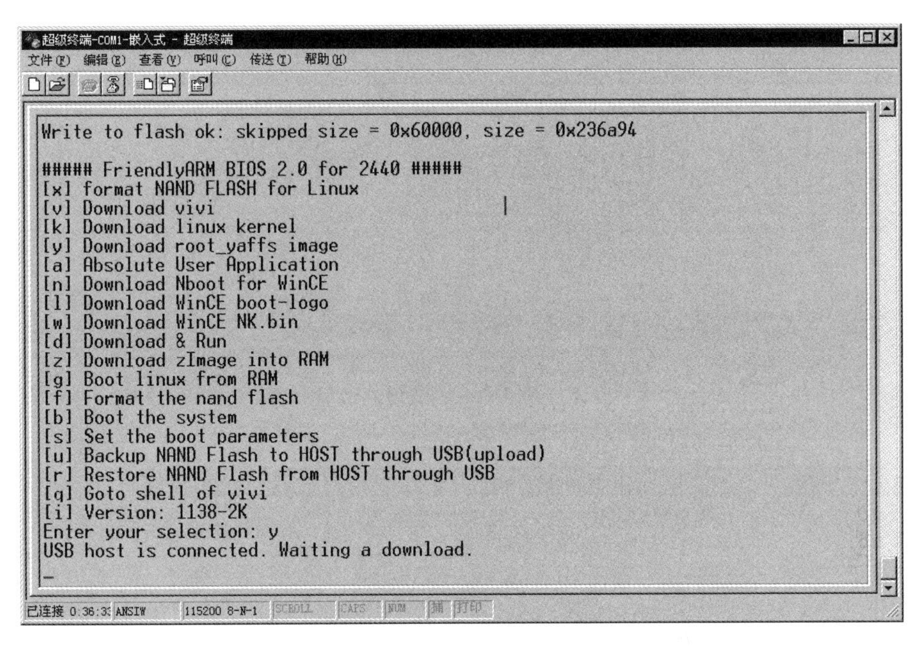

图 2-34　选择功能[y]

此时在图 2-19 所示的 DNW 界面中单击“USB Port”→“Transmit/Restore”选项，此时会跳出文件选择窗口，选择要使用的目标文件系统镜像，选择根文件系统如图 2-35 所示。

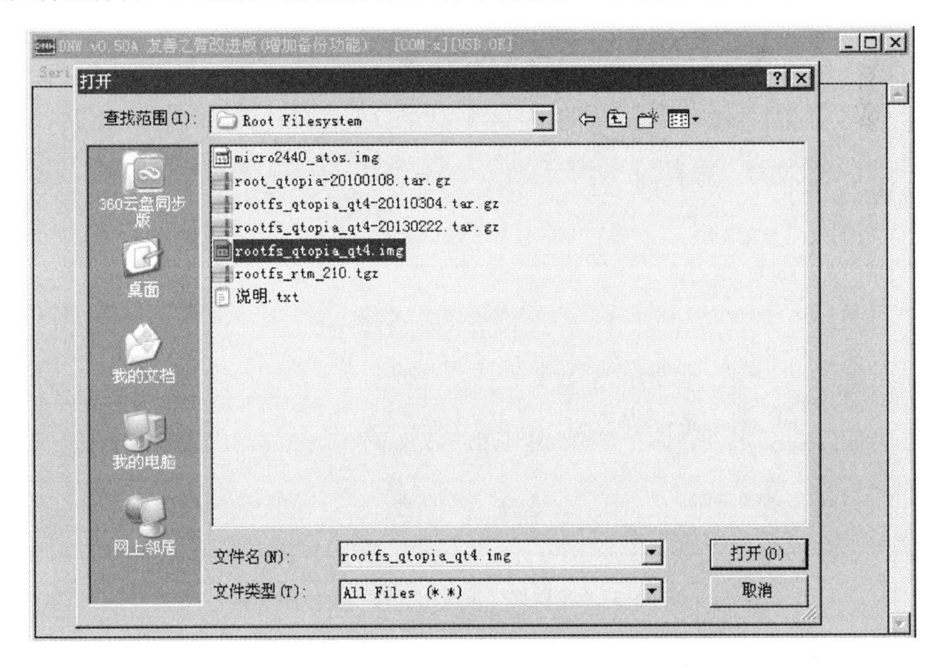

图 2-35　选择根文件系统

单击“打开”开始下载根文件系统，由于根文件系统文件体积比较大，所以下载所需要的时间比较长，DNW 下载根文件系统界面、串口终端下载根文件系统界面分别如图 2-36 和图 2-37 所示。

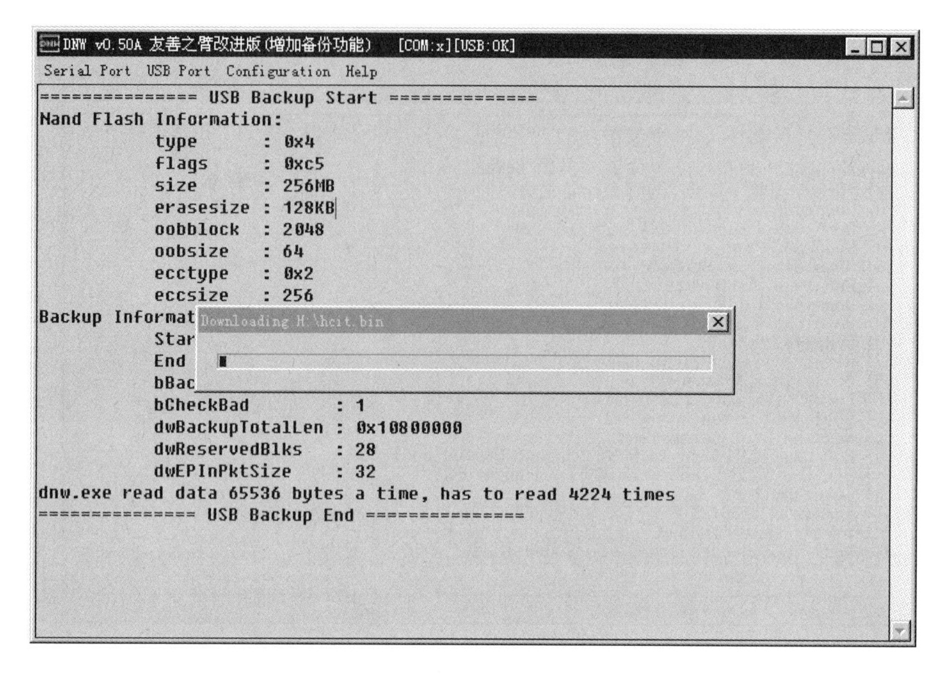

图 2-36　DNW 下载根文件系统界面

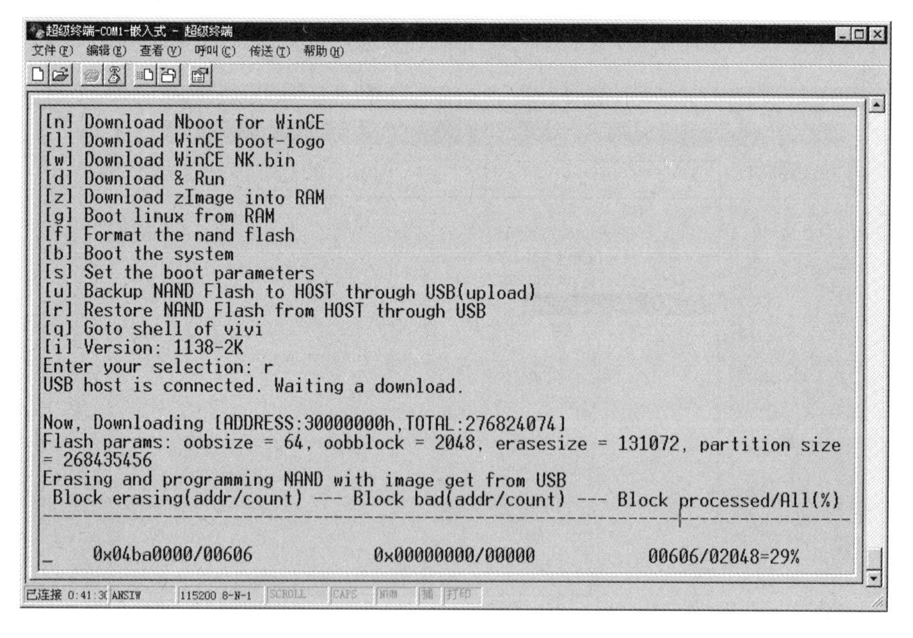

图 2-37　串口终端下载根文件系统界面

6．启动嵌入式 Linux 操作系统

当恢复系统或烧写系统完成之后，在图 2-18 所示的串口终端界面中输入字母“b”来启

动系统。

此时除了 Micro2440 开发板上会出现开机界面外，串口终端界面中还会出现图 2-38 所示的嵌入式 Linux 操作系统启动提示信息。当系统启动完成后，串口终端中会出现图 2-39 所示的 Micro2440 开发板终端界面。此时就可以在终端中输入 Linux 命令进行相关操作了。

```
超级终端-COM1-嵌入式 - 超级终端
文件(F) 编辑(E) 查看(V) 呼叫(C) 传送(T) 帮助(H)

s3c-sdi s3c2440-sdi: running at 398kHz (requested: 400kHz).
s3c-sdi s3c2440-sdi: running at 398kHz (requested: 400kHz).
s3c-sdi s3c2440-sdi: powered down.
usbcore: registered new interface driver usbhid
usbhid: v2.6:USB HID core driver
Advanced Linux Sound Architecture Driver Version 1.0.21.
No device for DAI UDA134X
No device for DAI s3c24xx-i2s
S3C24XX_UDA134X SoC Audio driver
UDA134X SoC Audio Codec
asoc: UDA134X <-> s3c24xx-i2s mapping ok
ALSA device list:
  #0: S3C24XX_UDA134X (UDA134X)
TCP cubic registered
NET: Registered protocol family 17
s3c2410-rtc s3c2410-rtc: setting system clock to 2006-11-14 10:08:14 UTC (116349
8894)
yaffs: dev is 32505859 name is "mtdblock3"
yaffs: passed flags ""
yaffs: Attempting MTD mount on 31.3, "mtdblock3"
yaffs: auto selecting yaffs2
block 650 is bad
block 716 is bad
_

已连接 1:20:5 ANSIW 115200 8-N-1 SCROLL CAPS NUM 捕 打印
```

图 2-38　嵌入式 Linux 操作系统启动提示信息

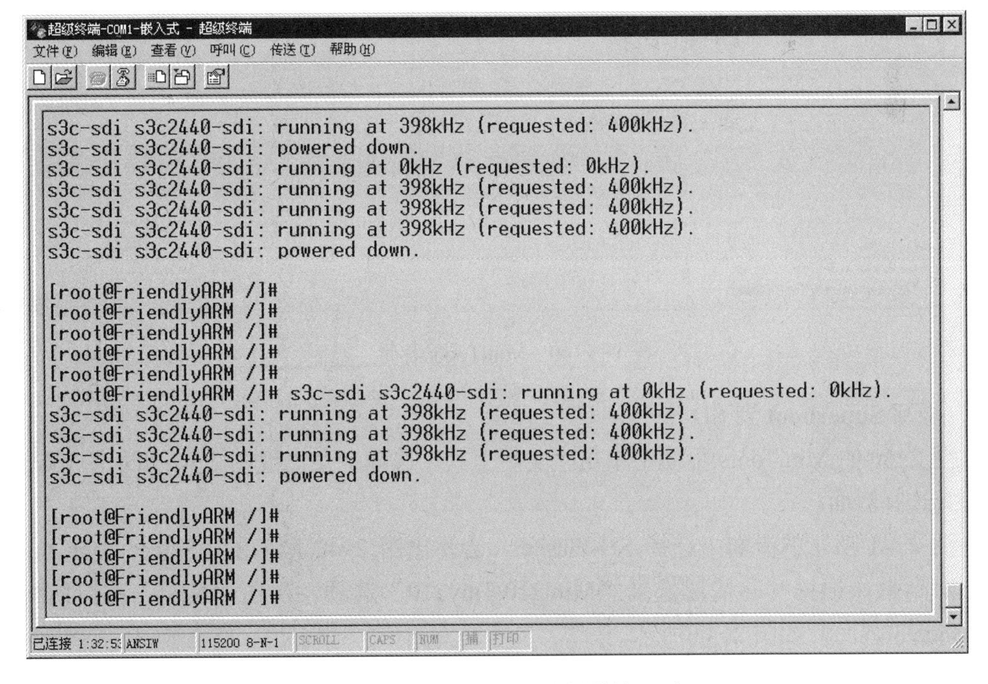

图 2-39　Micro2440 开发板终端界面

2.2.2　Smart210 开发板系统的烧写

1．安装 MiniTools

用鼠标双击 MiniTools 的安装文件，即可运行 MiniTools 的安装程序，按向导一步一步操作即可。在 MiniTools 的安装过程中，会自动安装所需要的 USB 下载驱动，期间会弹出是否安装无签名驱动的提示，要选择“始终安装该驱动程序”。当安装完成后打开 MiniTools，其界面如图 2-40 所示。

图 2-40　MiniTools 界面

2．烧写 Superboot 到 SD 卡

在图 2-40 的 MiniTools 界面中单击“实用工具”选项卡会出现图 2-41 所示的 MiniTools 自带工具选择界面。

在图 2-41 所示的界面中选择 SD-Flasher，会弹出图 2-42 所示的“Select your Machine Type”对话框，根据实际情况选择“Mini210/Tiny210”选项。单击“Next”按钮后将弹出 SD-Flasher 主界面，如图 2-43 所示。

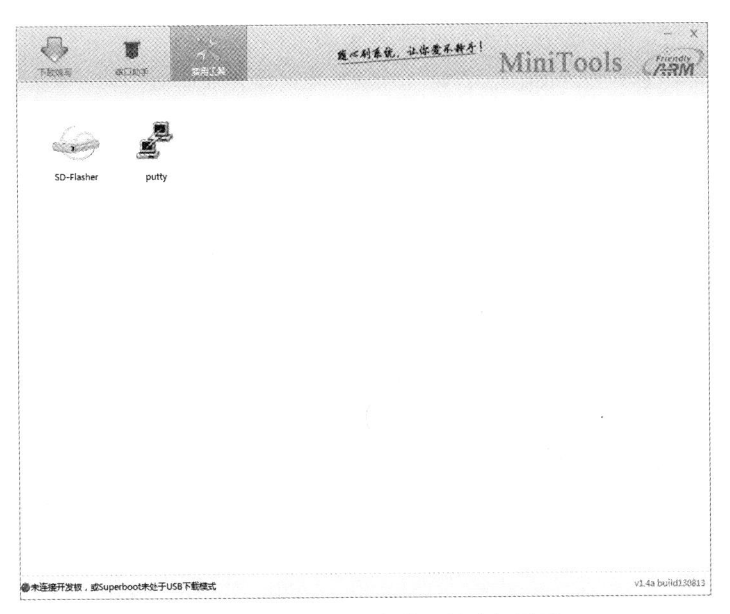

图 2-41　MiniTools 自带工具选择界面

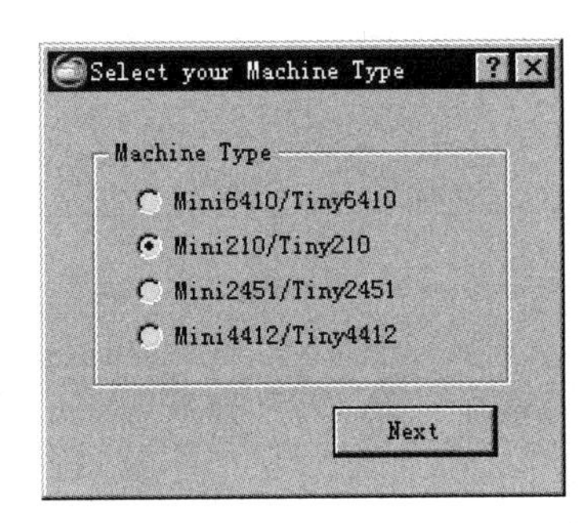

图 2-42　“Select your Machine Type”对话框

FriendlyARM SD Memory Card Fusing Tool

Image File to Fuse...

H:\Downloads\Superboot210.bin

SD Drive(s)

Name	Physical Disk#	Size	Label	Available	Result

Scan

Reports

Fuse

Designed by FriendlyARM

All rights reserved. | www.arm9.net

ReFormat!　ReLayout!　Quit　Ver: 1328

图 2-43　SD-Flasher 主界面

在使用 SD-Flasher 前，有几点建议和注意事项：

- 建议尽量使用外接的 USB 读卡器；
- 尽量不使用 Micro SD+卡套的方式，因为卡套的方式非常容易导致接触不良；
- 尽量使用正品 SD 卡；
- SD-Flasher 会分割 130MB 空间作为空白区域，因此有些小于 256MB 的 SD 卡是无法使用的，最好使用 4GB 或以上的 SDHC；
- SD 卡启动功能是 S5PV210 本身就带的，里面的代码是固定死的，它有可能无法识别某些卡，因此有些卡可能不行，建议多试几张；
- 因接触不良导致无法使用 SD 卡启动的可能性比较大，建议多插拔几次试试，这包括了核心板和底板的接触以及 SD 卡座本身的接触。

图 2-43 中已经载入了所要烧写的 Superboot 文件，如果需要更换文件，可以单击“...”按钮。需要注意的是 Superboot210.bin 文件不要存储在中文目录下。

此时，把文件格式为 FAT32（如果不是，请重新格式化）的 SD 卡插入笔记本式计算机的卡座，也可以使用 USB 读卡器连接普通的 PC，单击“Scan”按钮，找到的 SD 卡就会被列出，如图 2-44 所示。

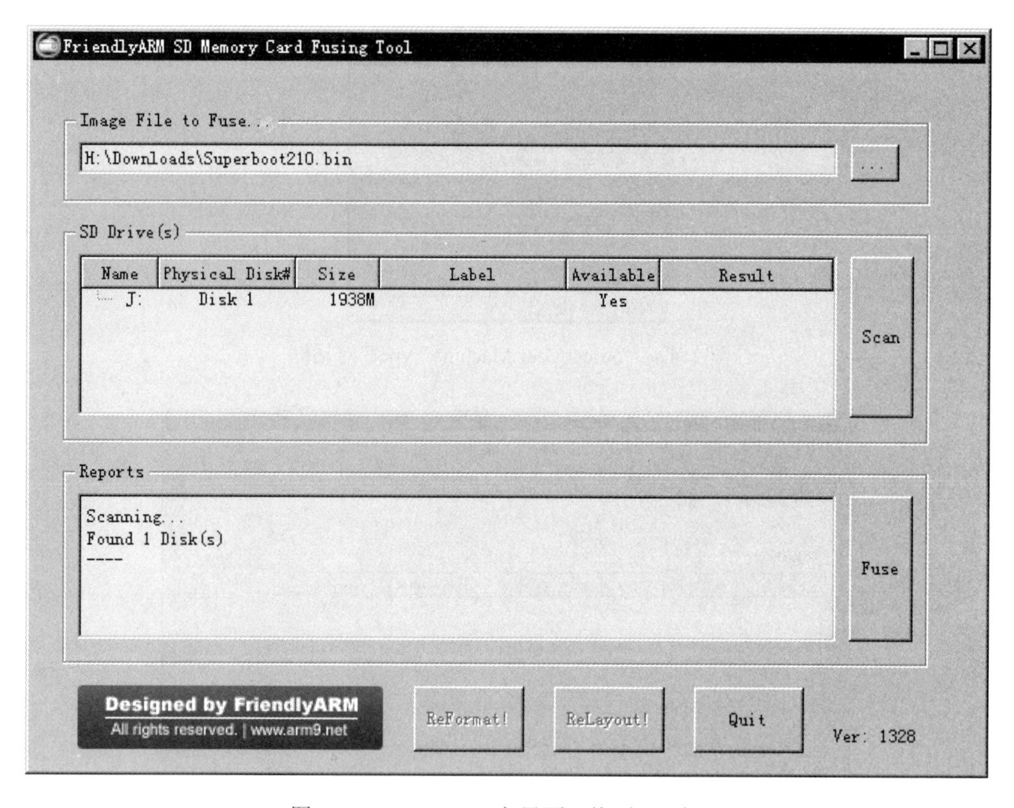

图 2-44　SD-Flasher 主界面（找到 SD 卡）

单击“Fuse”按钮后，Superboot 文件就会被安全地烧写到 SD 卡的无格式区中，如图 2-45 所示。

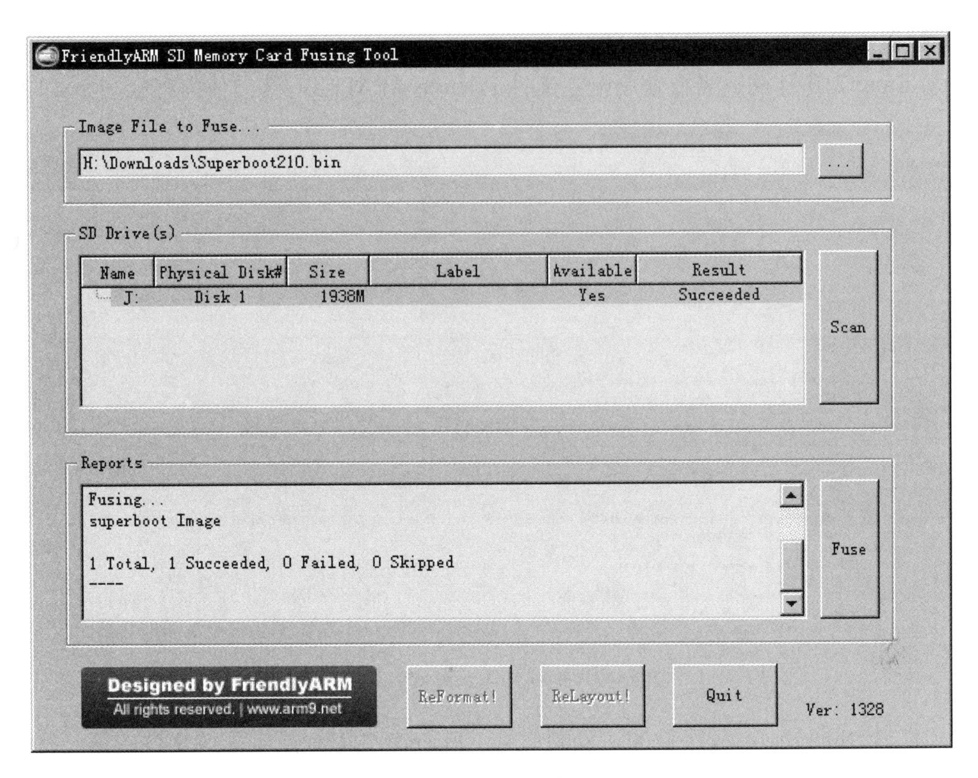

图 2-45　SD-Flasher 主界面（Superboot 烧写成功）

Superboot 被写入 SD 卡后是无法被看到的，该如何检测呢？很简单，把 SD 卡插到开发板上，并根据 2.1.1 小节中介绍的，将 Smart210 开发板上的 S2 向〈Reset〉按键方向拨动，将开发板设置为从 SD 卡启动。开启开发板后，就可以看到核心板上的 LED1 在不停闪烁，或者在计算机的超级终端中出现图 2-46 所示的提示就说明 Superboot 已经成功写入 SD 卡并运行了。如果没有看到 LED1 闪烁，或串口也没有输出，说明没有烧写成功。

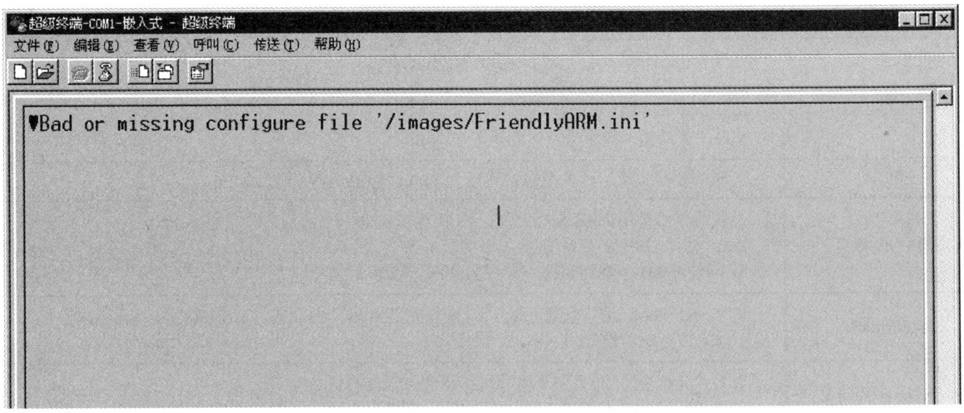

图 2-46　Superboot 烧写成功并运行后的提示

3．配置文件 FriendlyARM.ini 解读

烧写 Smart210 开发板需要使用配置文件 FriendlyARM.ini，其具体内容如图 2-47 所示。

```
1  #This line cannot be removed. by FriendlyARM(www.arm9.net)
2
3  CheckOneButton= No
4  Action = Install
5  OS = Linux
6  USB-Mode = Yes
7
8  LCD-Mode = No
9  LCD-Type = S70
10
11 LowFormat = No
12 VerifyNandWrite = No
13 CheckCRC32 = No
14
15 StatusType = Beeper | LED
16
17 #################### Android 4.0.3 ####################
18 Android-BootLoader = Superboot210.bin
19 Android-Kernel = Android/zImage
20 Android-CommandLine = root=/dev/mtdblock4 rootfstype=yaffs2 console=ttySAC0,115200 init=/linuxrc androidboot.console=ttySAC0 skipcali=yes ctp=2 gs=0
21 Android-RootFs-InstallImage = Android/rootfs_android.img
22
23 #################### Linux ####################
24 Linux-BootLoader = Superboot210.bin
25 Linux-Kernel = Linux/zImage
26 Linux-CommandLine = root=/dev/mtdblock4 rootfstype=yaffs2 console=ttySAC0,115200 init=/linuxrc skipcali=yes ctp=2
27 Linux-RootFs-InstallImage = Linux/rootfs_qtopia_qt4.img
28
29 #################### Windows CE6.0 ####################
30 WindowsCE6-Bootloader = Superboot210.bin
31 WindowsCE6-BootLogo = WindowsCE6\bootlogo.bmp
32 WindowsCE6-InstallImage = WindowsCE6\NK.bin
33 WindowsCE6-RunImage = WindowsCE6\NK.bin
```

图 2-47　配置文件 FriendlyARM.ini

为了防止 Superboot 程序被非法复制使用，FriendlyARM 规定配置文件的第一行内容不能被更改，也不能被删除，第一行的内容是：

#This line cannot be removed. by FriendlyARM(www.arm9.net)

需要注意的是最后的“)”后面不能有空格以及其他字符。

FriendlyARM.ini 每项名称所代表的意思是很明显的，具体说明如表 2-1～表 2-5 所示。

表 2-1　FriendlyARM.ini 公共项说明

定义项（不分大小写）	说　明
CheckOneButton	当为“yes”时，需要在开机或复位之前按一下板上的任意一个按键才执行后面的步骤； 当为“No”时，开机或者复位之后将自动执行后面的步骤，一般批量烧写时可设置为“No”
Action	设置将要执行的动作，可以为 Install/Run/Null。 Install：安装到 Nand Flash； Run：直接从 SD 卡运行； Null：无动作，设置为空时，也表示 Null
OS	选择所要安装或运行的系统，可以为 Linux/Android/WindowsCE6
USB-Mode	设置将是否使用 USB 烧写系统，可以为 Yes/No。 Yes：使用 USB 烧写系统； No：使用 SD 卡烧写系统，设置为空时，也表示 No
LowFormat	把 Nand Flash 进行低级格式，以恢复到芯片出厂的状态，如何需要只写内核，不烧写文件系统，则应该把此项设置为 No
VerifyNandWrite	当为“yes”时，烧写完毕将会执行校验，这样会更安全； 当为“No”时，烧写完毕不执行校验，这样会更快，一般是不会有问题的
StatusType	烧写过程状态提示，可以为“LED”或“Beeper”，或者它们的组合（组合符号为“|”）

表 2-2　Android 系统选项说明

定义项（不分大小写）	说　明
Android-BootLoader	指定 Android 系统所用的 Bootloader 文件映象名，如： Android-BootLoader = Superboot210.bin
Android-Kernel	指定 Android 系统所用的内核文件映象名，如： Android-Kernel = Android/zImage
Android-CommandLine	设定 Android 启动参数，针对不同的启动或烧写方式，需要设置不同的参数。当使用 yaffs2 文件系统时，推荐参数为： Android-CommandLine = root=/dev/mtdblock4 rootfstype=yaffs2 console=ttySAC0,115200 init=/linuxrc androidboot.console=ttySAC0 skipcali=yes ctp=2 gs=0 ➢ 如果需要开机跳过校准，在该项中加入 skipcali=yes； ➢ 当使用电容式触摸屏时，务必在 Android-CommandLine 参数上加上 skipcali=yes 来跳过校准，另外还要加上 ctp=*n* 的参数来指定电容屏的型号，其中，*n* 的值可以为 0、(1)(2) 3 其中一个。 ➢ 当发现重力感应的方向不自然时，可以尝试在 Android-CommandLine 后面加上 gs=0 以反转方向（gs 为 gsensor 的缩写）

表 2-3　ctp 的值与电容式触摸屏的对应关系

ctp 的值	电容屏尺寸	电容屏芯片型号
0	没有接电容屏	N/A
1	7 寸	GT80X
2	4.3 寸	FT5306
2 或 3	7 寸	FT5206/FT5406

表 2-4　Linux 系统选项说明

定义项（不分大小写）	说　明
Linux-BootLoader	指定 Linux 系统所用的 Bootloader 文件映象名，如： Linux-BootLoader = Superboot210.bin
Linux-Kernel	指定 Linux 系统所用的内核文件映象名，如： Linux-Kernel = Linux/zImage
Linux-CommandLine	设定 Linux 启动参数，针对不同的启动或烧写方式，需要设置不同的参数。当使用 yaffs2 文件系统时，推荐参数为： Linux-CommandLine = root=/dev/mtdblock4 rootfstype=yaffs2 console=ttySAC0,115200 init=/linuxrc Linuxboot.console=ttySAC0 skipcali=yes ctp=2 其中：skipcali 与电容式触摸屏的设置同 Android 系统选项说明

表 2-5　Windows CE 系统选项说明

定义项（不分大小写）	说　明
WindowsCE6-Bootloader	指定 Windows CE 系统所用的 Bootloader 文件映象名，如： WindowsCE6-BootLoader =Superboot210.bin
WindowsCE6-BootLogo	定义 Windows CE 开机 LOGO，BMP 文件，24 位色，如： WindowsCE6-BootLogo = WindowsCE6\bootlogo.bmp
WindowsCE6-InstallImage	要烧写到 FLASH 的 CE 文件系统，如： WindowsCE6-InstallImage = WindowsCE6\NK.bin
WindowsCE6-RunImage	可直接从 SD 卡上运行的 CE 文件系统，如： WindowsCE6-RunImage = WindowsCE6\NK.bin

4. 使用 USB 在 Smart210 开发板中安装嵌入式 Linux 操作系统

只有 Superboot 才能配合使用 MiniTools 的 USB 下载功能，并且 Superboot 需要工作在 USB 下载模式才行，因此，首先请务必保证 Superboot 已经成功被写入 SD 卡。

其次在 SD 卡中新建文件夹 images，将配置文件 FriendlyARM.ini 复制到 images 文件夹中，需要确保图 2-47 所示的第 6 行的设置为：

USB-Mode = Yes

此时将 SD 卡从 PC 上取出插入 Smart210 开发板的卡槽。参照图 2-15 所示连接 PC 和 Smart210 开发板，并将开发板设置为从 SD 卡启动。开启嵌入式系统后，在 PC 上会出现图 2-48 所示的 Android ADB Interface 驱动安装提示。

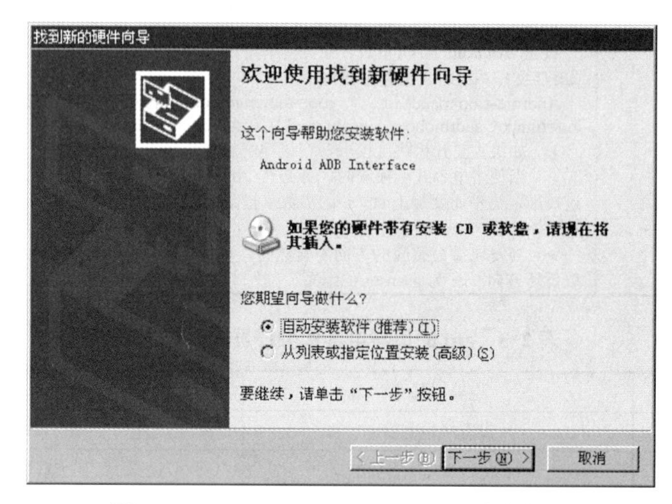

图 2-48　Android ADB Interface 驱动安装提示

在图 2-48 所示的界面中单击“下一步”按钮后按照提示安装相应的驱动，当驱动安装完成后，再打开 MiniTools，如图 2-49 所示。此时在 Smart210 开发板会出现图 2-50 所示的提示。

图 2-49　MiniTools 界面（连接开发板）

FriendlyARM Superboot-210
Version: 1.16(20130204)
CPU: S5PV210 1GHz
RAM: 512MB
NAND: 512MB(SLC) ID:ECDC1095
Touch Device: 1-wire
LCD Type: S70(Auto)
USB Mode: Connected

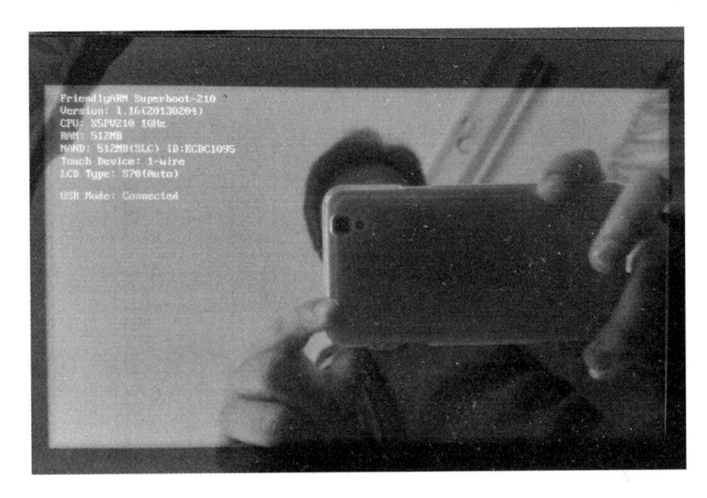

图 2-50　Smart210 开发板提示

在图 2-49 所示的界面中单击 Linux 图标，会出现图 2-51 所示的嵌入式 Linux 文件烧写界面。在图 2-51 所示的界面中，可以选择要烧写的文件，也可以从 images 目录自动导入。建议初学者选择从 images 目录自动导入。单击“选择 images 目录”按钮指向 PC 中的 images 文件夹，如图 2-52 所示。需要注意的是在 images 文件夹存储的完整路径中请不要出现中文字符。

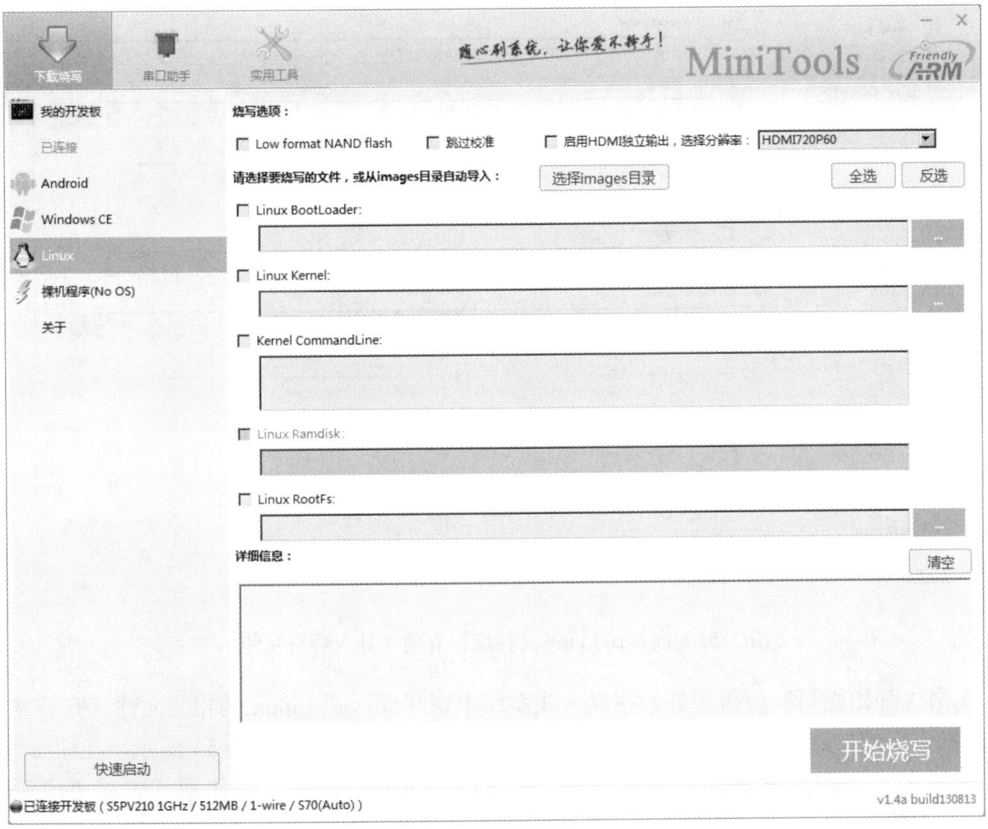

下载烧写
串口助手
实用工具
随心刷系统，让你爱不释手！
MiniTools
Friendly ARM
我的开发板
已连接
Android
Windows CE
Linux
裸机程序(No OS)
关于
烧写选项：
Low format NAND flash
跳过校准
启用HDMI独立输出，选择分辨率：
HDMI720P60
请选择要烧写的文件，或从images目录自动导入：
选择images目录
全选
反选
Linux BootLoader:
Linux Kernel:
Kernel CommandLine:
Linux Ramdisk:
Linux RootFs:
详细信息：
清空
开始烧写
快速启动
已连接开发板 (S5PV210 1GHz / 512MB / 1-wire / S70(Auto))
v1.4a build130813

图 2-51　嵌入式 Linux 文件烧写界面

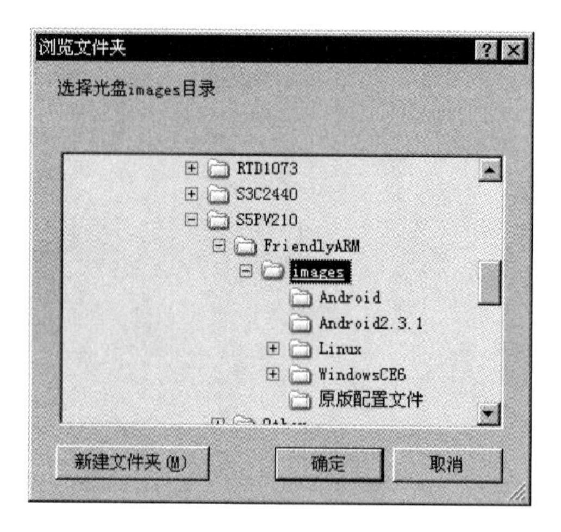

图 2-52　选择 images 目录

导入待烧写的文件后的烧写界面如图 2-53 所示。

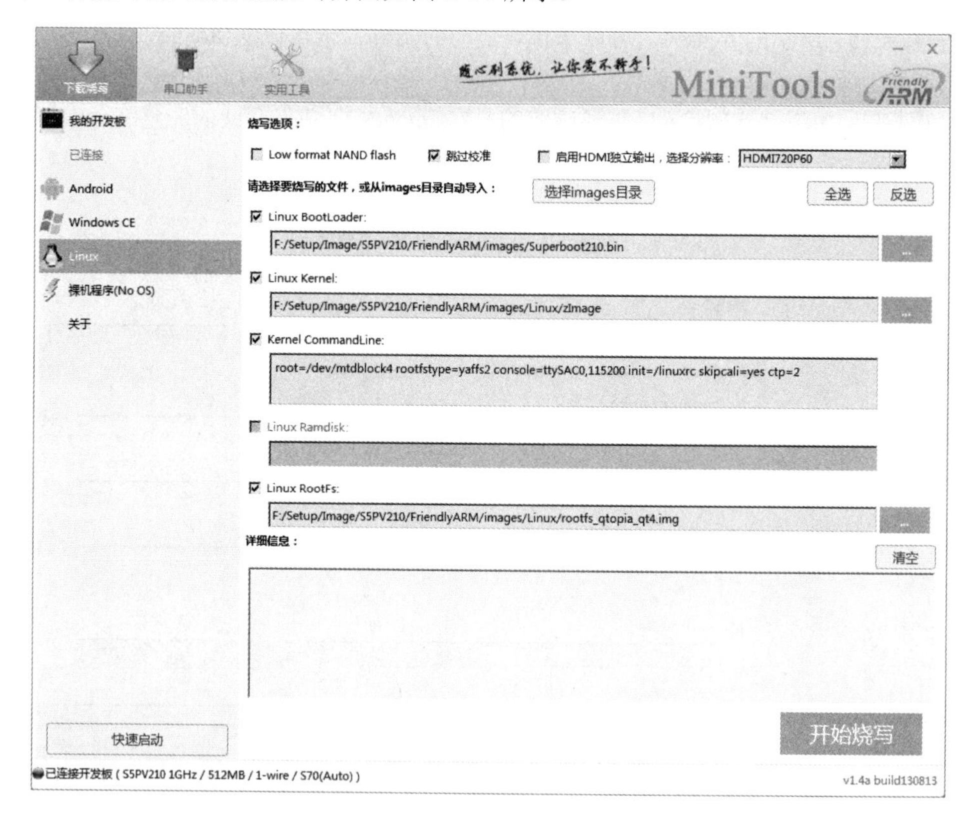

图 2-53　嵌入式 Linux 文件烧写界面（导入烧写文件）

单击“开始烧写”按钮即开始往嵌入式系统中烧写嵌入式 Linux 的相关文件，安装嵌入式 Linux 操作系统。这个步骤需要等待一段时间，烧写完成的界面如图 2-54 所示。在图 2-54 所示的界面中，单击左下角的“快速启动”按钮，即可开启嵌入式操作系统。需要注意的是图 2-49 所示的界面中的红色提示，一旦嵌入式系统启动后 USB 连接断开，如图 2-55 所示。

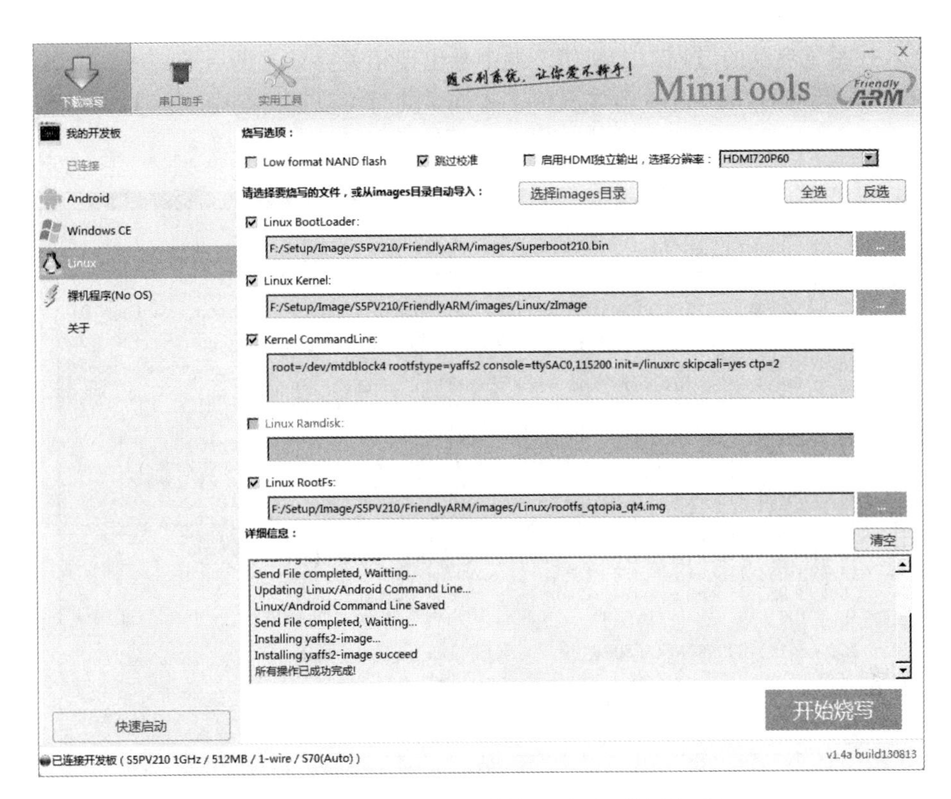

图 2-54　嵌入式 Linux 文件烧写界面（烧写完成）

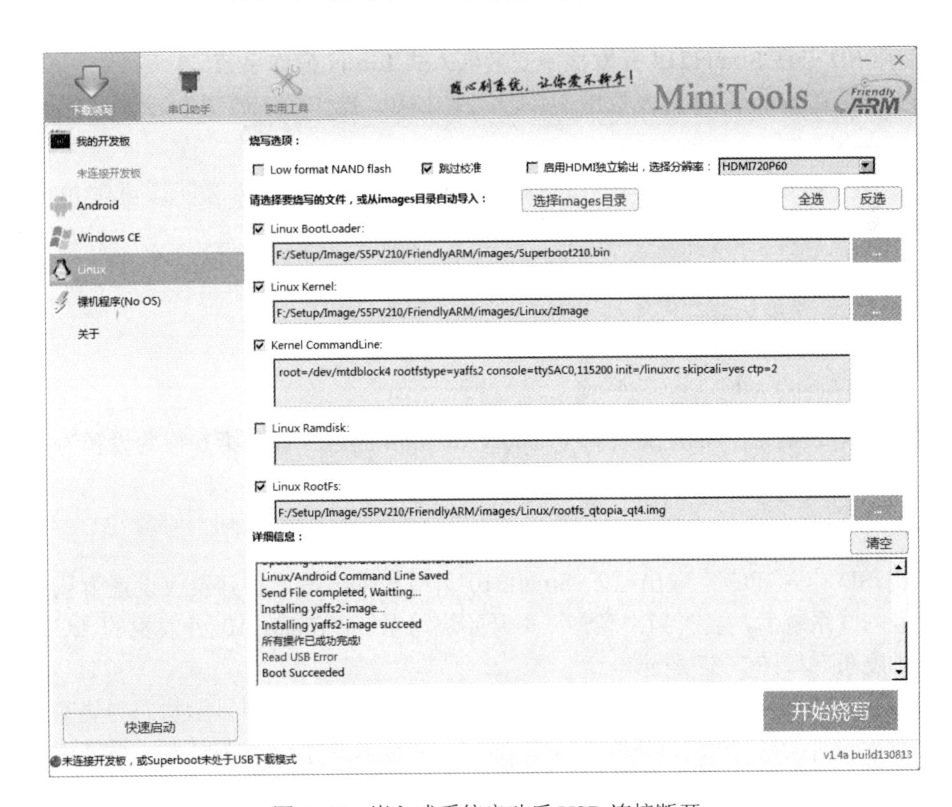

图 2-55　嵌入式系统启动后 USB 连接断开

在嵌入式系统启动的过程中，串口终端中会出现相关提示；当启动完成后，串口终端中会出现图 2-56 所示的 Smart210 开发板终端界面。此时可以在终端中输入 Linux 命令进行相关操作。

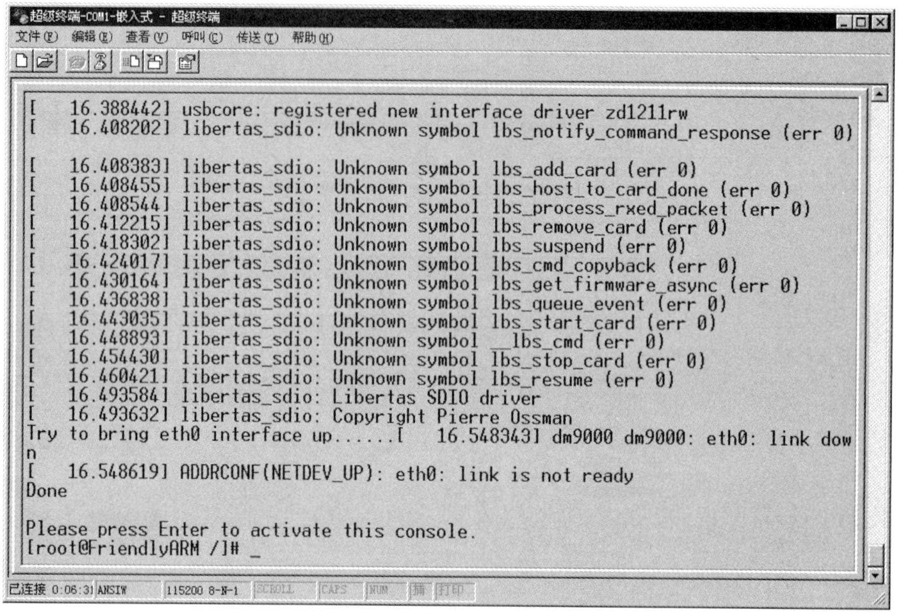

```
超级终端-COM1-嵌入式 - 超级终端
文件(F) 编辑(E) 查看(V) 呼叫(C) 传送(T) 帮助(H)
[   16.388442] usbcore: registered new interface driver zd1211rw
[   16.408202] libertas_sdio: Unknown symbol lbs_notify_command_response (err 0)

[   16.408383] libertas_sdio: Unknown symbol lbs_add_card (err 0)
[   16.408455] libertas_sdio: Unknown symbol lbs_host_to_card_done (err 0)
[   16.408544] libertas_sdio: Unknown symbol lbs_process_rxed_packet (err 0)
[   16.412215] libertas_sdio: Unknown symbol lbs_remove_card (err 0)
[   16.418302] libertas_sdio: Unknown symbol lbs_suspend (err 0)
[   16.424017] libertas_sdio: Unknown symbol lbs_cmd_copyback (err 0)
[   16.430164] libertas_sdio: Unknown symbol lbs_get_firmware_async (err 0)
[   16.436838] libertas_sdio: Unknown symbol lbs_queue_event (err 0)
[   16.443035] libertas_sdio: Unknown symbol lbs_start_card (err 0)
[   16.448893] libertas_sdio: Unknown symbol __lbs_cmd (err 0)
[   16.454430] libertas_sdio: Unknown symbol lbs_stop_card (err 0)
[   16.460421] libertas_sdio: Unknown symbol lbs_resume (err 0)
[   16.493584] libertas_sdio: Libertas SDIO driver
[   16.493632] libertas_sdio: Copyright Pierre Ossman
Try to bring eth0 interface up......[   16.548343] dm9000 dm9000: eth0: link dow
n
[   16.548619] ADDRCONF(NETDEV_UP): eth0: link is not ready
Done

Please press Enter to activate this console.
[root@FriendlyARM /]# _
已连接 0:06:31 ANSIW 115200 8-N-1 SCROLL CAPS NUM 捕 打印
```

图 2-56　Smart210 开发板终端界面

5．使用 SD 卡在 Smart210 开发板中安装嵌入式 Linux 操作系统

使用 SD 卡在 Smart210 开发板中安装嵌入式 Linux 操作系统前请务必保证 Superboot 已经成功被写入 SD 卡。

在 SD 卡中新建文件夹 images，将本小节同名文件夹下的相关文件复制到 images 文件夹，其路径如下所示：

```
images\Superboot210.bin
images\FriendlyARM.ini
images\Linux\zImage
images\Linux\rootfs_qtopia_qt4.img
```

同时确保图 2-47 所示的配置文件 FriendlyARM.ini 的第 5 行和第 6 行的设置为：

```
OS = Linux
USB-Mode = No
```

此时将 SD 卡从 PC 上取出插入 Smart210 开发板的卡槽，将开发板设置为从 SD 卡启动，开启嵌入式系统后，会听到“滴”一声开始烧写系统，Smart210 开发板的 LCD 显示屏上会显示进度条，如图 2-57 所示。

系统烧写完成后，会发出“滴滴”的声音，同时 LCD 显示屏显示状态为烧写完成。此时，将开发板设置为从 Nand Flash 启动，然后重启嵌入式系统。在嵌入式系统启动的过程中，串口终端中会出现相关提示；当启动完成后，串口终端中会出现图 2-56 所示的终端界面。此时可以在终端中输入 Linux 命令进行相关操作。

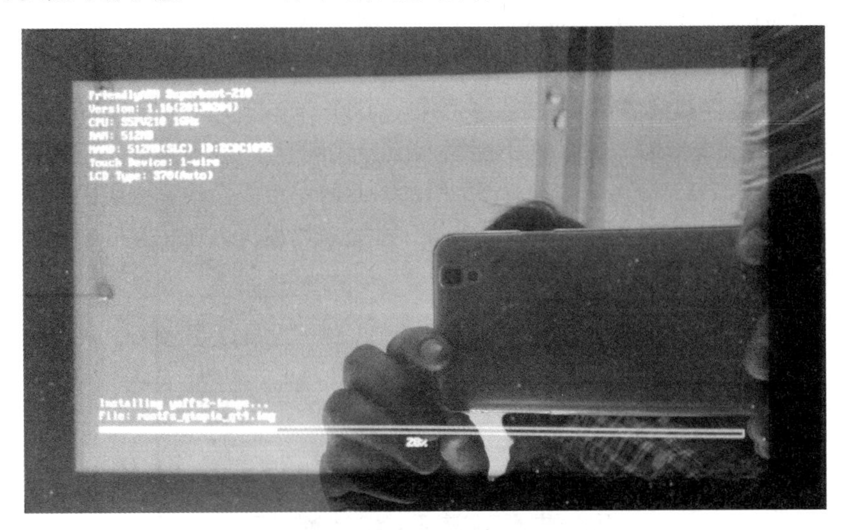

图 2-57　Smart210 开发板显示烧写进度

2.2.3　A8 实验仪系统的烧写

1. 将 SD 卡制作成为引导卡

将 SD 卡插入笔记本式计算机的卡座，也可以使用 USB 读卡器连接普通的 PC。打开本小节同名文件夹下的 BootFlasher 文件夹，找到“BootFlasher_S5PV210.exe”程序，用鼠标双击运行它，可以看到图 2-58 所示的 BootFlasher_S5PV210 界面。

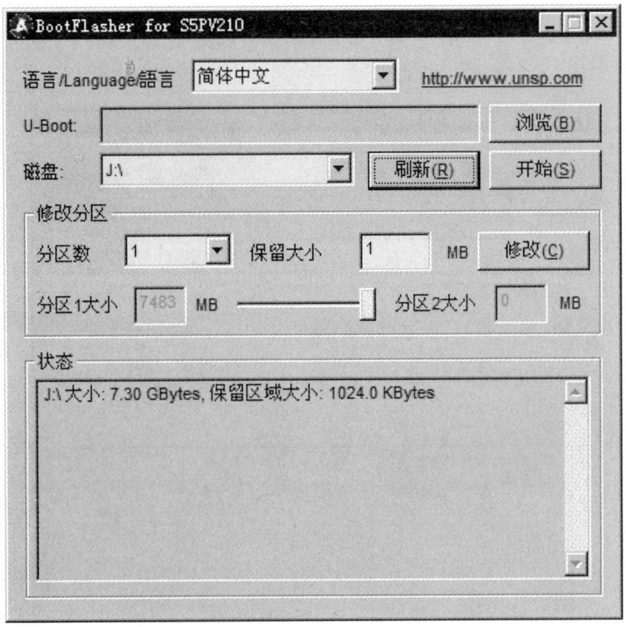

图 2-58　BootFlasher_S5PV210 主界面

软件启动之后，在“磁盘”列表中，会自动列出当前计算机上所有的可移动设备的盘符。在“磁盘”列表中选中 SD 卡对应的盘符，在图 2-58 中为“J”。

（1）将 SD 卡重新分区

在图 2-58 中可以找到“保留大小”文本框，这个文本框中的值表示 SD 卡的第一个分区的预留空间。如果设置为“0”，则不能写入引导代码。一般在这个文本框填入一个大于“0”的值，一般填入“1”即可，如图 2-58 所示。此时单击“修改”按钮，即可开始 SD 卡重新分区的流程，如图 2-59 所示。SD 卡重新分区完成以后可以在状态框中看到相关提示，如图 2-60 所示。

图 2-59　SD 卡重新分区确认

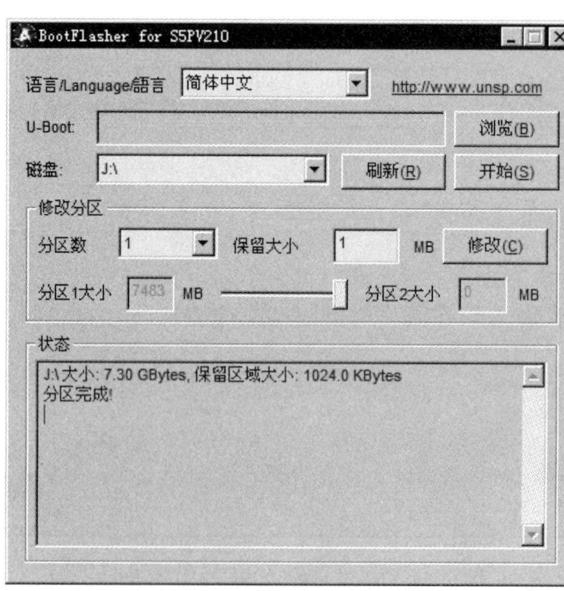

图 2-60　BootFlasher_S5PV210 主界面（SD 卡重新分区完成）

此时将 SD 卡重新拔插后，用 FAT32 格式进行格式化。

（2）将 SD 卡制作成为引导卡

单击“浏览”按钮找到 A8 实验仪所需要的 u-boot 文件，如图 2-61 所示。单击“开始”按钮开始将 SD 卡制作成为引导卡。在制作过程中，状态框中会有提示；制作完成后状态框中会提示完成，如图 2-62 所示。

图 2-61　BootFlasher_S5PV210 主界面（载入 u-boot）

图 2-62　BootFlasher_S5PV210 主界面（制作引导卡完成）

2．配置文件 production.ini 解读

烧写 A8 实验仪需要使用配置文件 production.ini，其具体内容如图 2-63 所示。

```
1  [Newwsn2530]
2  bootloader=u-boot.bin
3  ramdisk=
4  kernel=zImage.linux.board
5  system=NewWsnBox-system-r88-185.yaffs.bin
6  cache=NewWsnBox-cache-r88-185.yaffs.bin
7  userdata=NewWsnBox-userdata-r88-185.yaffs.bin
8  android=0
```

图 2-63　配置文件 production.ini

在 production.ini 文件中，第 1 行中被[]包含的内容指定了产品名称，其后续行为该产品所使用的 bootloader 映象名、kernel 映象名、system 映象名、cache 映象名和 userdata 映象名

3．使用 SD 卡在 A8 实验仪中自动化安装嵌入式 Linux 操作系统

在 SD 卡中新建文件夹 sdfuse，将本小节同名文件夹下的 A8+CC2530 一键还原实验箱（普通版）文件夹下的相关文件复制到 sdfuse 文件夹中。此时将 SD 卡从 PC 上取出插入 A8 实验仪的卡槽。参照图 2-6 所示连接 PC 和 A8 实验仪，并将 A8 实验仪设置为从 SD 卡启动。

开启嵌入式系统后，在超级终端中出现提示：Hit any key to stop autoboot，如图 2-64 中间部分所示。此时需要快速按下 PC 键盘上的任意键（推荐为〈空格〉键）去停止自动启动的过程，此时会进入 U-Boot 的管理菜单，如图 2-64 下半部分所示。

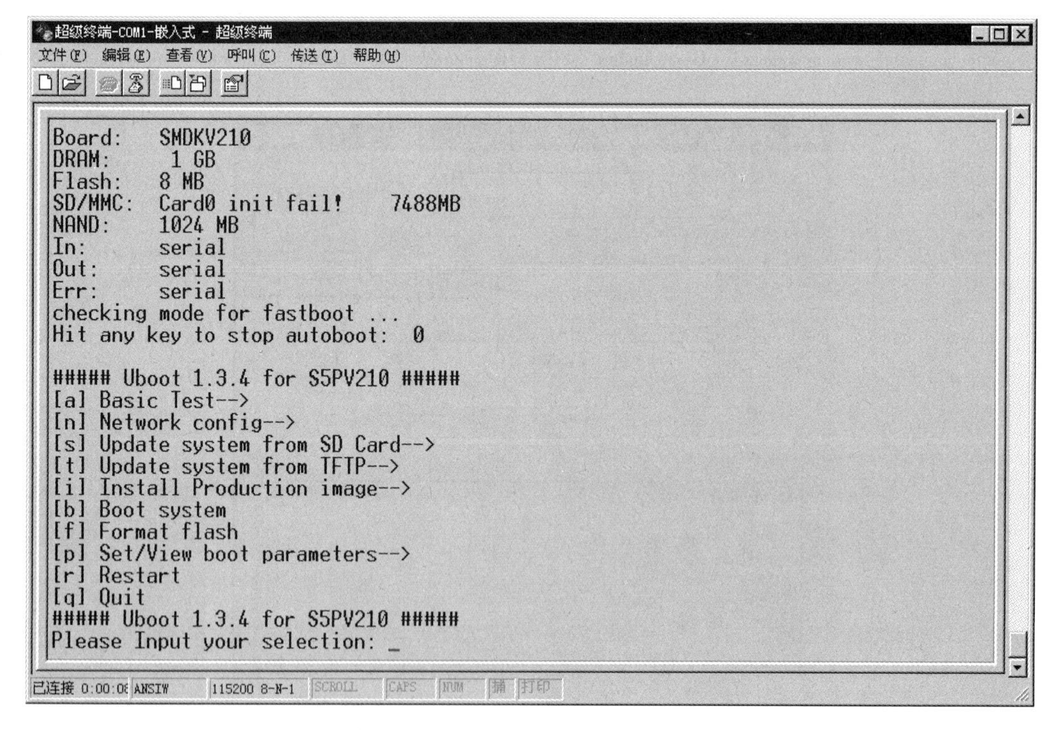

图 2-64　U-Boot 管理菜单

此时按下 PC 键盘上的〈i〉键进入“Install Production image”菜单，如图 2-65 所示。

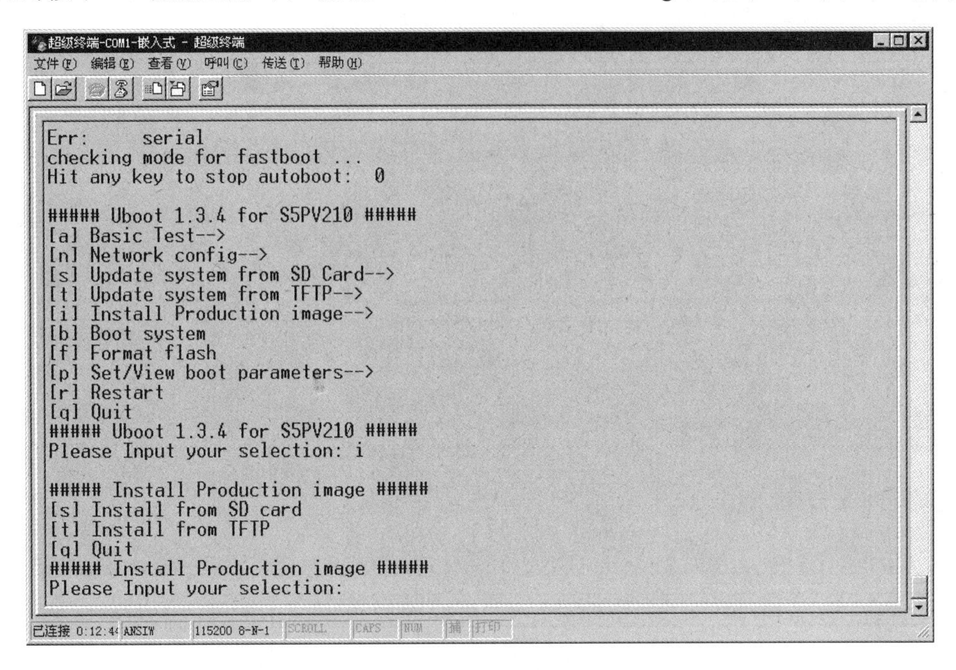

图 2-65 “Install Production image”菜单

此时按下 PC 键盘上的〈s〉键选择“Install from SD card”，此时会要求输入产品名称（Please input product name），在这里一定要输入图 2-63 所示的配置文件第 1 行中被[]包含的内容指定的名称：Newwsn2530，如图 2-66 所示。输入完成后按〈Enter〉键立即开始安装系统，嵌入式 Linux 操作系统安装流程提示如图 2-67 所示。

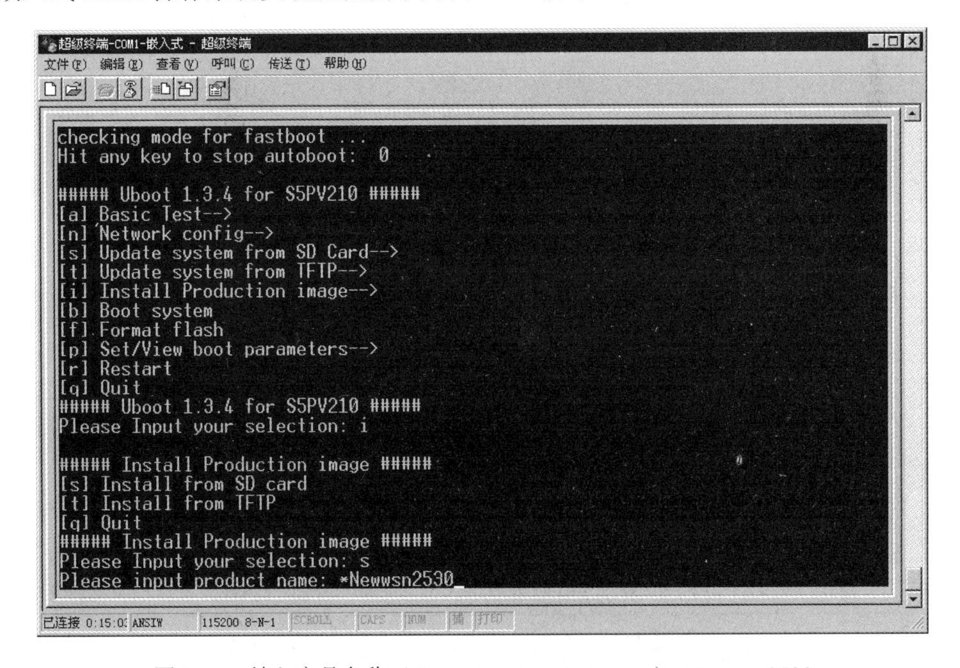

图 2-66 输入产品名称（Please input product name）：Newwsn2530

```
超级终端-COM1-嵌入式 - 超级终端
文件(F) 编辑(E) 查看(V) 呼叫(C) 传送(T) 帮助(H)

flashing 'kernel'

NAND erase: device 0 offset 0x600000, size 0x500000
Erasing at 0xae0000 -- 100% complete.
OK

NAND write: device 0 offset 0x600000, size 0x380000
Main area write (28 blocks):
 3670016 bytes written: OK
partition 'kernel' flashed
*********** Flashing system with NewWsnBox-system-r88-185.yaffs.bin ***********
Partition: system, File: /sdfuse/NewWsnBox-system-r88-185.yaffs.bin
Partition1: Start Address(0x800), Size(0xe9d800)
reading /sdfuse/NewWsnBox-system-r88-185.yaffs.bin
45743808 (0x02b9fec0) bytes read
flashing 'system'

NAND erase: device 0 offset 0xe00000, size 0x6e00000
Erasing at 0x7be0000 -- 100% complete.
OK

NAND write: device 0 offset 0xe00000, size 0x2b9fec0

Writing data at 0xfb1000 --   4% complete.

已连接 0:15:24 ANSIW 115200 8-N-1 SCROLL CAPS NUM 捕 打印
```

图 2-67　嵌入式 Linux 操作系统安装流程提示

等待片刻，当系统安装完成后会自动重启。由于 A8 实验仪使用了电阻式触摸屏，重启后需要校准，嵌入式 Linux 操作系统校准提示信息超级终端、LCD 分别如图 2-68 和图 2-69 所示。

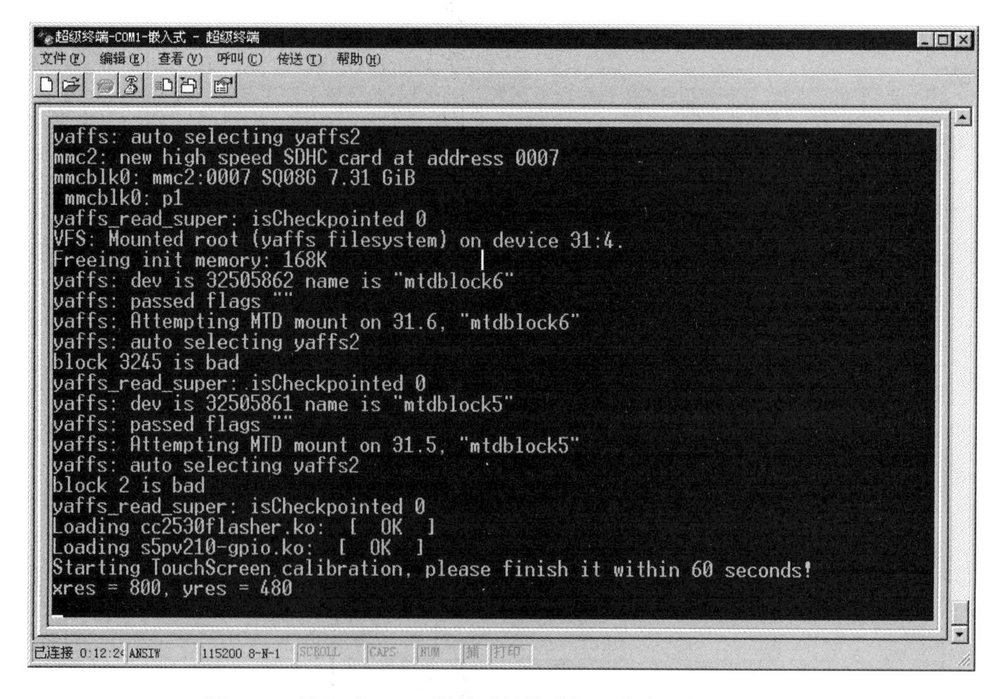

图 2-68　嵌入式 Linux 操作系统校准提示信息（超级终端）

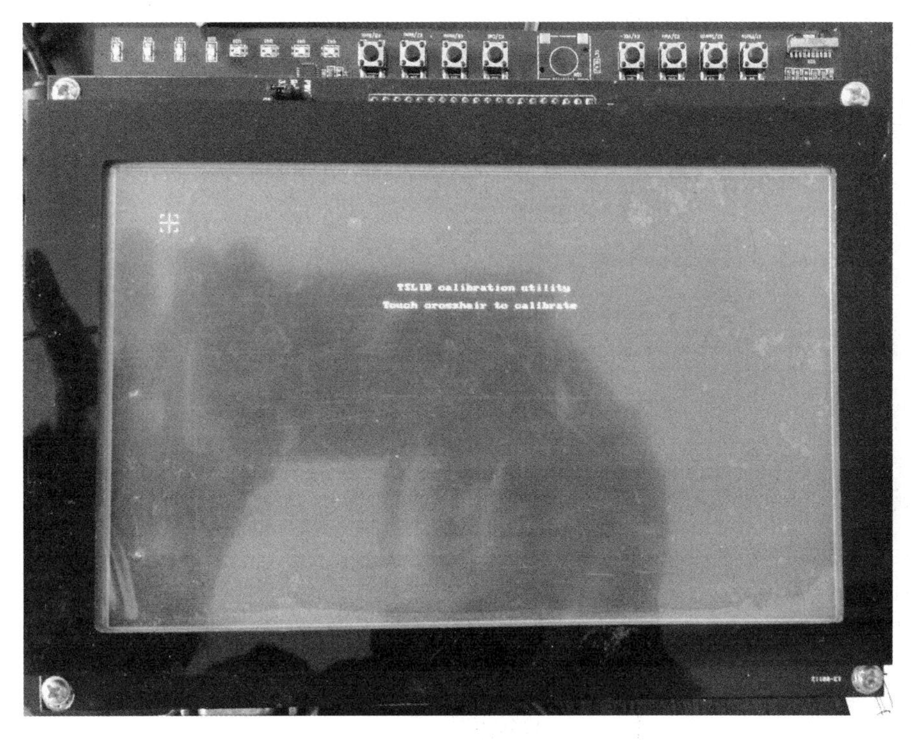

图 2-69　嵌入式 Linux 操作系统校准提示信息（LCD）

根据提示进行 5 点校准后即可进入系统，此时要求输入用户名和密码，A8 实验仪登录界面如图 2-70 所示。此时使用账户 root 登录，其密码为 111111。A8 实验仪终端界面如图 2-71 所示。

超级终端-COM1-嵌入式 - 超级终端

文件(F)　编辑(E)　查看(V)　呼叫(C)　传送(T)　帮助(H)

```
Starting hotkeyService ... [  OK  ]
Starting httpd ... [  OK  ]
Starting inetd ... [  OK  ]
Bringing up loopback interface:  [  OK  ]
Bringing up interface eth0:  eth0: link down
udhcpc (v1.15.1) started
Setting IP address 0.0.0.0 on eth0
Sending discover...
Sending discover...
Sending discover...
No lease, failing
[FAILED]
Bringing up interface wlan0:  Waiting for wlan0 ready...
wlan0 detected, bring it up to work...wlan0 not ready![FAILED]
Starting qServer ... [  OK  ]
Starting sapp_daemon ... [  OK  ]
Starting syslogd ... [  OK  ]
Starting telnetd ... [  OK  ]
SAPP210.116D login: Starting sqlite_server ... [  OK  ]

SAPP210.116D login:
SAPP210.116D login:
SAPP210.116D login:
SAPP210.116D login:
```

已连接 0:19:02　ANSIW　115200 8-N-1　SCROLL　CAPS　NUM　捕　打印

图 2-70　A8 实验仪登录界面

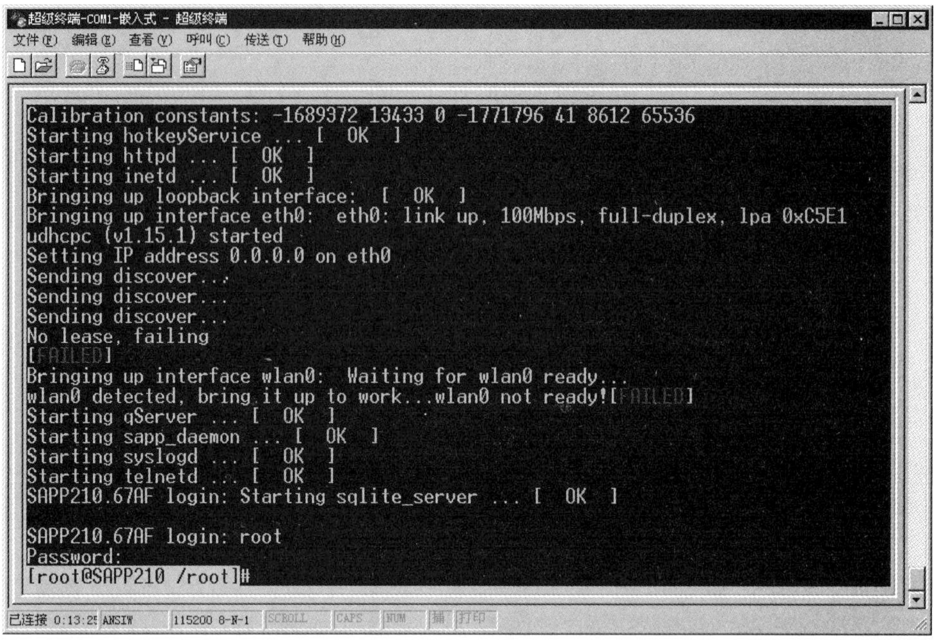

```
Calibration constants: -1689372 13433 0 -1771796 41 8612 65536
Starting hotkeyService ... [  OK  ]
Starting httpd ... [  OK  ]
Starting inetd ... [  OK  ]
Bringing up loopback interface:  [  OK  ]
Bringing up interface eth0:  eth0: link up, 100Mbps, full-duplex, lpa 0xC5E1
udhcpc (v1.15.1) started
Setting IP address 0.0.0.0 on eth0
Sending discover...
Sending discover...
Sending discover...
No lease, failing
[FAILED]
Bringing up interface wlan0:  Waiting for wlan0 ready...
wlan0 detected, bring it up to work...wlan0 not ready![FAILED]
Starting qServer ... [  OK  ]
Starting sapp_daemon ... [  OK  ]
Starting syslogd ... [  OK  ]
Starting telnetd ... [  OK  ]
SAPP210.67AF login: Starting sqlite_server ... [  OK  ]

SAPP210.67AF login: root
Password:
[root@SAPP210 /root]#
```

图 2-71　A8 实验仪终端界面

4．使用 TFTP 在 A8 实验仪中自动化安装嵌入式 Linux 操作系统

（1）设置 IP 地址

在使用 TFTP 在 A8 实验仪中自动化安装嵌入式 Linux 操作系统前建议参照图 2-16 所示使用交叉网线将 PC 和 A8 实验仪进行连接，然后将 PC 的网络地址参照图 2-72 所示进行设置。

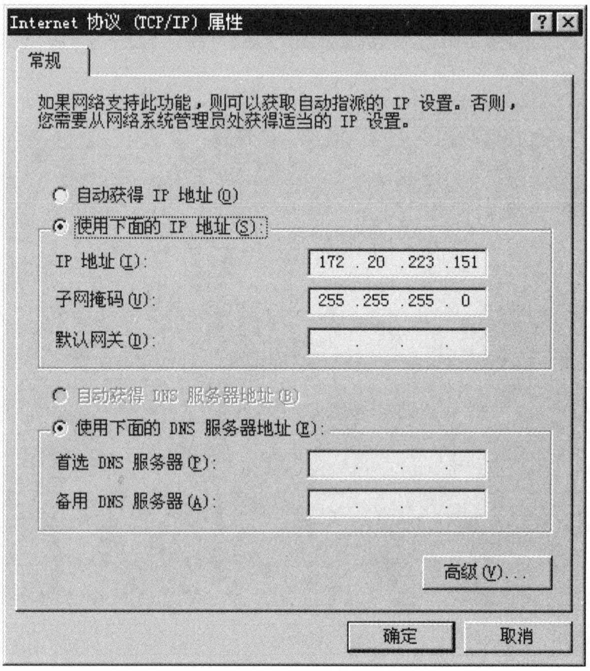

Internet 协议 (TCP/IP) 属性

如果网络支持此功能，则可以获取自动指派的 IP 设置。否则，您需要从网络系统管理员处获得适当的 IP 设置。

IP 地址(I): 172 . 20 . 223 . 151

子网掩码(U): 255 . 255 . 255 . 0

图 2-72　IP 地址设置

（2）设置 TFTP

打开本小节同名文件夹下的 Tftpd32 文件夹，找到“Tftpd32.exe”程序，用鼠标双击运行它，可以看到图 2-73 所示的 Tftpd32 界面。在整个安装过程中，Tftpd32 程序不能关闭。

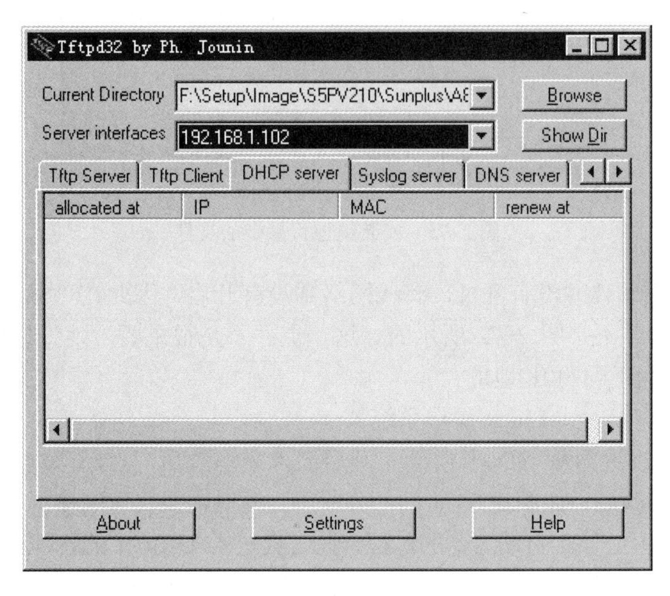

图 2-73　Tftpd32 界面

在图 2-73 的界面中单击“Browse”按钮，找到安装镜像所在的目录，选择 images 目录如图 2-74 所示。当设置完目录后单击“Show Dir”按钮即可查看镜像目录中的内容，安装镜像目录中的文件如图 2-75 所示。

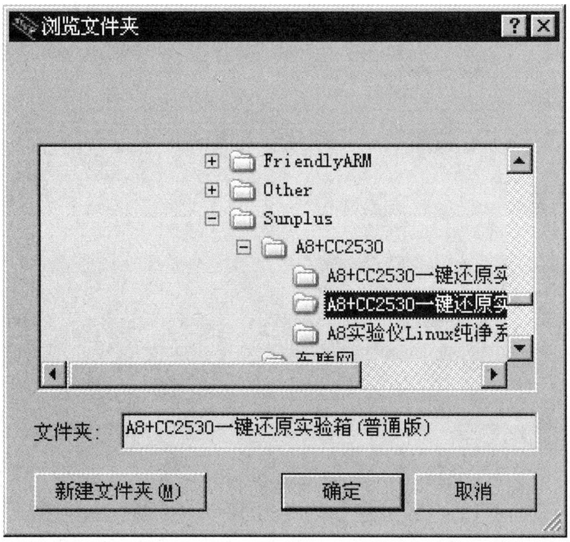

图 2-74　选择 images 目录

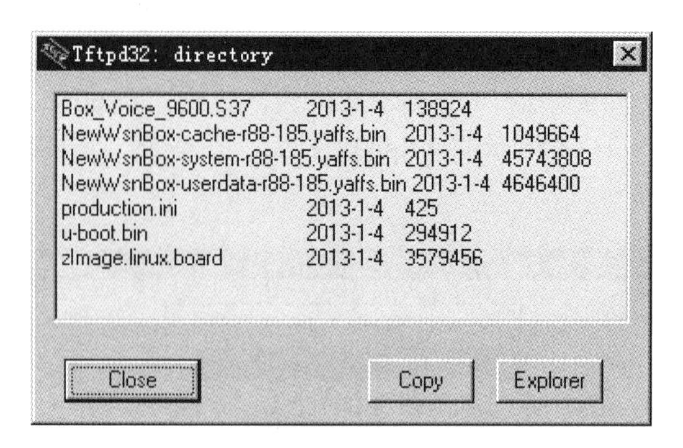

图 2-75　安装镜像目录中的文件

此时由于 A8 实验仪并没有开机，有线网络并没有开启，因此在“Server Interface”文本框中显示的 IP 地址并不是图 2-72 所示的。这一点并不是很重要，因为一旦 A8 实验仪开机后会自动尝试，找到正确的 IP 地址。

（3）自动化安装嵌入式 Linux 操作系统

将 A8 实验仪设置为从 SD 卡启动。开启嵌入式系统后，在超级终端中出现提示：Hit any key to stop autoboot，如图 2-64 中间部分所示。此时需要快速的按下 PC 键盘上的任意键（推荐为〈空格〉键）去停止自动启动的过程，此时会进入 U-Boot 的管理菜单，如图 2-64 下半部分所示。此时按下 PC 键盘上的〈i〉键进入“Install Production image”菜单，如图 2-65 所示。

此时按下 PC 键盘上的〈t〉键选择“Install from TFTP”，此时会要求输入产品名称（Please input product name），在这里一定要输入图 2-63 所示的配置文件第 1 行中被[]包含的内容指定的名称：Newwsn2530，如图 2-76 所示。输入完成后按〈Enter〉键立即开始安装系统，嵌入式 Linux 操作系统安装流程提示超级终端及 Tftpd32 分别如图 2-77 和图 2-78 所示。

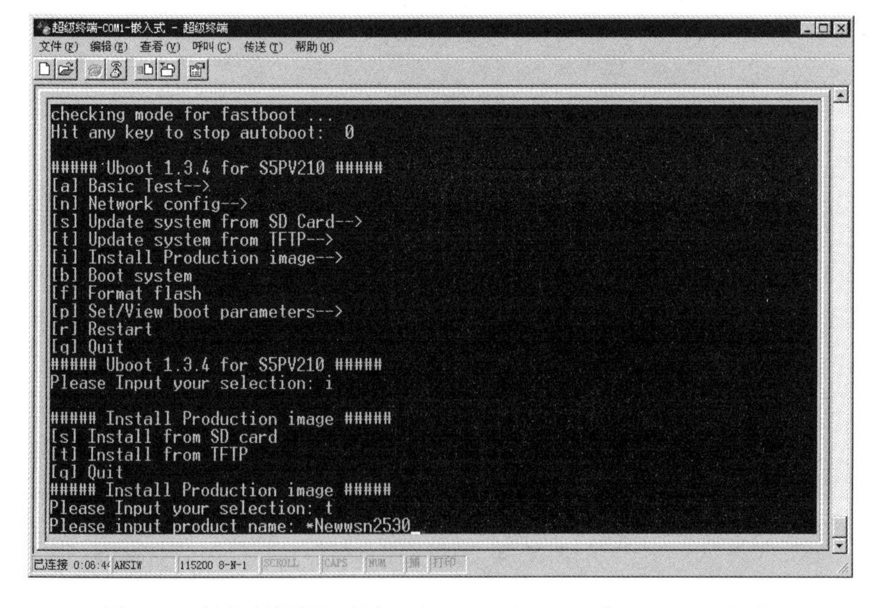

图 2-76　输入产品名称（Please input product name）：Newwsn2530

```
超级终端-COM1-嵌入式 - 超级终端
文件(F)  编辑(E)  查看(V)  呼叫(C)  传送(T)  帮助(H)

dm9000 i/o: 0xa8000000, id: 0x90000a46
DM9000: running in 16 bit mode
MAC: 00:40:5c:26:0a:5b
operating at 100M full duplex mode
TFTP from server 172.20.223.151; our IP address is 172.20.223.235
Filename 'NewWsnBox-system-r88-185.yaffs.bin'.
Load address: 0x40000000
Loading: T #################################################################
         #################################################################
         #################################################################
         #################################################################
         ####################################################
done
Bytes transferred = 45743808 (0x2b9fec0)
0 (0x00000000) bytes downloaded
flashing 'system'

NAND erase: device 0 offset 0xe00000, size 0x6e00000
Erasing at 0x7be0000 -- 100% complete.
OK

NAND write: device 0 offset 0xe00000, size 0x2b9fec0

Writing data at 0xfb1000 --   4% complete.

已连接 0:08:54 ANSIW  115200 8-N-1  SCROLL  CAPS  NUM  捕  打印
```

图 2-77　嵌入式 Linux 操作系统安装流程提示（超级终端）

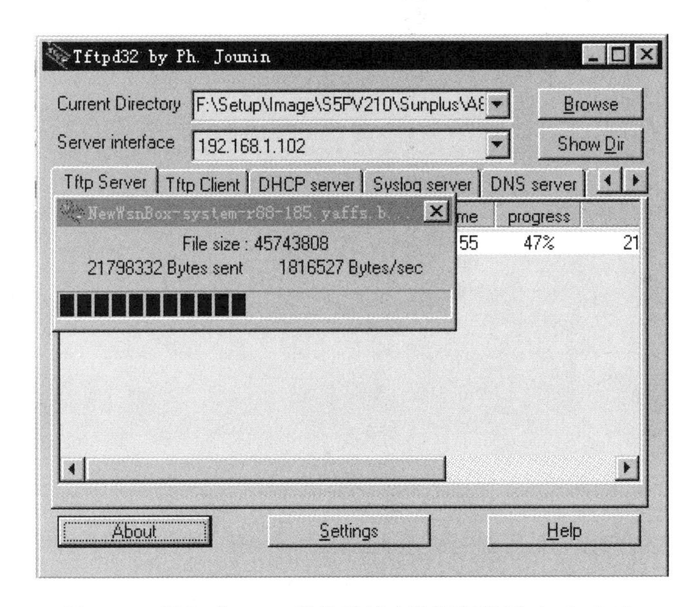

图 2-78　嵌入式 Linux 操作系统安装流程提示（Tftpd32）

（4）触摸屏校准与系统登录

等待片刻，当系统安装完成后会自动重启。其后的流程同使用 SD 卡在 A8 实验仪中自动化安装嵌入式 Linux 操作系统的流程一致，在这里就不多述了。

2.3　实训

1．独立完成在 Micro2440 开发板中安装嵌入式 Linux 操作系统。

2．独立使用 USB 在 Smart210 开发板中安装嵌入式 Linux 操作系统。

3．独立使用 SD 卡在 Smart210 开发板中安装嵌入式 Linux 操作系统。

4．独立使用 SD 卡在 A8 实验仪中安装嵌入式 Linux 操作系统。

5．独立使用 TFTP 在 A8 实验仪中安装嵌入式 Linux 操作系统。

2.4　习题

1．举例说明直联网线应该如何制作。

2．举例说明交叉网线应该如何制作。

3．基于 Linux 的嵌入式操作系统从软件角度看可以分为几个组成部分？每个组成部分的作用是什么？

4．BIOS 的含义是什么。

第3章　交叉编译、Linux与虚拟机

在第 2 章使用到了 bootloader、内核和目标文件系统文件，这些文件一般来说都是在 Linux PC 中交叉编译生成的。

3.1　交叉编译简介

1．概念

简单来说，交叉编译就是在一个平台体系上生成另一个平台体系上的可执行代码。这个概念的出现和流行是和嵌入式系统的广泛发展同步的。我们常用的计算机软件，都需要通过编译的方式，把使用高级计算机语言编写的代码（例如 C 语言代码）编译（compile）成计算机可以识别和执行的二进制代码。

例如，在 Windows 平台上，可使用 Visual C++开发环境，编写程序并编译成可执行程序。在这种方式下，我们使用 PC 平台上的 Windows 工具开发针对 Windows 本身的可执行程序，这种编译过程称为“native compilation”，中文可理解为本机编译。

然而，在进行嵌入式系统的开发时，运行程序的目标平台通常具有有限的存储空间和运算能力，例如 ARM 平台。在这种情况下，在 ARM 平台上进行本机编译就不太可能了，这是因为一般的编译工具链（compilation tool chain）需要很大的存储空间，并需要很强的 CPU 运算能力。为了解决这个问题，交叉编译工具就应运而生了。通过交叉编译工具，我们就可以在 CPU 能力很强、存储空间足够的主机平台上（例如 PC 上）编译出针对其他平台的可执行程序。

2．常见的 ARM 交叉编译工具链

要进行交叉编译，我们需要在主机平台上安装对应的“交叉编译工具链（cross compilation tool chain）”，然后用这个交叉编译工具链编译我们的源代码，最终生成可在目标平台上运行的代码。常见的 ARM 交叉编译例子如下：

- 在 Windows PC 上，利用 ADS 开发环境，使用 armcc 编译器，则可编译出针对 ARM CPU 的可执行代码。
- 在 Windows PC 上，利用 cygwin 环境，运行 arm-elf-gcc 编译器，可编译出针对 ARM CPU 的可执行代码。

这两种方式即是工程技术人员称之为“裸奔”（不带操作系统）的开发方式。

- 在 Linux PC 上，利用 arm-linux-gcc 编译器，可编译出针对 Linux ARM 平台的可执行代码。

根据第 2 章的内容，显然需要使用 arm-linux-gcc 编译器。

3．基础知识

在做实际工作之前，应该先掌握一些关于交叉编译的基础知识，其实就是理解经常会碰

到的英文单词。

- 宿主机（host）：编辑和编译程序的平台，一般是基于 x86 的 PC，通常也被称为主机。
- 目标机（target）：用户开发的系统，通常都是非 x86 平台。host 通过交叉编译得到可以在 target 上运行执行代码。

3.2 Linux PC 与虚拟机

选择使用 arm-linux-gcc 需要使用 Linux PC。使用 LinuxPC 有两个方案：

- 在 Windows 下安装虚拟机后，再在虚拟机中安装 Linux 操作系统。
- 直接安装 Linux 操作系统。

方案一在 PC 硬件配置比较低的情况下会比较慢，但是目前 PC 的主流硬件配置运行虚拟机是绰绰有余的，甚至于可以做到同时开启若干台虚拟机。采用这种方案既可以使用 Windows 上的软件又可以使用到比较好的 Linux 环境，熟悉 Windows 的用户用此方案比较顺手；方案二无法使用 Windows 上的一些常用软件，并且不熟悉 Linux 操作系统的人操作起来比较困难。鉴于此建议初学者选择方案一。

3.2.1 虚拟机

1．概述

虚拟机（Virtual Machine）是指通过软件模拟的具有完整硬件系统功能的、运行在一个完全隔离环境中的完整计算机系统。通过虚拟机软件，使用者可以在一台物理计算机上模拟出另一台或多台虚拟的计算机，这些虚拟机完全就像真正的计算机那样进行工作，例如可以安装操作系统、安装应用程序、访问网络资源等。也就是说：

- 对于使用者而言，虚拟机只是运行在物理计算机上的一个应用程序；
- 对于在虚拟机中运行的应用程序而言，它就是一台真正的计算机。

因此，当在虚拟机中进行操作时，可能系统会崩溃；但是，崩溃的只是虚拟机上的操作系统，而不是物理计算机上的操作系统。

使用虚拟机软件时有几个基本的概念需要掌握。

- HOST：物理存在的计算机；
- Host's OS：HOST 上运行的操作系统；
- VM（Virtual Machine）：虚拟机，指由虚拟机软件模拟出来的一台虚拟的计算机，也即逻辑上的一台计算机；
- Guest OS：指运行在 VM 上的操作系统。

例如在一台安装了 Windows XP 操作系统的计算机上安装了虚拟机软件，那么：

- HOST 指的是安装 Windows XP 的这台计算机；
- Host's OS 为 Windows XP；
- VM 上安装的操作系统是 Linux，那么 Linux 即为 Guest OS。

目前在 Windows 系列系统上流行的虚拟机软件主要有 VMware Workstation 和 VirtualBox。

2．VMware Workstation 简介

VMware Workstation 的开发商为 VMware（中文名“威睿”，VMware Workstation 就是以开发商 VMware 为开头名称，Workstation 的含义为“工作站”，因此 VMware Workstation 中文名称为“威睿工作站”），VMware 成立于 1998 年，为 EMC 公司的子公司，总部设在美国加利福尼亚州帕罗奥多市，是全球桌面到数据中心虚拟化解决方案的领导厂商，全球虚拟化和云基础架构领导厂商，全球第一大虚拟机软件厂商，世界第四大系统软件公司。

VMware Workstation 是一款商业软件，同时是一款功能强大的桌面虚拟计算机软件，提供用户可在单一的桌面上同时运行不同的操作系统，和进行开发、测试、部署新的应用程序的最佳解决方案。VMware Workstation 可在一部实体机器上模拟完整的网络环境，以及可便于携带的虚拟机器，其更好的灵活性与先进的技术胜过了市面上其他的虚拟计算机软件。对于企业的 IT 开发人员和系统管理员而言，VMware 在虚拟网路、实时快照、拖曳共享文件夹和支持 PXE 等方面的特点使它成为必不可少的工具。

VMware Workstation 的优点：

- 虚拟能力、性能与物理机隔离效果非常优秀。
- 功能非常全面，倾向于计算机专业人员使用。
- 操作界面简单明了，适用各种计算机领域的用户。

VMware Workstation 的缺点：

- 体积庞大，安装时间耗时较久。
- 在使用时占用物理机资源较大。

3．VirtualBox 简介

VirtualBox 是一款开源虚拟机软件，是由德国 Innotek 公司开发，由 Sun Microsystems 公司出品，使用 Qt 编写。在 Sun 被 Oracle 收购后正式更名成 Oracle VM VirtualBox。Innotek 以 GNU General Public License（GPL：GNU 通用公共许可证）释出 VirtualBox，并提供二进制版本及 OSE 版本的代码。使用者可以在 VirtualBox 上安装并且执行 Solaris、Windows、DOS、Linux、OS/2Warp 和 BSD 等系统作为客户端操作系统。

VirtualBox 号称是最强的免费虚拟机软件，它不仅具有丰富的特色，而且性能也很优异。它简单易用，可虚拟的系统包括 Windows（从 Windows 3.1 到 Windows 8、Windows Server 2012，所有的 Windows 系统都支持）、Mac OS X（32bit 和 64bit 都支持）、Linux（2.4 和 2.6）、OpenBSD、Solaris、IBM OS2 甚至 Android 4.0 系统等操作系统。使用者可以在 VirtualBox 上安装并且运行上述的这些操作系统。

4．虚拟机的选择

从综合性能上来看，VirtualBox 可能略逊于 VMware Workstation，但是考虑到版权的问题，选用 VirtualBox。

3.2.2 VirtualBox 的安装与使用

1．VirtualBox 的下载

VirtualBox 软件现在可以从官方网站 https://www.virtualbox.org/wiki/Downloads 下载安装包。

2．VirtualBox 的安装

VirtualBox 的安装比较简单，用鼠标双击 VirtualBox 的安装文件，会出现图 3-1 所示的界面。

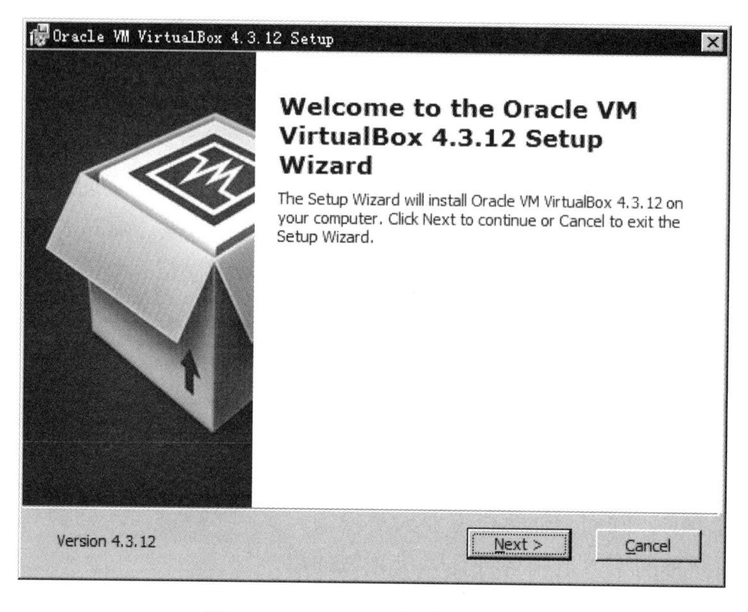

图 3-1　VirtualBox 初始安装界面

单击“Next”按钮，会出现图 3-2 所示的安装路径选择界面。

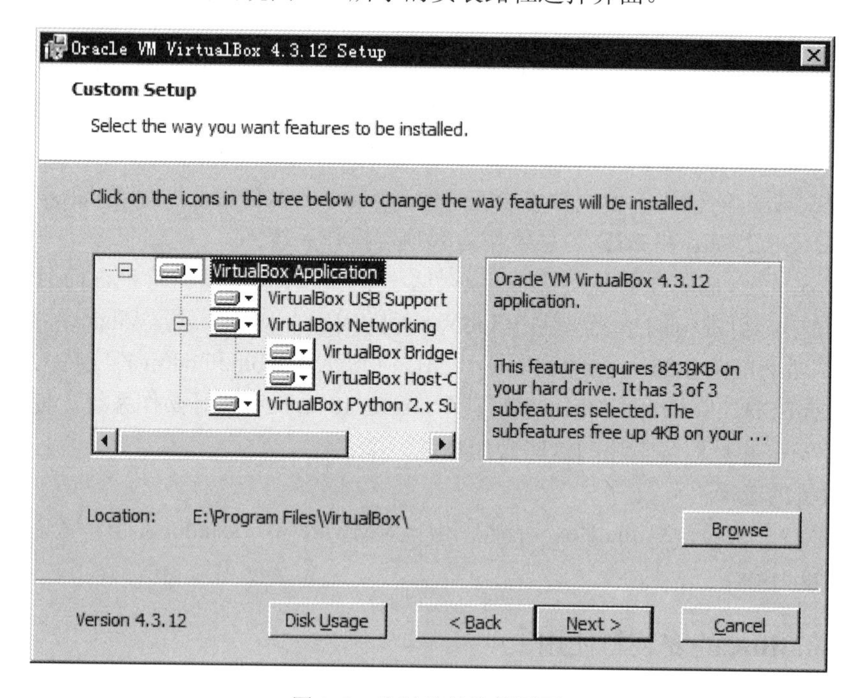

图 3-2　安装路径选择界面

单击“Next”按钮，会出现图 3-3 所示的快捷方式生成选择界面。

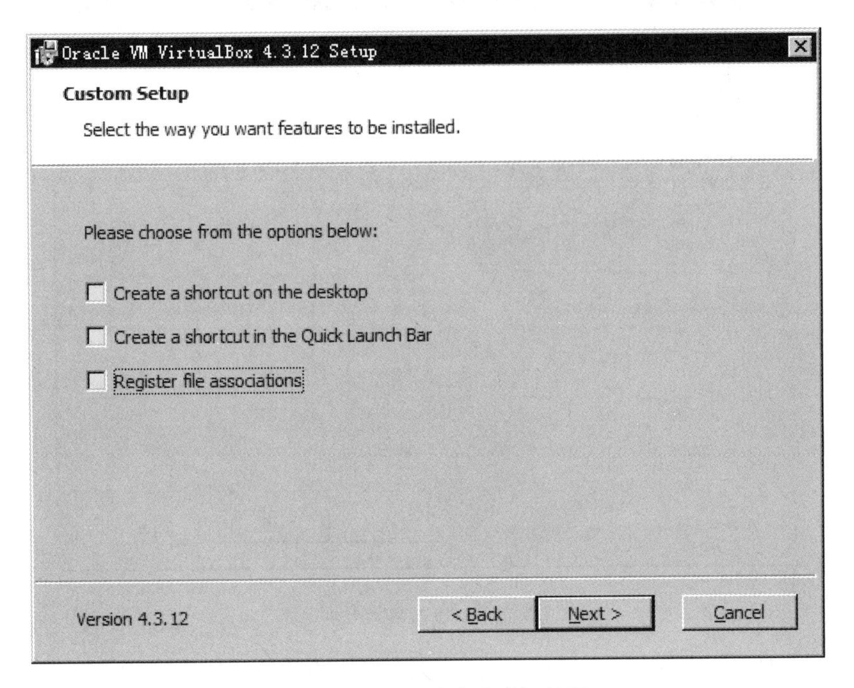

图 3-3　快捷方式生成选择界面

单击“Next”按钮，会出现图 3-4 所示的网络接口安装确认界面。

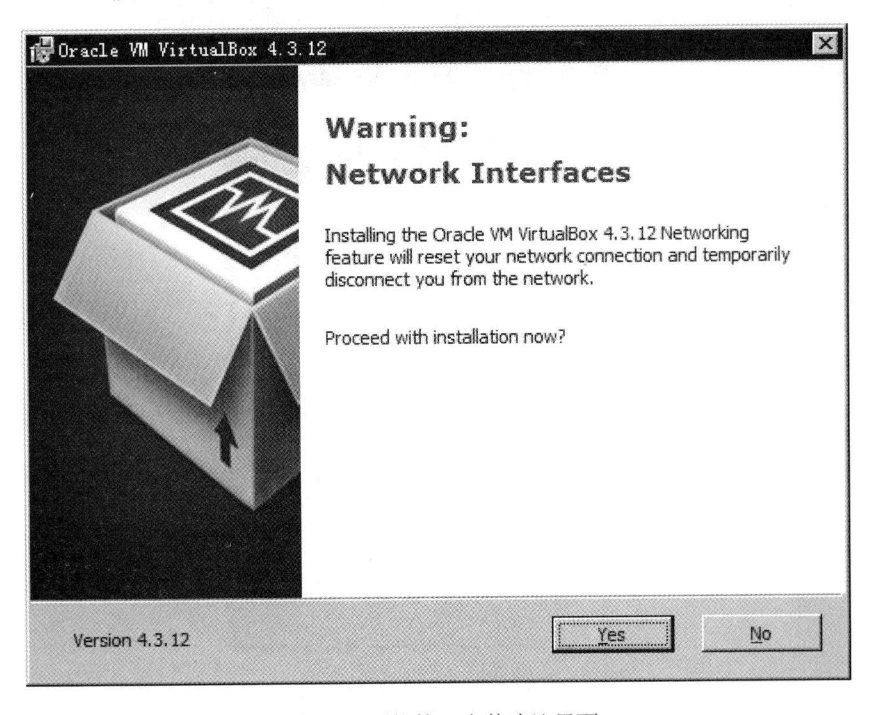

图 3-4　网络接口安装确认界面

单击“Yes”按钮，会出现图 3-5 所示的确认安装界面。

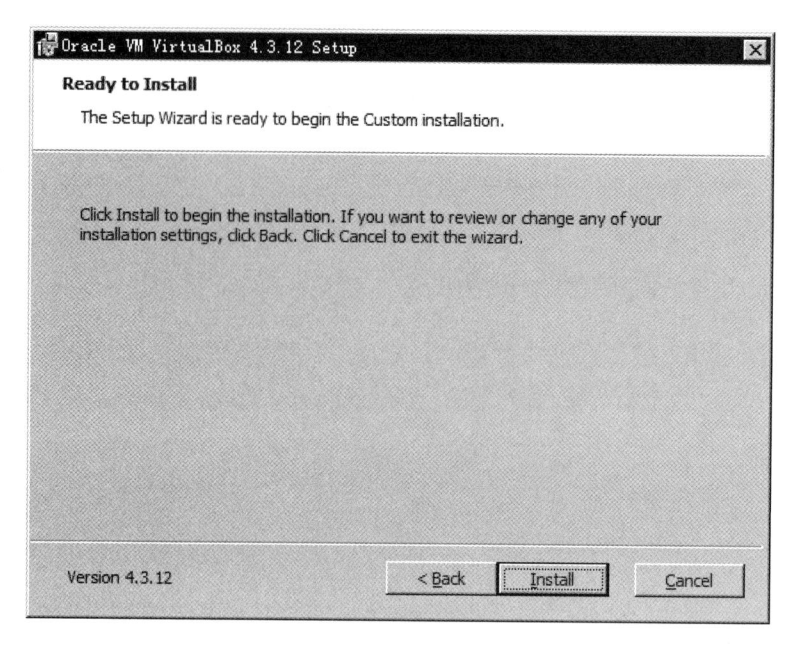

图 3-5　确认安装界面

单击“Install”按钮进行 VirtualBox 的安装。之后等待一段时间，即可完成安装。在安装的过程中可能会有驱动程序的安装提示，选择“允许安装即可”。

3．在 VirtualBox 中添加现有的虚拟机

运行 VirtualBox，在“虚拟机”菜单中选择“添加”选项，如图 3-6 所示。

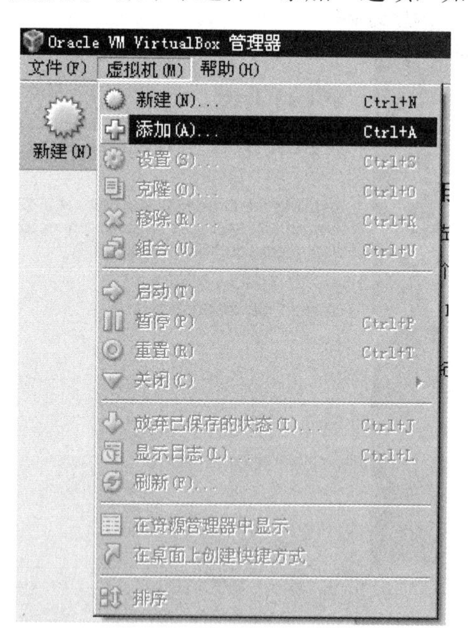

图 3-6　添加虚拟机选项

选择虚拟机 Ubuntu 10.10，如图 3-7 所示。

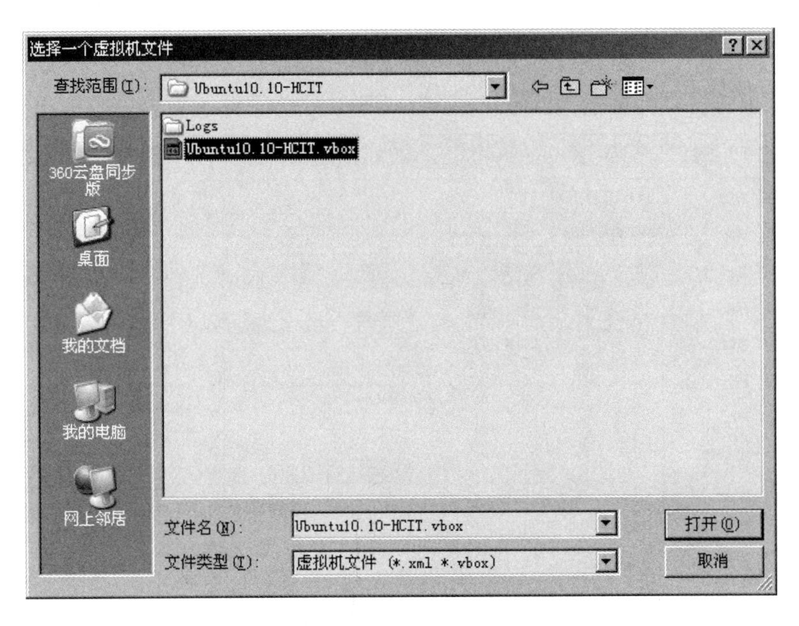

图 3-7　选择虚拟机（Ubuntu 10.10）

此时，会在 VirtualBox 左侧虚拟机管理区域出现添加完成的虚拟机 Ubuntu 10.10，如图 3-8 所示。

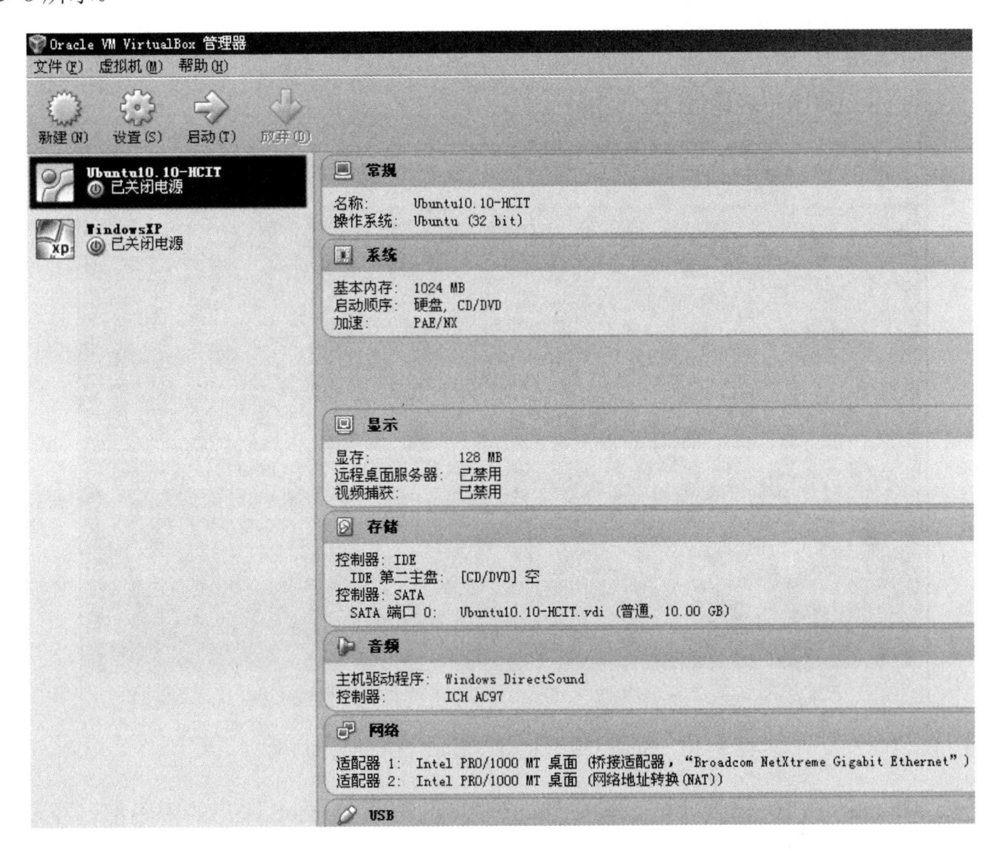

图 3-8　添加完成的虚拟机（Ubuntu 10.10）

由于 Host's OS 与 Guest OS 要进行数据交换，在 VirtualBox 中一般需要设置一下共享文件夹，如图 3-9 所示。

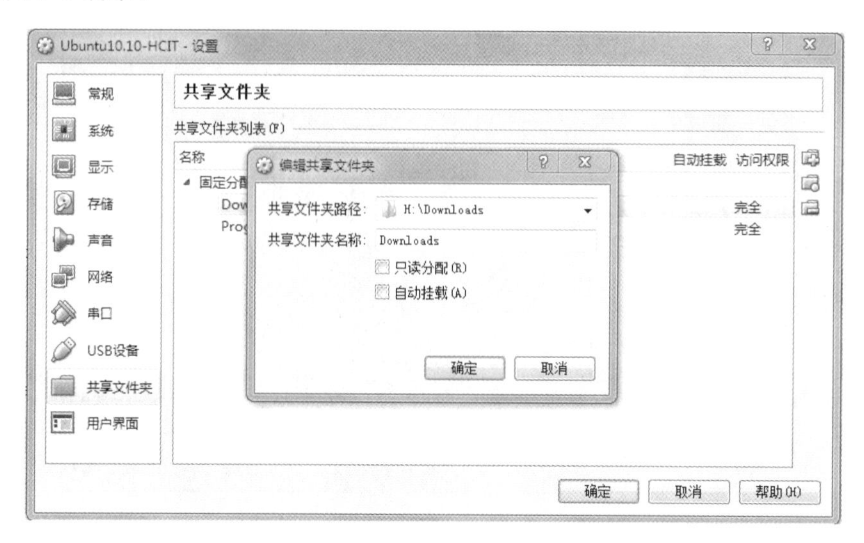

图 3-9　共享文件夹的设置

需要注意的是：在配置完成的 Guset OS 中也已经配置了共享，如果 Host's OS 的共享设置不正确，Guset OS 可能会无法启动。

选中 Ubuntu 10.10，单击图 3-8 所示的“启动”按钮即可开启虚拟机，Guest OS 开机进度显示（Ubuntu 10.10）如图 3-10 所示。

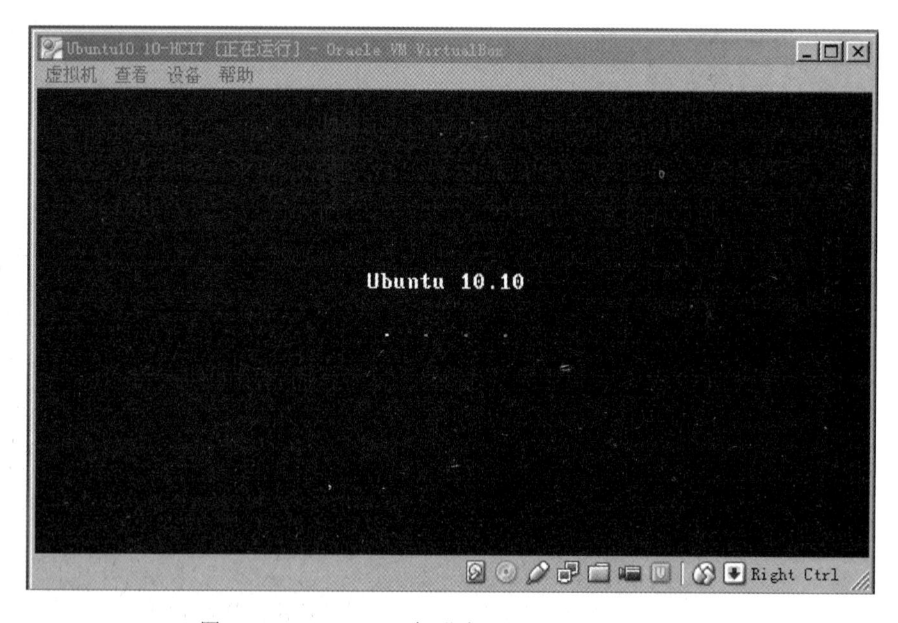

图 3-10　Guest OS 开机进度显示（Ubuntu 10.10）

进入 Ubuntu 10.10 需要密码，其中 hcit 账户的密码和 root 账户的密码都已经设置为 111111。进入 Ubuntu 10.10 后的桌面如图 3-11 所示。

图 3-11 Guest OS 桌面（Ubuntu 10.10）

3.2.3 Linux 与 Ubuntu

1. Linux 简介

Linux 是一套免费使用和自由传播的类 UNIX 操作系统，是一个基于 POSIX 和 UNIX 的多用户、多任务、支持多线程和多 CPU 的操作系统。它能运行主要的 UNIX 工具软件、应用程序和网络协议。它支持 32 位和 64 位硬件。Linux 继承了 UNIX 以网络为核心的设计思想，是一个性能稳定的多用户网络操作系统。

Linux 操作系统由芬兰人 Linus Torvalds 开发，并于 1991 年 10 月 5 日正式对外公布。起初 Linus 给他的操作系统取名为“Freax”，意思是自由（“free”）和奇异（“freak”）的结合字，并且附上了“x”这个常用的字母，以配合所谓的 Unix-like 的系统。但是 FTP Server 的管理员 Ari Lemmke 嫌原来的命名“Freax”的名称不好听，把核心的称呼改成“Linux”。

Linux 存在着许多不同的 Linux 版本，但它们都使用了 Linux 内核。Linux 可安装在各种计算机硬件设备中，例如手机、平板式计算机、路由器、视频游戏控制台、台式计算机、大型机和超级计算机。

严格来讲，Linux 这个词本身只表示 Linux 内核，但实际上人们已经习惯了用 Linux 来形容整个基于 Linux 内核，并且使用了 GNU 工程各种工具和数据库的操作系统。

2. 主要特性

（1）基本思想

Linux 的基本思想有两点。

➢ 一切都是文件：系统中的所有都归结为一个文件，包括命令、硬件和软件设备、操作系统和进程等对于操作系统内核而言，都被视为拥有各自特性或类型的文件。至于说 Linux 是基于 UNIX 的，很大程度上也是因为这两者的基本思想十分相近。
➢ 每个软件都有确定的用途。

（2）完全免费

Linux 是一款免费的操作系统，用户可以通过网络或其他途径免费获得，并可以任意修改其源代码。这是其他的操作系统所做不到的。正是由于这一点，来自全世界的无数程序员参与了 Linux 的修改、编写工作，程序员可以根据自己的兴趣和灵感对其进行改变，这让 Linux 吸收了无数程序员的精华，不断壮大。

（3）完全兼容 POSIX 3.0 标准

这使得可以在 Linux 下通过相应的模拟器运行常见的 DOS、Windows 程序。这为用户从 Windows 转到 Linux 奠定了基础。许多用户在考虑使用 Linux 时，就想到以前在 Windows 下常见的程序是否能正常运行，这一点就消除了他们的疑虑。

（4）多用户、多任务

Linux 支持多用户，各个用户对于自己的文件设备有自己特殊的权利，保证了各用户之间互不影响。多任务则是现在计算机最主要的一个特点，Linux 可以使多个程序同时并独立地运行。

（5）良好的界面

Linux 同时具有字符界面和图形界面。在字符界面用户可以通过键盘输入相应的命令来进行操作。它同时也提供了类似 Windows 图形界面的 X-Window 系统，用户可以使用鼠标对其进行操作。在 X-Window 环境中与 Windows 相似，可以说是一个 Linux 版的 Windows。

（6）支持多种平台

Linux 可以运行在多种硬件平台上，如具有 x86、680x0、SPARC 和 Alpha 等处理器的平台。此外 Linux 还是一种嵌入式操作系统，可以运行在掌上计算机、机顶盒或游戏机上。2001 年 1 月份发布的 Linux 2.4 版内核已经能够完全支持 Intel 64 位芯片架构。同时 Linux 也支持多处理器技术。多个处理器同时工作，使系统性能大大提高。

3．Linux 的发行版本与阵营

Linux 的发行版本可以大体分为两类，一类是商业公司维护的发行版本，一类是社区组织维护的发行版本，前者以著名的 Redhat（RHEL）为代表，后者以 Debian 为代表。下面介绍一下各个发行版本的特点。

Redhat，应该称为 Redhat 系列，包括 RHEL（Redhat Enterprise Linux，也就是所谓的 Redhat Advance Server，收费版本）、Fedora Core（由原来的 Redhat 桌面版本发展而来，免费版本）和 CentOS（RHEL 的社区克隆版本，免费）。Redhat 应该说是在国内使用人群最多的 Linux 版本，甚至有人将 Redhat 等同于 Linux，而有些人更是只用这一个版本的 Linux。所以这个版本的特点就是使用人群数量大，资料非常多，言下之意就是如果你有什么不明白的地方，很容易找到人来问，而且网上的一般 Linux 教程都是以 Redhat 为例来讲解的。Redhat 系列的包管理方式采用的是基于 RPM 包的 YUM 包管理方式，包分发方式是编译好的二进制文件。稳定性方面 RHEL 和 CentOS 的稳定性非常好，适合于服务器使用，但是 Fedora Core 的稳定性较差，最好只用于桌面应用。

Debian 或者称 Debian 系列，包括 Debian 和 Ubuntu 等。Debian 是社区类 Linux 的典

范，是迄今为止最遵循 GNU 规范的 Linux 系统。Debian 最早由 Ian Murdock 于 1993 年创建，分为 3 个版本分支：stable、testing 和 unstable。其中，unstable 为最新的测试版本，其中包括最新的软件包，但是也有相对较多的 bug，适合桌面用户。testing 的版本都经过 unstable 中的测试，相对较为稳定，也支持了不少新技术（例如 SMP 等）。而 stable 一般只用于服务器，上面的软件包大部分都比较过时，但是稳定和安全性都非常高。Debian 最具特色的是 apt-get/dpkg 包管理方式（其实 Redhat 的 YUM 也是在模仿 Debian 的 APT 方式，但在二进制文件发行方式中，APT 应该是最好的）。Debian 的资料也很丰富，有很多支持的社区，有问题求教也有地方可去。

4. Ubuntu 简介

Ubuntu 严格来说不能算一个独立的发行版本，Ubuntu 是基于 Debian 的 unstable 版本加强而来，可以这么说，Ubuntu 就是一个拥有 Debian 所有的优点，以及自己所加强的优点的 Linux 桌面系统。

根据选择的桌面系统不同，Ubuntu 有 3 个版本可供选择，基于 Gnome 的 Ubuntu、基于 KDE 的 Kubuntu 以及基于 Xfc 的 Xubuntu。特点是界面非常友好、容易上手和对硬件的支持非常全面，是最适合做桌面系统的 Linux 发行版本。

（1）Ubuntu 的起源

Ubuntu（乌班图）是一个以桌面应用为主的 Linux 操作系统，其名称来自非洲南部祖鲁语或豪萨语的“ubuntu”一词，意思是“人性”“我的存在是因为大家的存在”，是非洲传统的一种价值观，类似华人社会的“仁爱”思想。

Ubuntu 发音"oo-BOON-too"类似中文“乌班图”读音（国际音标：/ùbúntú/）。

Ubuntu 由 Mark Shuttleworth（马克・舍特尔沃斯，也译为沙特尔沃斯）创立，Ubuntu 以 Debian GNU/Linux 不稳定分支为开发基础，其首个版本于 2004 年 10 月 20 日发布。Debian 依赖庞大的社区，而不依赖任何商业性组织和个人。Ubuntu 的开发人员多称马克・舍特尔沃斯为 SABDFL（是 self-appointed benevolent dictator for life 的缩写，即自封的仁慈大君）。

Ubuntu 使用 Debian 大量资源，同时其开发人员作为贡献者也参与 Debian 社区开发。而且许多热心人士也参与 Ubuntu 的开发。在 2005 年 7 月 8 日，马克・舍特尔沃斯与 Canonical 有限公司宣布成立 Ubuntu 基金会，并对其提供 1 千万美元作为起始营运资金。成立基金会的目的是为了确保将来 Ubuntu 得以持续开发与获得支持，但直至 2008 年，此基金会仍未投入运作。马克・舍特尔沃斯形容此基金会是在 Canonical 有限公司出现财务危机时的紧急营运资金。

（2）版本

Ubuntu 每 6 个月发布一个新版本，而每个版本都有代号和版本号，其中有 LTS 是长期支持版。版本号基于发布日期，例如第 1 个版本，4.10，代表是在 2004 年 10 月发行的。具体的 Ubuntu 历史版本一览表如表 3-1 所示。

表 3-1 Ubuntu 历史版本一览表

版本号	代号	发布时间
14.10	Utopic Unicorn	2014/10/23
14.04 LTS	Trusty Tahr	2014/04/18
13.10	Saucy Salamander	2013/10/17
13.04	Raring Ringtail	2013/04/25

（续）

版　本　号	代　　号	发 布 时 间
12.10	Quantal Quetzal	2012/10/18
12.04 LTS	Precise Pangolin	2012/04/26
13.10	Oneiric Ocelot	2011/10/13
13.04（Unity 成为默认桌面环境）	Natty Narwhal	2011/04/28
10.10	Maverick Meerkat	2010/10/10
10.04 LTS	Lucid Lynx	2010/04/29
9.10	Karmic Koala	2009/10/29
9.04	Jaunty Jackalope	2009/04/23
8.10	Intrepid Ibex	2008/10/30
8.04 LTS	Hardy Heron	2008/04/24
7.10	Gutsy Gibbon	2007/10/18
7.04	Feisty Fawn	2007/04/19
6.10	Edgy Eft	2006/10/26
6.06 LTS	Dapper Drake	2006/06/01
5.10	Breezy Badger	2005/10/13
5.04	Hoary Hedgehog	2005/04/08
4.10（初始发布版本）	Warty Warthog	2004/10/20

3.2.4　Ubuntu 安装

1．新建 VM

打开 VirtualBox，单击图 3-12 中的“新建”按钮创建一个新的 VM。

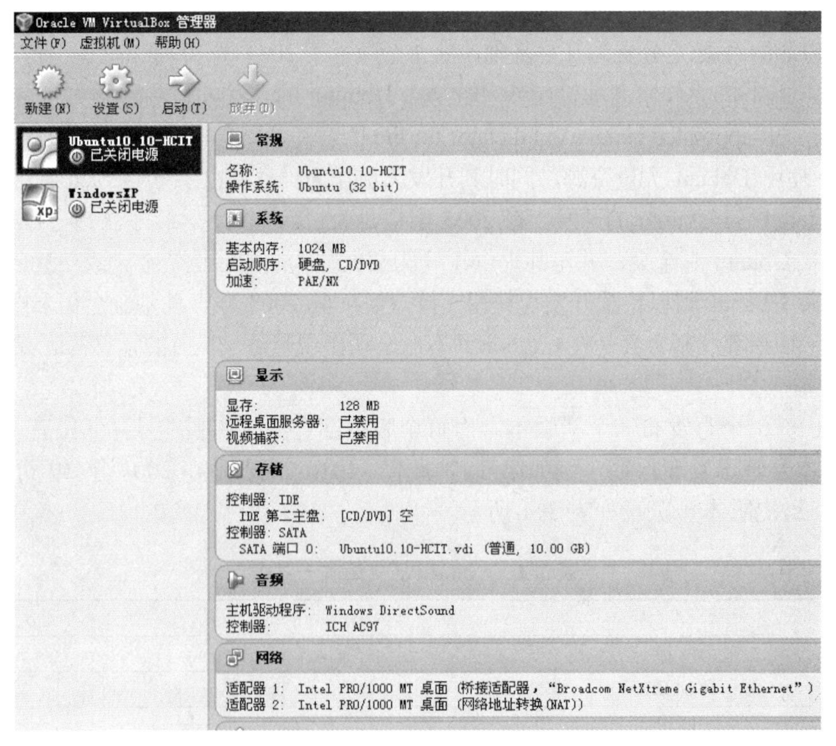

图 3-12　新建 VM

在图 3-13 的弹出窗口输入 VM 名称、选择操作系统类型和版本。

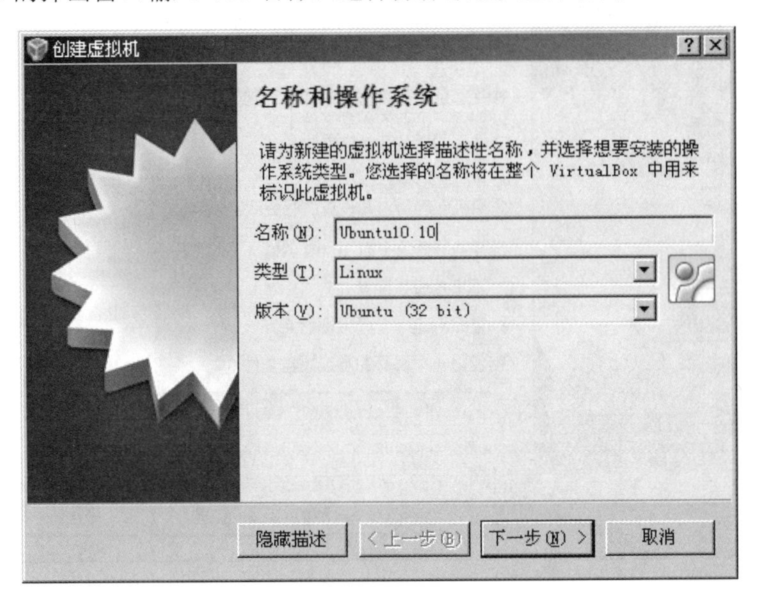

图 3-13　输入 VM 名称

单击“下一步”按钮，设置 VM 内存大小，如图 3-14 所示。对于 Ubuntu 10.10 来说，1024MB 的 RAM 是足够的。

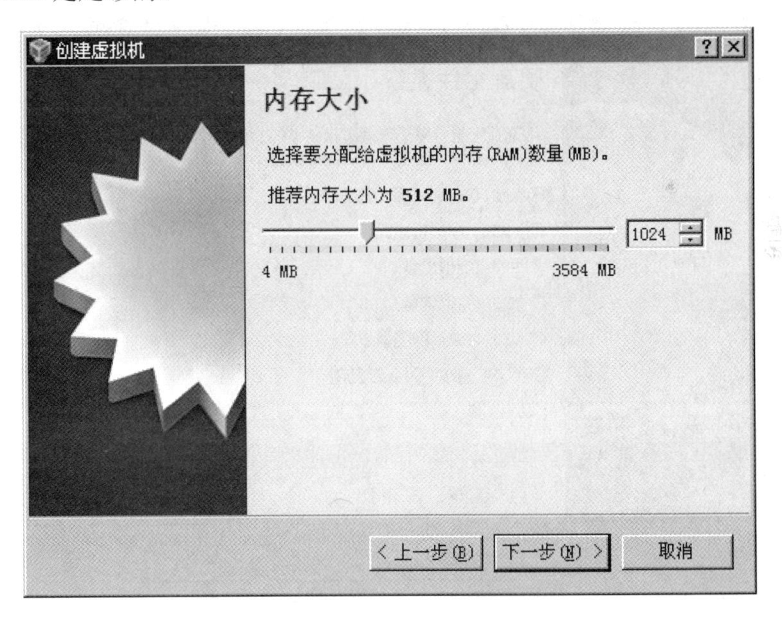

图 3-14　设置 VM 内存大小

需要注意的是 RAM 大小的设置不要超过图 3-14 中所示的绿色安全区域。

单击“下一步”按钮，设置 VM 的硬盘，如图 3-15 所示。由于是一台新建的 VM，所以选择“立即创建一个虚拟硬盘”。

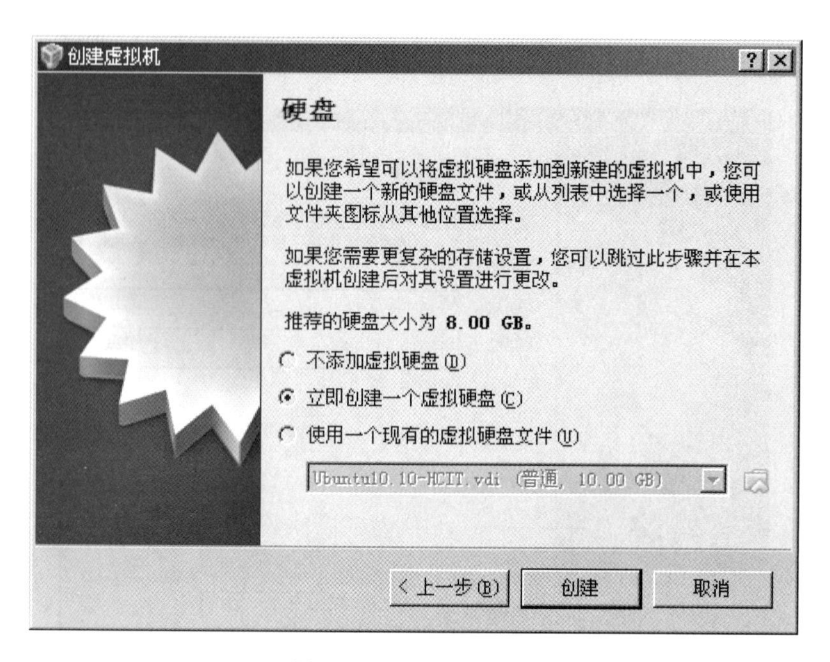

图 3-15　设置 VM 硬盘

单击“创建”按钮，进入图 3-16 所示的虚拟硬盘文件类型选择界面，一般选择“VirtualBox 磁盘映象”。

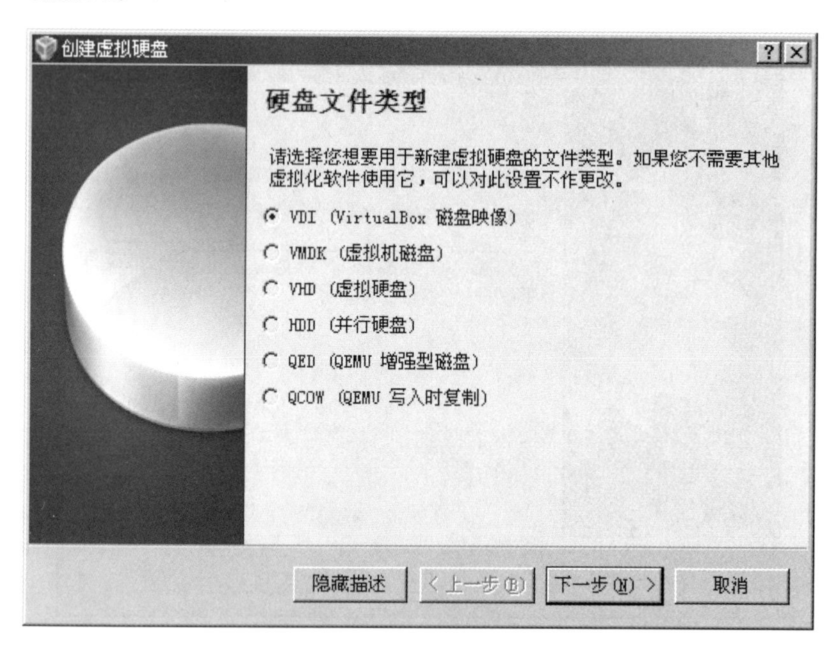

图 3-16　设置虚拟硬盘文件类型

单击“下一步”按钮，进入图 3-17 所示的存储于物理硬盘类型选择界面，一般选择“动态分配”。

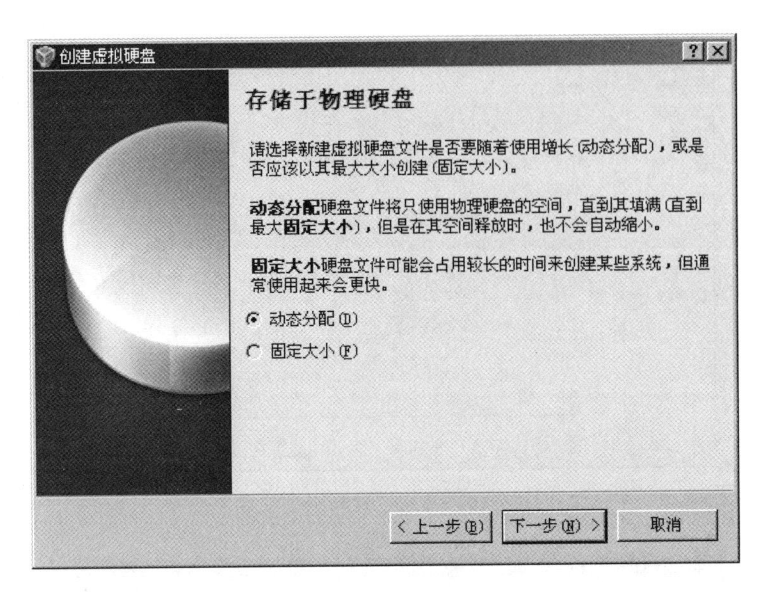

图 3-17　存储于物理硬盘类型

单击“下一步”按钮，进入图 3-18 所示的硬盘文件位置和大小设置界面。一般不需要修改硬盘的文件位置和名称，只需要将大小修改为 20.00GB 即可。

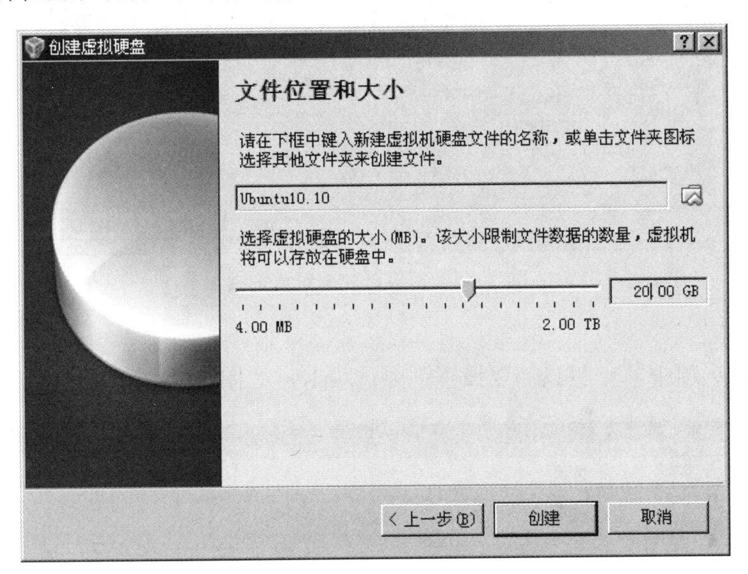

图 3-18　硬盘文件位置和大小设置界面

单击“创建”按钮，完成 VM 的创建。

2．设置 VM

（1）常规设置

在常规设置选项中，一般只需要设置高级选项卡，如图 3-19 所示。

（2）系统设置

在系统设置选项中，一般只需要设置主板选项卡，如图 3-20 所示。

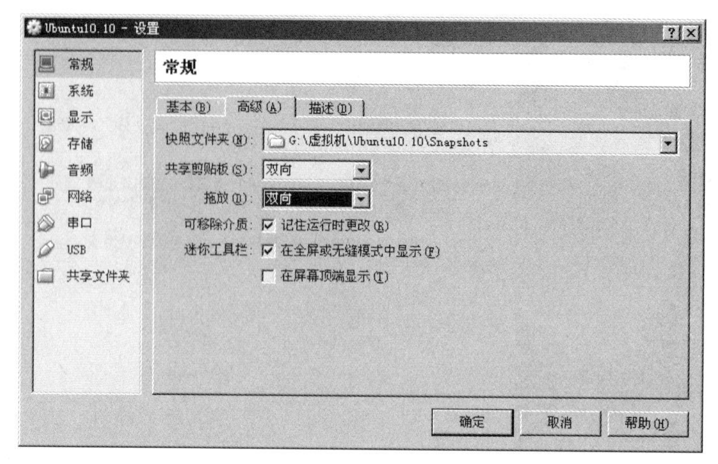

图 3-19　常规设置高级选项卡

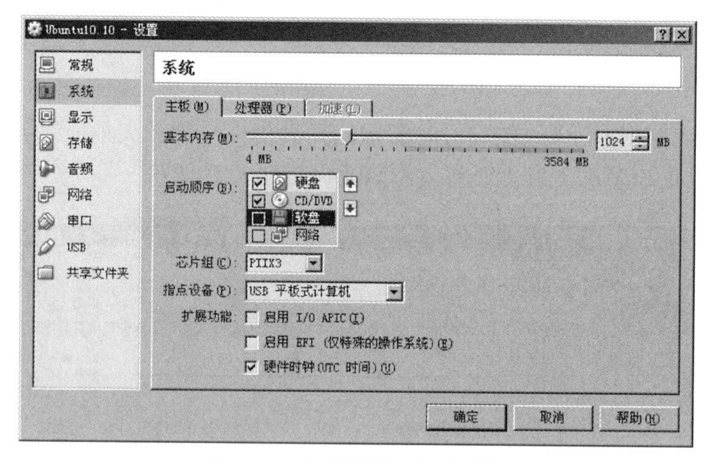

图 3-20　系统设置主板选项卡

（3）显示设置

在显示设置选项中，一般只需要设置视频选项卡，如图 3-21 所示。

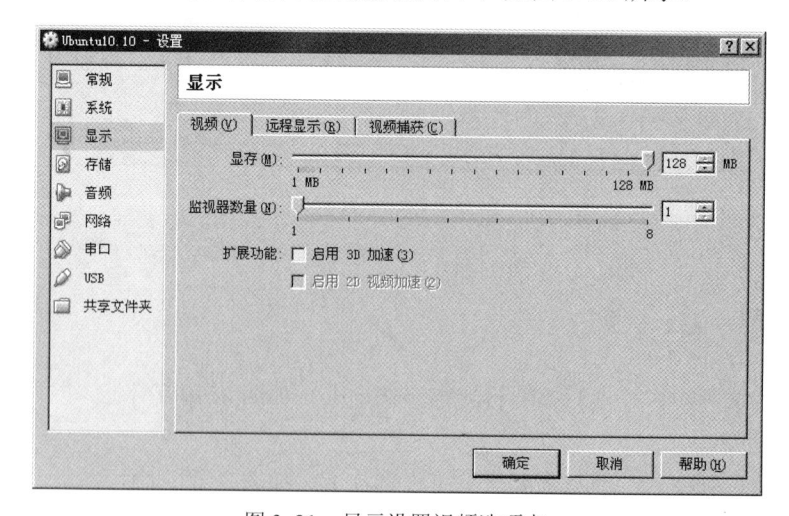

图 3-21　显示设置视频选项卡

（4）存储设置

在存储设置选项中，可以将 Ubuntu 10.10 的安装光盘镜像载入进 VM，如图 3-22 所示。

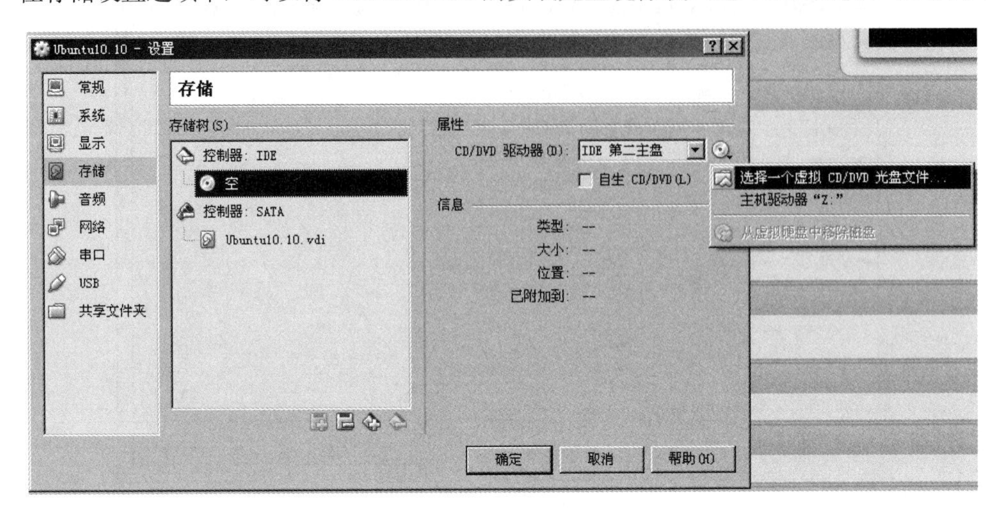

图 3-22　在存储设置中载入 Ubuntu 10.10 的安装光盘镜像

（5）音频设置

音频设置选项一般无须修改。

（6）网络设置

VirtualBox 在 VM 中支持 4 个网络适配器。一般来说，为了兼顾与嵌入式的网络通信和访问 Internet 的需要设置两个网络适配器。

以编者使用的 HOST 为例，编者所使用的 HOST 有台式计算机也有笔记本式计算机，这些 HOST 均使用了无线网络适配器连接 Internet；同时这些 HOST 也均有有线网络适配器。

在 VirtualBox 的网络设置中：

➢ 1 个网络适配器采用桥接适配器，桥接至 HOST 的有线网络适配器，留待与嵌入式进行网络通信，如图 3-23 所示；

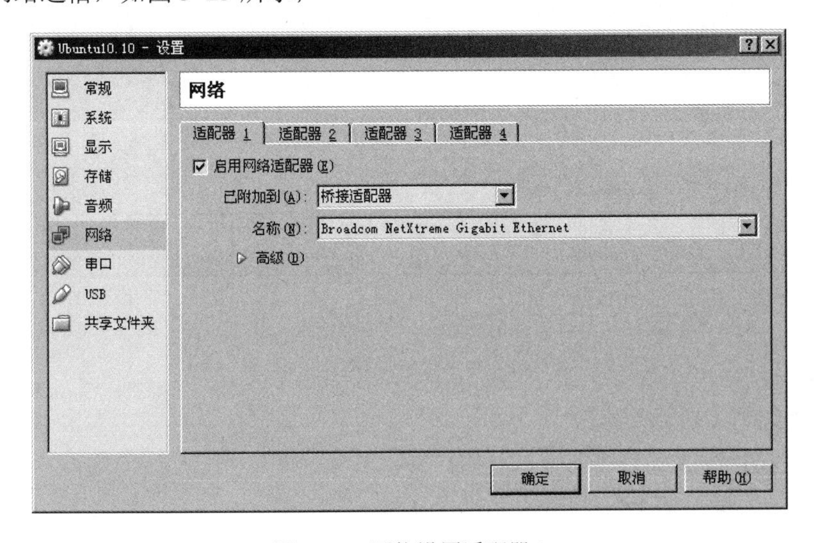

图 3-23　网络设置适配器 1

➢ 1 个网络适配器采用网络地址转换（NAT），留待访问 Internet，如图 3-24 所示。

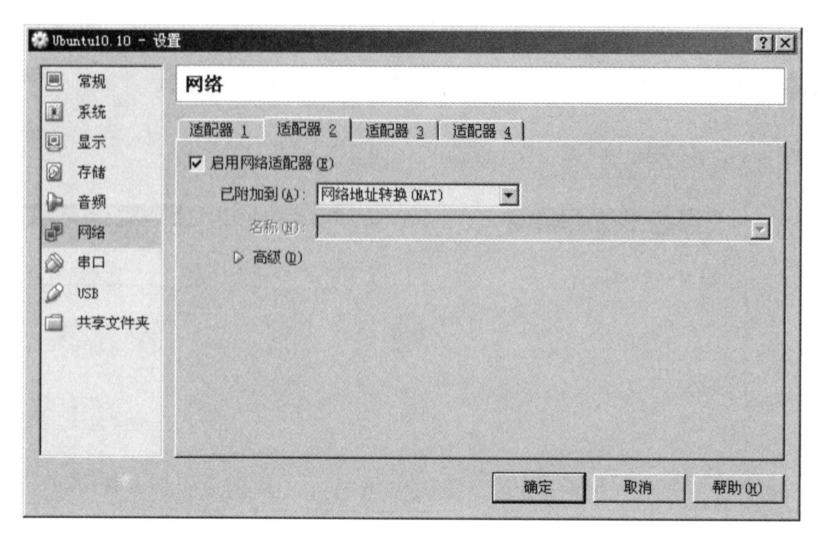

图 3-24　网络设置适配器 2

（7）串口设置

串口一般只使用端口 1，其设置如图 3-25 所示。

需要注意的是：VM 使用的主机设备可以是 HOST 的物理串口，也可以是 HOST 的虚拟串口（图 3-25 中使用的就是 HOST 的虚拟串口）。

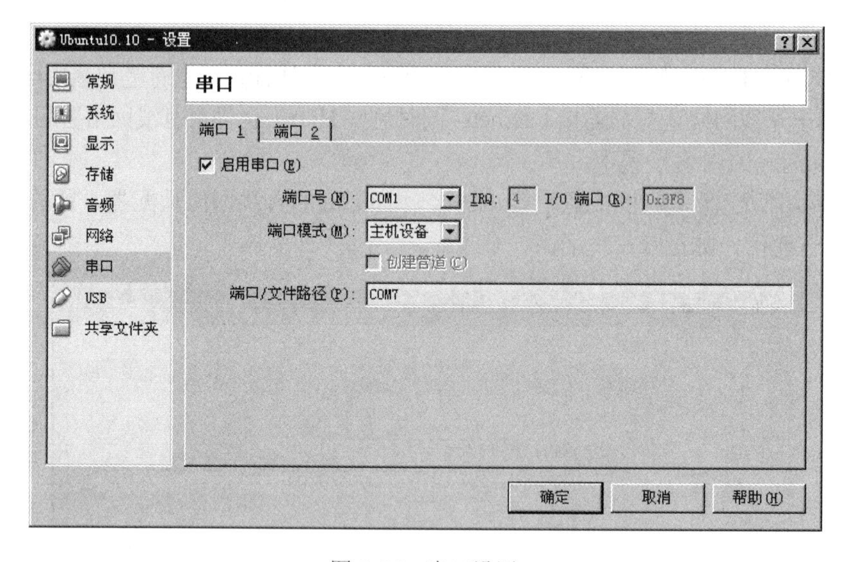

图 3-25　串口设置

（8）USB 设置

USB 设置选项一般无须修改。

（9）共享文件夹

共享文件夹的设置如图 3-9 所示。

3．安装 Ubuntu 10.10

单击图 3-8 所示的“启动”按钮即可开启虚拟机，由于在存储设置选项中已经将 Ubuntu 10.10 的安装光盘镜像载入进 VM，所以在等待一段时间后会出现图 3-26 所示的安装初始界面。

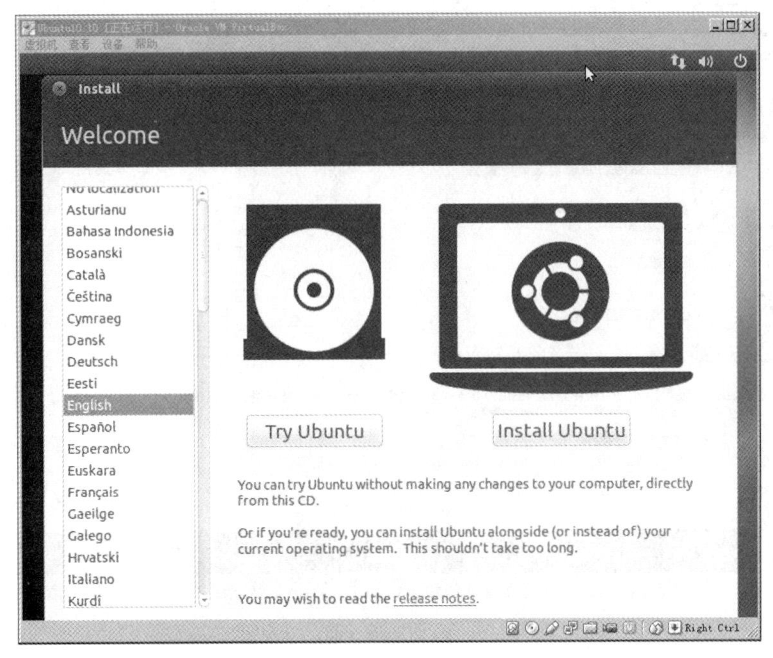

图 3-26　Ubuntu 安装初始界面（一）

在图 3-26 所示的界面左侧的语言选择框中拖动滚动条至最下方，选择“中文（简体）”，安装初始界面会改变成图 3-27 所示的安装初始界面。

图 3-27　Ubuntu 安装初始界面（二）

单击“安装 Ubuntu”按钮会出现图 3-28 所示的准备安装 Ubuntu 界面，一般无须修改。

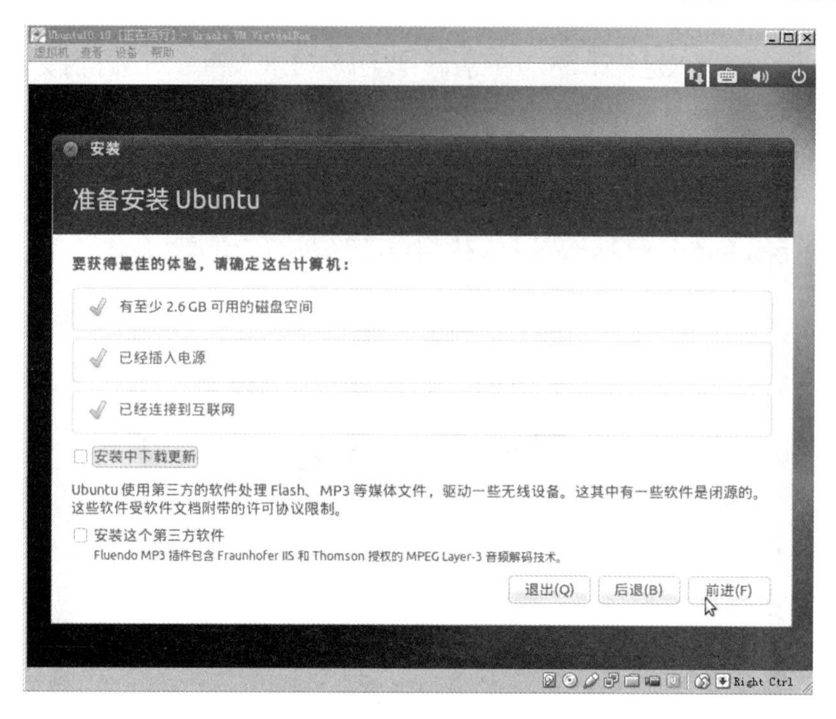

图 3-28　准备安装 Ubuntu 界面

单击“前进”按钮会出现图 3-29 所示的分配磁盘空间界面，一般无须修改。

图 3-29　分配磁盘空间界面（一）

单击“前进”按钮会出现图 3-30 所示的分配磁盘空间界面，一般无须修改。

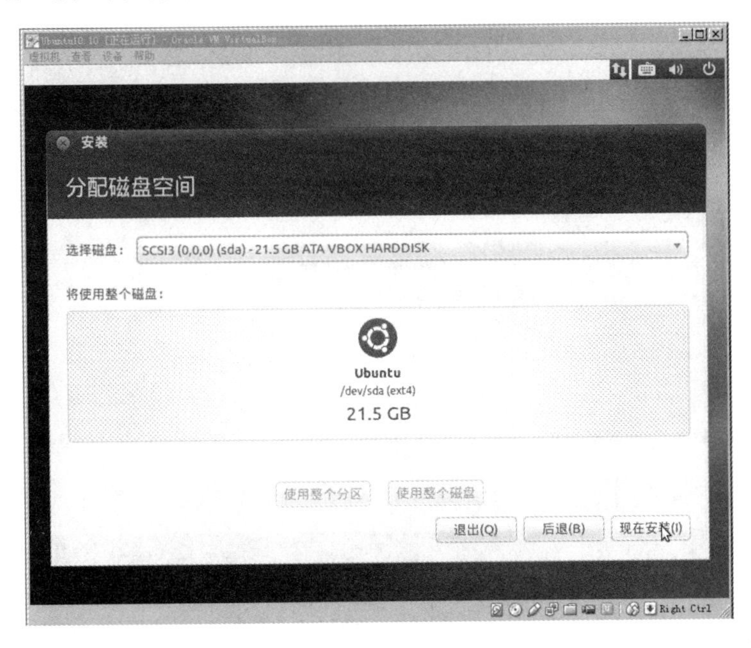

图 3-30　分配磁盘空间界面（二）

单击“现在安装”按钮开始安装 Ubuntu 操作系统，经过一定时间以后会出现所在位置选择界面，即时区选择界面，默认为“Shanghai（上海）”，一般无须修改。

单击“前进”按钮经过一定时间以后会出现图 3-31 所示的键盘布局选择界面，一般无须修改。

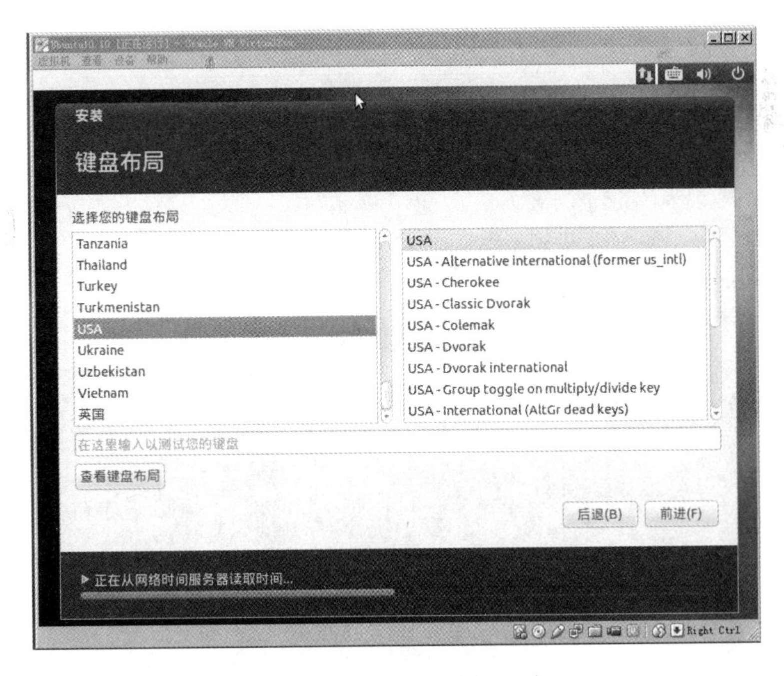

图 3-31　键盘布局选择界面

单击“前进”按钮经过一定时间以后会出现图 3-32 所示的用户信息设置界面。

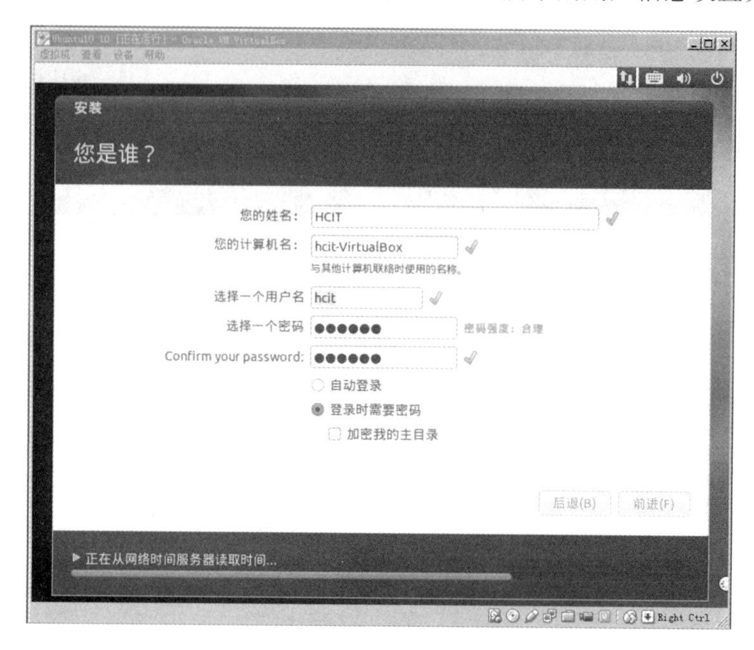

图 3-32　用户信息设置界面

此时需要根据个人习惯及喜好设置用户信息。为了便于记忆，设置 HCIT 作为相关信息，设置密码为 111111。

单击“前进”按钮，此时 Ubuntu 正在完成安装，会轮流出现一些介绍信息。在经过一定时间之后会出现图 3-33 所示的安装完成界面，单击“现在重启”按钮即可完成 Ubuntu 10.10 的安装。

图 3-33　安装完成界面

3.2.5 Ubuntu 使用初步

1．打开 Ubuntu 终端

刚刚接触 Linux 的人也许会问，为什么 Linux 世界中有命令行呢？这个问题想必也困扰着很多 Linux 的爱好者。其实，大家没有详细地进行命令行的学习，当你试用几次之后也许你就会感叹，原来世界上还有这么神奇的东西。

目前 Linux 操作系统的图形化操作已经相当成熟。在 Linux 上可采用多种图形管理程序来改变桌图案和菜单功能。但是相比图形界面，Linux 命令行才是 Linux 系统的真正核心，利用命令行可以对系统进行各种配置，要熟练并成功管理 Linux 操作系统就必须对 Linux 命令行有深入的了解。

Linux 下的命令行有助于初学者了解系统的运行情况和计算机的各种设备。例如：中央处理器、内存、磁盘驱动、各种输入和输出设备以及用户文件，都是在 Linux 系统管理命令下运行的。可以说 Linux 命令行对整个系统的运行以及设备与文件之间的协调都具有核心的作用。

在 Ubuntu（绝大多数 Linux 也是如此）中，命令行的输入主要通过终端来完成，打开终端的方法有两种。

第一种方法是找到 Ubuntu 上方面板左侧的“应用程序”→“附件”，单击“终端”按钮，如图 3-34 所示，即可打开终端，如图 3-35 所示。

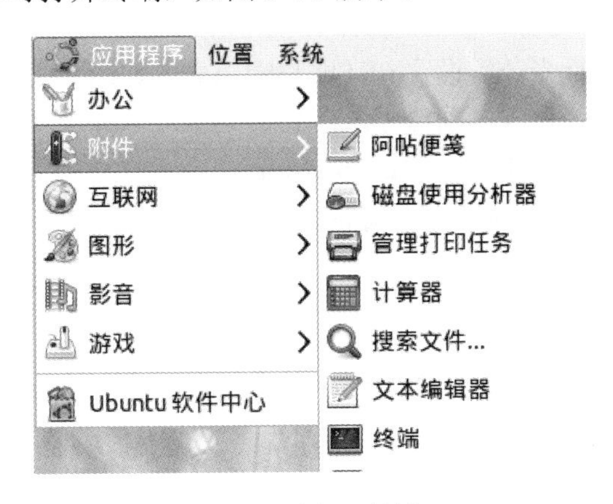

图 3-34　选择“终端”

第二种方法是在 Ubuntu 中同时按下终端的〈Ctrl+Alt+T〉组合键，也可以打开终端，如图 3-35 所示。

图 3-35　终端界面

2．设置 root 账户密码

（1）设置密码命令

为了系统的安全性，Ubuntu 在安装完成后第一步就需要设置 root 账户密码。在 Linux 中，设置密码的命令为 passwd。

功能：passwd 命令让用户可以更改自己的密码，而系统管理者则能用它管理系统用户的密码。只有管理者可以指定用户名称，一般用户只能变更自己的密码。

参数与格式：

passwd [-dklS][-u <-f>] [用户名称]

参数说明：-d：删除密码（本参数仅有系统管理者才能使用）。

-k：设置只有在密码过期失效后，方能更新。

-l：锁住密码。

-S：列出密码的相关信息（本参数仅有系统管理者才能使用）。

-u：解开已上锁的账号。

-f：强制执行。

（2）sudo 命令

在终端中输入命令：

```
passwd root
```

会发现系统并不能执行命令，设置 root 账户密码失败如图 3-36 所示。

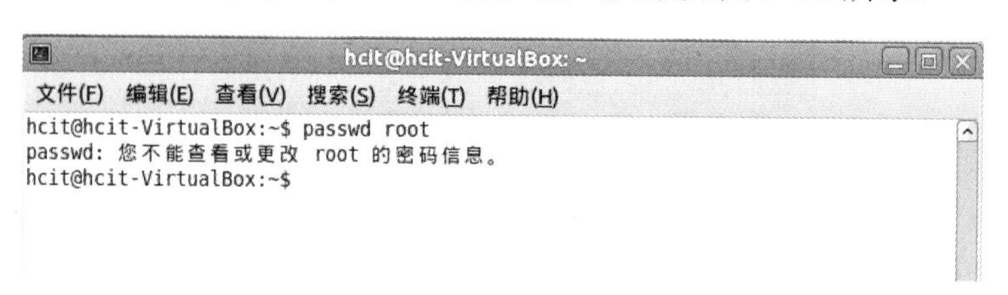

图 3-36　设置 root 账户密码失败

此时需要使用 sudo 命令。

功能：sudo 是 Linux 系统管理命令，是允许系统管理员让普通用户执行一些或者全部的 root 命令的一个工具，如 halt、reboot、su 等。这样不仅减少了 root 用户的登录和管理时间，同样也提高了安全性。sudo 不是对 shell 的一个代替，它是面向每个命令的。

参数与格式：

sudo [-Vhl LvkKsHPSb]|[-p prompt] [-c class|-] [-a auth_type] [-u username|#uid] command

参数说明：-V：显示版本编号；

-h：会显示版本编号及命令的使用方式说明；

-l：显示出自己（执行 sudo 的使用者）的权限；

-v：因为 sudo 在第一次执行时或是在 *N* 分钟内没有执行（*N* 预设为 5）会询问密码，这个参数是重新做一次确认，如果超过 *N* 分钟，也会询问密码；

-k：将会强迫使用者在下一次执行 sudo 时询问密码（不论有没有超过 *N* 分钟）；

-b：将要执行的命令放在背景执行；

-p prompt：可以更改询问密码的提示语，其中%u 会代换为使用者的账号名称，%h 会显示主机名称；

-u username/#uid：不加此参数，代表要以 root 的身份执行命令，而加了此参数，可以以 username 的身份执行命令（#uid 为该 username 的使用者号码）；

-s：执行环境变数中的 SHELL 所指定的 shell，或是/etc/passwd 里所指定的 shell；

-H：将环境变数中的 HOME（家目录）指定为要变更身份的使用者家目录（如不加-u 参数就是系统管理者 root）；

command：要以系统管理者身份（或以-u 更改为其他人）执行的命令。

在终端中输入命令：

```
sudo passwd
```

此时会发现系统开始执行命令，根据提示进行操作，设置 root 账户的密码为 111111，设置 root 账户密码成功如图 3-37 所示。

图 3-37　设置 root 账户密码成功

此时在终端中输入命令：

```
sudo -s
```

根据提示进行操作可以将终端中的当前账户切换为 root 账户，如图 3-38 所示。

图 3-38　在终端中将当前账户切换为 root 账户

3．更改 Ubuntu 的外观

在 Ubuntu 桌面上单击鼠标右键，选择“更改桌面背景”，会弹出图 3-39 所示的外观首选项界面。这个界面共有 4 个选项卡，可以根据个人喜好修改 Ubuntu 的外观。

4．安装虚拟机增强功能

单击 VirtualBox 菜单中的“设备”中的“插入 Guest Additions CD 映象...”选项，如图 3-40 所示，此时在 VM 中会出现图 3-41 所示的“安装增强功能”对话框。

图 3-39　外观首选项

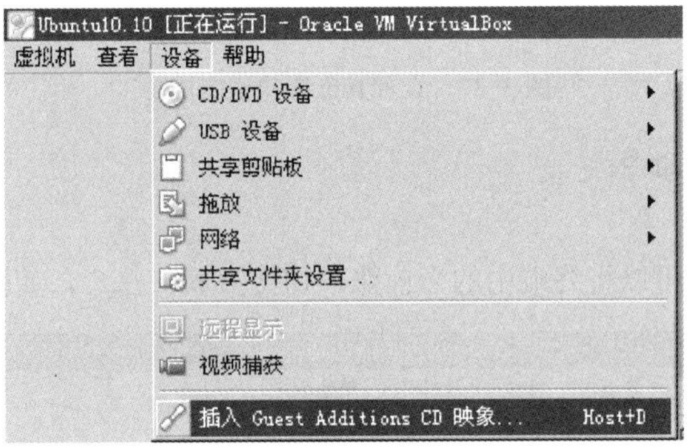

图 3-40　插入 Guest Additions CD 映象

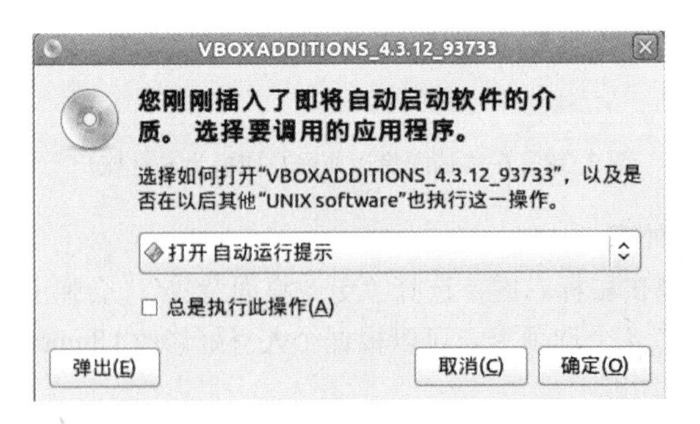

图 3-41　安装增强功能对话框

根据提示进行后续操作，即可完成增强功能的安装。只有 VM 安装了增强功能，鼠标集成、共享文件夹和共享网络等增强功能才能正常工作；同时，只有 VM 安装了增强功能，VM 的显示才能与 VirtualBox 的大小紧密贴合。

5．更新 Ubuntu

（1）修改 Ubuntu 更新源

由于在 VM 安装的是 Ubuntu 10.10，这个版本相对比较老，因此需要在 Ubuntu 10.10 中直接修改更新源文件，更新源文件的路径为：

```
/etc/apt/sources.list
```

在终端中输入命令：

```
gedit /etc/apt/sources.list
```

会出现图 3-42 所示的更新源文件打开界面（gedit 为 Ubuntu 自带的编辑器，类似于 Windows 中的记事本）。

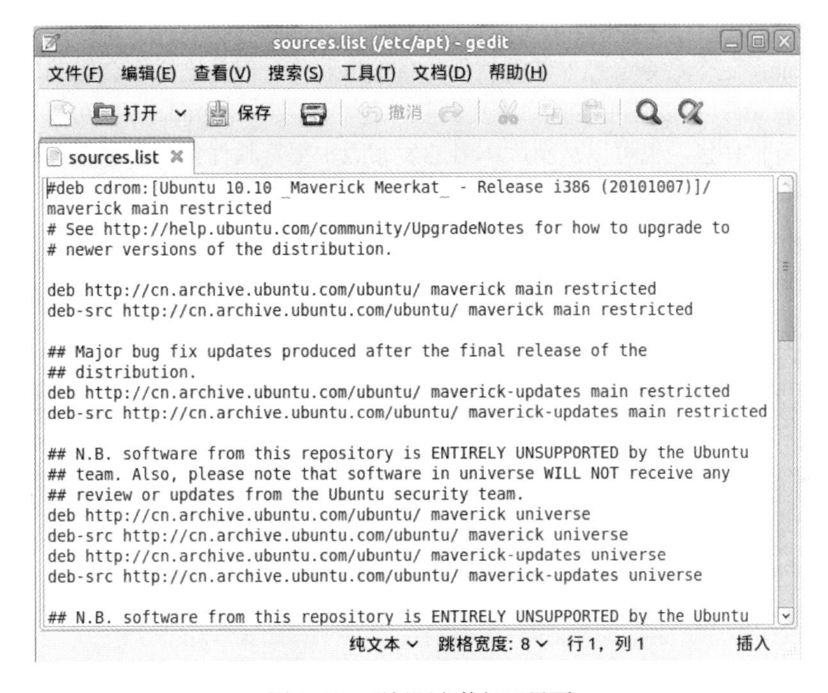

图 3-42　更新源文件打开界面

将更新源文件中的所有内容全部删除，然后输入以下代码，保存并退出。

```
deb http://old-releases.ubuntu.com/ubuntu maverick main universe restricted multiverse
deb-src http://old-releases.ubuntu.com/ubuntu maverick main universe restricted multiverse
deb http://old-releases.ubuntu.com/ubuntu maverick-security universe main multiverse restricted
deb-src http://old-releases.ubuntu.com/ubuntu maverick-security universe main multiverse restricted
deb http://old-releases.ubuntu.com/ubuntu maverick-updates universe main multiverse restricted
deb-src http://old-releases.ubuntu.com/ubuntu maverick-updates universe main multiverse restricted
```

此时可以使用 apt-get 命令进行测试。

功能：apt-get 命令适用于 deb 包管理式的操作系统，主要用于自动从互联网的软件仓库中搜索、安装、升级、卸载软件或操作系统。apt-get 命令一般需要 root 权限执行，所以一般跟在 sudo 命令之后使用。

参数与格式：

```
[sudo] apt-get xxxx
```

参数说明：apt-get update：更新软件包列表数据库；

apt-get install packagename：安装一个新软件包；

apt-get remove packagename：卸载一个已安装的软件包（保留配置文档）；

apt-get remove --purge packagename：卸载一个已安装的软件包（删除配置文档）；

apt-get autoremove packagename：删除包及其依赖的软件包；

apt-get autoremove --purge packagname：删除包及其依赖的软件包+配置文件，比上面的要删除的彻底一点；

apt-get autoclean：apt-get 会把已装或已卸的软件都备份在硬盘上，所以假如需要空间，能够让这个命令来删除已删掉的软件；

apt-get clean：这个命令会把安装的软件的备份也删除，但是这样不会影响软件的使用；

apt-get upgrade：可以使用这条命令更新软件包，apt-get upgrade 不仅可以从相同版本号的发布版中更新软件包，也可以从新版本号的发布版中更新软件包。注意在运行该命令前应先运行 apt-get update 更新数据库；

apt-get dist-upgrade：将系统升级到新版本。

在终端中输入命令：

```
sudo apt-get update
```

在与 Internet 连接通畅的情况下，稍等一会，可以看到图 3-43 所示的更新源修改测试成功界面。从图 3-43 可以看出：提示命中，并且读取软件包列表完成。

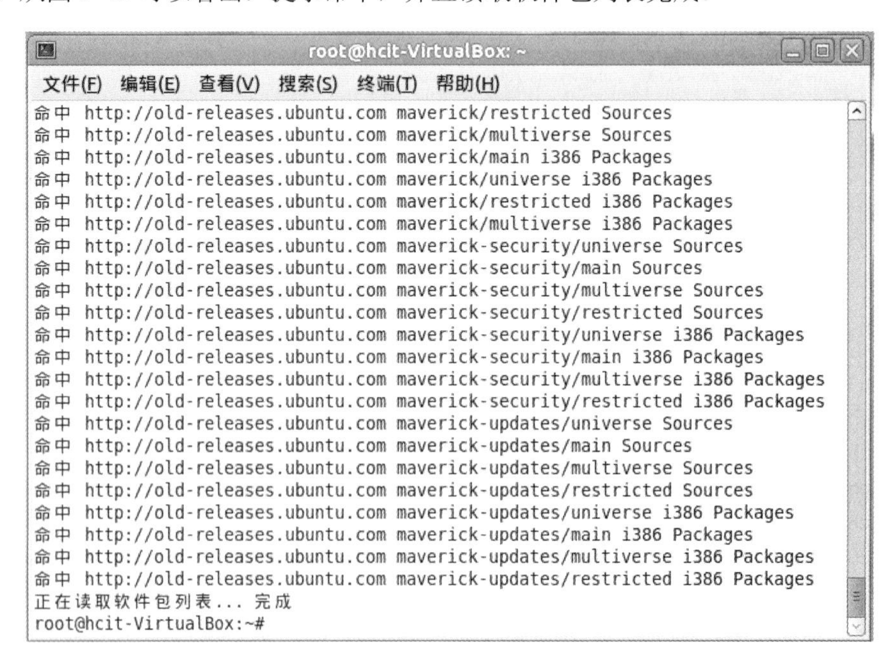

图 3-43　更新源修改测试成功界面

（2）更新 Ubuntu

找到 Ubuntu 上方面板左侧的“系统”→“系统管理”，如图 3-44 所示。单击“更新管理器”，即可打开相应程序并弹出图 3-45 所示的界面。

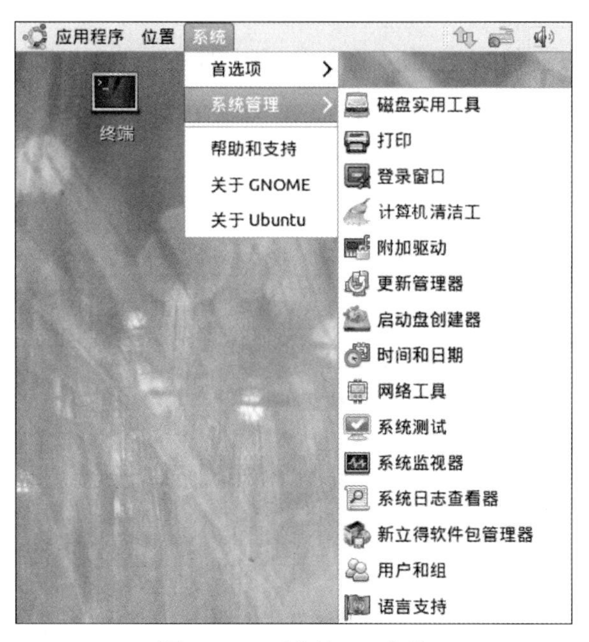

图 3-44 “系统管理”菜单

在图 3-45 所示的更新管理器程序界面中，请不要单击“升级”按钮（将系统升级为 Ubuntu 11.04）。

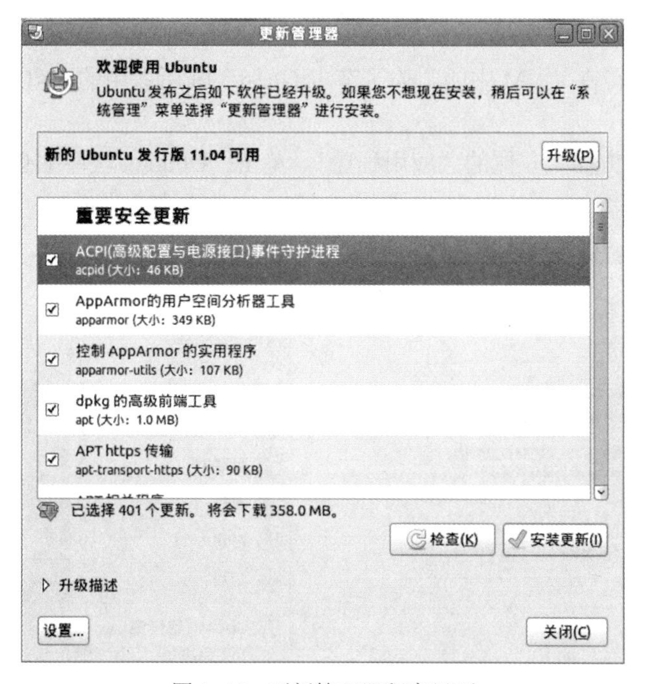

图 3-45 更新管理器程序界面

在与 Internet 连接通畅的情况下，如果想确保更新的内容是最新的，可以单击“检查”按钮来重新检查一下升级情况；之后单击“安装更新”按钮，根据提示进行后续操作，即可完成系统的更新。

6．安装完整的语言支持

在图 3-44 所示的菜单中，单击“语言支持”，即可打开语言和文本选项并弹出图 3-46 所示的界面。

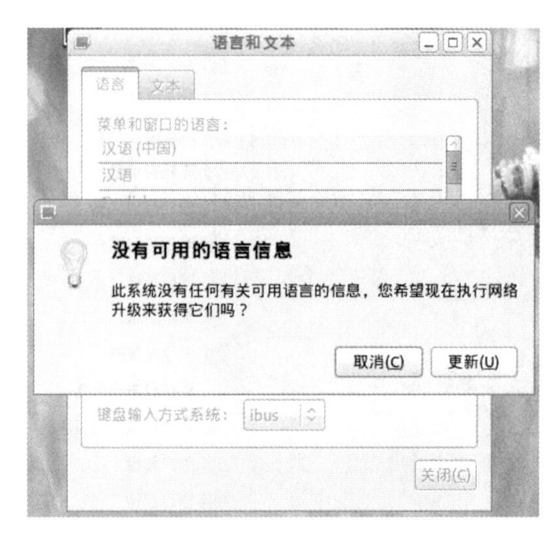

图 3-46　语言和文本界面（一）

在图 3-46 所示的界面中单击“更新”按钮同时保证与 Internet 连接通畅会出现图 3-47 所示的界面，单击“安装”按钮进行下载安装。

7．安装/卸载软件

由于 Ubuntu 是安装在 VM 中的，为了节省 Guest OS 所占用的硬盘空间，可以删除一些不必要的软件。

找到 Ubuntu 上方面板左侧的“应用程序”，单击“Ubuntu 软件中心”，应用程序弹出界面如图 3-48 所示，此时会弹出图 3-49 所示的 Ubuntu 软件中心界面。

图 3-47　语言和文本界面（二）

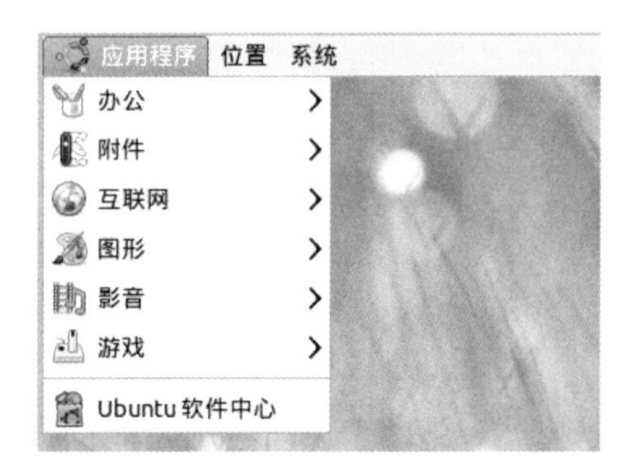

图 3-48　应用程序弹出界面

在图 3-49 所示的 Ubuntu 软件中心界面中单击“已安装的软件”按钮，即可以根据个人喜好卸载不必要的软件（建议将娱乐和游戏等软件卸载），如图 3-50 所示。

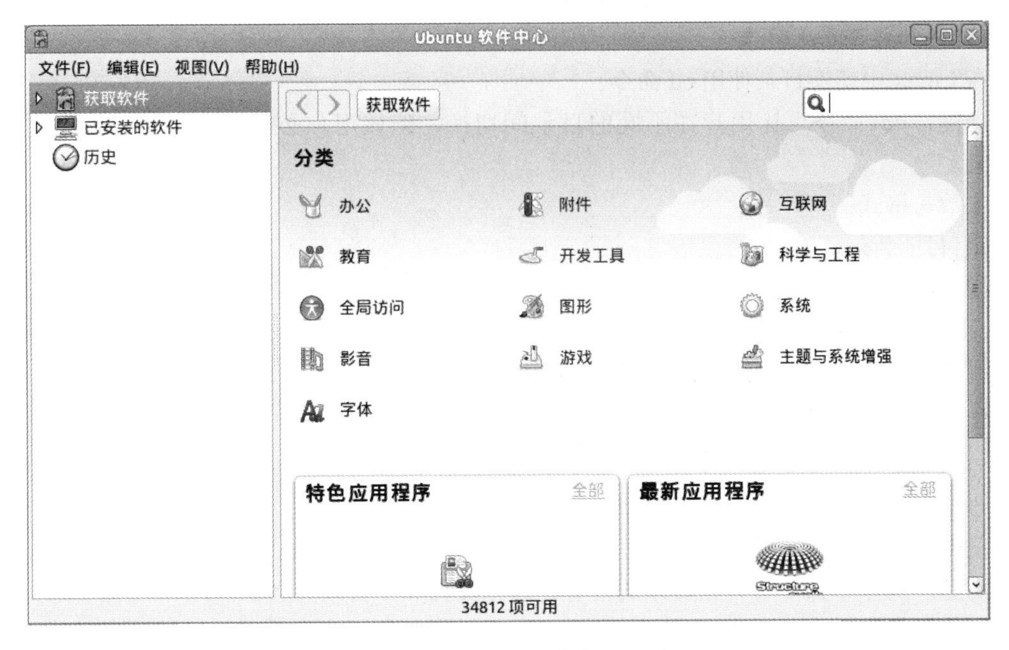

图 3-49　Ubuntu 软件中心界面

图 3-50　Ubuntu 软件中心已安装的软件

3.2.6 Ubuntu的目录

Ubuntu 的目录和绝大多数 Linux 的目录是一致的。

1．进入并查看根目录

在 Linux 中切换目录使用 cd 命令。

功能：cd 命令可让用户在不同的目录间切换，但该用户必须拥有足够的权限进入目的目录。

参数与格式：

cd [目的目录]

参数说明：/：根目录；

..：上层目录；

目的目录：需要进入的目录的路径（绝对或相对路径）。

在终端中输入命令：

```
cd /
```

即可进入根目录。

使用 ls 命令列出目录内容。

功能：执行 ls 命令可列出目录的内容，包括文件和子目录的名称。

参数与格式：

ls [-1aAbBcCdDfFgGhHiklLmnNopqQrRsStuUvxX] [-I <范本样式>] [-T <跳格字数>] [-w <每列字符数>] [--block-size=<区块大小>] [--color=<使用时机>] [--format=<列表格式>] [--full-time] [--help] [--indicator-style=<标注样式>] [--quoting-style=<引号样式>] [--show-control-chars] [--sort=<排序方式>] [--time=<时间戳记>] [--version][文件或目录……]

参数说明：-1：每列仅显示一个文件或目录名称。

-a 或--all：显示所有文件和目录。

-A 或--almost-all：显示所有文件和目录，但不显示现行目录和上层目录。

-b 或--escape：显示脱离字符；

-B 或--ignore-backups：忽略备份文件和目录；

-c：以更改时间排序，显示文件和目录；

-C：以从上至下，从左到右的直行方式显示文件和目录名称；

-d 或--directory：显示目录名称而非其内容；

-D 或--dired：用 Emacs 的模式产生文件和目录列表；

-f：此参数的效果和同时指定“aU”参数相同，并关闭“lst”参数的效果；

-F 或--classify：在执行文件、目录、Socket、符号连接和管道名称后面，各自加上“*”“/”“=”“@”和“|”号；

-g：次参数将忽略不予处理；

-G 或--no-group：不显示群组名称；

-h 或--human-readable：用“K”“M”“G”来显示文件和目录的大小；

-H 或--si：此参数的效果和指定“-h”参数类似，但计算单位是 1000B 而非 1024B；

-i 或--inode：显示文件和目录的 inode 编号；

-I<范本样式>或--ignore=<范本样式>：不显示符合范本样式的文件或目录名称；

-k 或--kilobytes：此参数的效果和指定“block-size=1024”参数相同；

-l：使用详细格式列表；

-L 或--dereference：如遇到性质为符号连接的文件或目录，直接列出该连接所指向的原始文件或目录；

-m：用“,”号区隔每个文件和目录的名称；

-n 或--numeric-uid-gid：以用户识别码和群组识别码替代其名称；

-N 或--literal：直接列出文件和目录名称，包括控制字符；

-o：此参数的效果和指定“-l”：参数类似，但不列出群组名称或识别码；

-p 或--file-type：此参数的效果和指定“-F”参数类似，但不会在执行文件名称后面加上“*”号；

-q 或--hide-control-chars：用“?”号取代控制字符，列出文件和目录名称；

-Q 或--quote-name：把文件和目录名称以“”号标示起来；

-r 或--reverse：反向排序；

-R 或--recursive：递归处理，将指定目录下的所有文件及子目录一并处理；

-s 或--size：显示文件和目录的大小，以区块为单位；

-S：用文件和目录的大小排序；

-t：用文件和目录的更改时间排序；

-T<跳格字符>或--tabsize=<跳格字数>：设置跳格字符所对应的空白字符数；

-u：以最后存取时间排序，显示文件和目录；

-U：列出文件和目录名称时不予排序；

-v：文件和目录的名称列表以版本进行排序；

-w<每列字符数>或--width=<每列字符数>：设置每列的最大字符数；

-x：以从左到右，由上至下的横列方式显示文件和目录名称；

-X：以文件和目录的最后一个扩展名排序；

--block-size=<区块大小>：指定存储文件的区块大小；

--color=<列表格式>：培植文件和目录的列表格式；

--full-time：列出完整的日期与时间；

--help：在线帮助；

--indicator-style=<标注样式>：在文件和目录等名称后面加上标注，易于辨识该名称所属的类型；

--quoting-syte=<引号样式>：把文件和目录名称以指定的引号样式标示起来；

--show-control-chars：在文件和目录列表时，使用控制字符；

--sort=<排序方式>：配置文件和目录列表的排序方式；

--time=<时间戳记>：用指定的时间戳记取代更改时间；

--version：显示版本信息。

在终端中输入命令：

```
ls
```

即可使用 ls 命令查看根目录的内容，如图 3-51 所示。

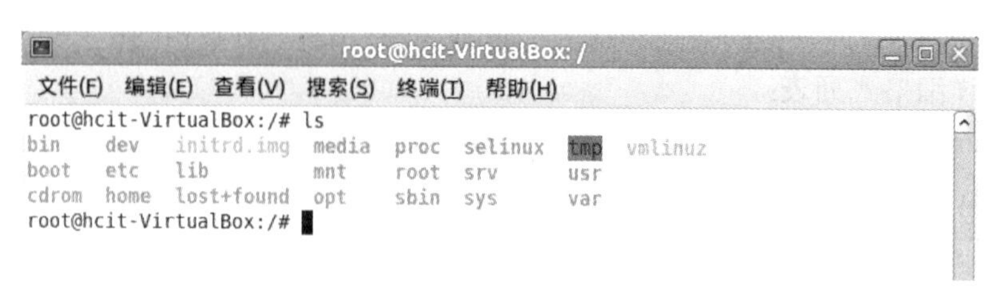

图 3-51 使用 ls 命令查看根目录内容

从图 3-51 可以看出：终端中显示的文件（夹）有不同的颜色，一般来说，Linux 默认的颜色代表不同的文件（夹）类型：

- 绿色代表的是可执行文件；
- 红色代表的是压缩文件；
- 浅蓝色代表链接文件；
- 蓝色代表的是目录；
- 灰色代表其他文件；
- 其他颜色基本都是权限的提示。

2．Linux 根目录下各目录和文件的作用

（1）/bin 目录

bin 是 binary（二进制）的简称。/bin 目录包含了引导启动所需要的命令或普通用户可能用的命令（可能在引导启动后）。这些命令都是二进制文件的可执行程序，多是系统中重要的系统文件。

（2）/boot 目录

/boot 目录存储引导加载器（bootstrap loader）使用的文件，核心映象也经常放在这里，而不是存储在根目录中。需要注意的是：要确保核心映象必须在 IDE 硬盘的前 1024 柱面内。

（3）/dev 目录

/dev 目录包括所有设备的设备文件。设备文件用特定的约定命名，设备文件在安装时由系统产生，以后可以用/dev/makedev 描述。常用的设备文件如表 3-2 所示。

（4）/etc 目录

/etc 目录存储着各种系统配置文件，其中包括了用户信息文件/etc/passwd、系统初始化文件/etc/rc 等。另外，许多网络配置文件也在/etc 中。Linux 正是有了这些文件才得以正常地运行。常用的系统配置文件如表 3-3 所示。

（5）/home 目录

/home 目录为用户主目录的基点，例如用户 hcit 的主目录就是/home/hcit，可以用~hcit 表示。

在终端中输入命令：

```
cd ~hcit
```

可以直接进入/home/hcit。也就是说，这条命令和命令：

cd /home/hcit

是等价的。

表 3-2 常用的设备文件

设 备 文 件	描　述
/dev/console	系统控制台，也就是直接和系统连接的监视器
/dev/hd	IDE 硬盘驱动程序接口，如： /dev/hda 指的是第一个硬盘，had1 则是指/dev/hda 的第一个分区， 如系统中有其他的硬盘，则依次为/dev/hdb、/dev/hdc…… 如有多个分区则依次为 hda1、hda2……
/dev/sd	SCSI 硬盘驱动程序接口， 如有系统有 SCSI 硬盘，就不会访问/dev/hda，而会访问/dev/sda
/dev/tty	提供虚拟控制台支持，如： /dev/tty1 指的是系统的第一个虚拟控制台，/dev/tty2 则是系统的第二个虚拟控制台
/dev/pty	提供远程登录伪终端支持，在进行 telnet 登录时就要用到/dev/pty 设备
/dev/ttys	计算机串行接口
/dev/null	“黑洞”，所有写入该设备的信息都将消失

表 3-3 常用的系统配置文件

系统配置文件	描　述
/etc/rc 或/etc/rc.d 或/etc/rc*.d	启动或改变运行级时运行的脚本或脚本的目录
/etc/passwd	用户数据库，其中的域给出了用户名、真实姓名、用户起始目录、加密口令和用户的其他信息
/etc/fstab	指定启动时需要自动安装的文件系统列表（也包括用 swapon-a 启用的 swap 区的信息）
/etc/group	类似/etc/passwd，但说明的不是用户信息而是组的信息（包括组的各种数据）
/etc/inittab	init 的配置文件
/etc/issue	包括用户在登录提示符前的输出信息，通常包括系统的一段短说明或欢迎信息（具体内容由系统管理员确定）
/etc/magic	“file”的配置文件。包含不同文件格式的说明，“file”基于它猜测文件类型
/etc/motd	motd 是 message of the day 的缩写，用户成功登录后自动输出，内容由系统管理员确定，常用于通告信息，如计划关机时间的警告等
/etc/mtab	当前安装的文件系统列表，由脚本（scritp）初始化，并由 mount 命令自动更新，当需要一个当前安装的文件系统的列表时使用（例如 df 命令）
/etc/shadow	在安装了影子（shadow）口令软件的系统上的影子口令文件，影子口令文件将/etc/passwd 文件中的加密口令移动到/etc/shadow 中，而后者只对超级用户（root）可读，这使破译口令更困难，以此增加系统的安全性
/etc/login.defs	login 命令的配置文件
/etc/printcap	类似/etc/termcap，但针对打印机。语法不同
/etc/profile、/etc/csh.login、/etc/csh.cshrc	登录或启动时 bourne 或 cshells 执行的文件，这允许系统管理员为所有用户建立全局默认环境
/etc/securetty	确认安全终端，即哪个终端允许超级用户（root）登录，一般只列出虚拟控制台，这样就不可能（至少很困难）通过调制解调器（modem）或网络闯入系统并得到超级用户特权
/etc/shells	列出可以使用的 shell，chsh 命令允许用户在本文件指定范围内改变登录的 shell，提供一台机器 FTp 服务的服务进程 ftpd 检查用户 shell 是否列在/etc/shells 文件中，如果不是，将不允许该用户登录
/etc/termcap	终端性能数据库，说明不同的终端用什么“转义序列”控制，写程序时不直接输出转义序列（这样只能工作于特定品牌的终端），而是从/etc/termcap 中查找所做工作的正确序列，这样，多数的程序可以在多数终端上运行

（6）/initrd.img 文件

/initrd.img 文件是一个小的映象，包含一个最小的 Linux 系统。通常的 Linux 系统的启动步骤是先启动内核，然后内核挂载 initrd.img，并执行里面的脚本来进一步挂载各种各样的模块，然后发现真正的 root 分区，挂载并执行/sbin/init。

initrd.img 是可选的，如果没有 initrd.img，内核就试图直接挂载 root 分区。

（7）/lib 目录

/lib 目录为标准程序设计库，又叫做动态链接共享库，是根文件系统上的程序所需要的共享库，存储了根文件系统程序运行所需要的共享文件（作用类似 Windows 里的*.dll 文件）。

这些文件包含了可被许多程序共享的代码，以避免每个程序都包含有相同的子程序的副本，故可以使得可执行文件变得更小，节省空间。

（8）/lost+found 目录

/lost+found 目录平时是空的，当系统非正常关机时会产生一些“无家可归”的文件（类似于 Windows 下的*.chk 文件）将保存在这里。

（9）/mnt 目录

系统提供/mnt 目录是让用户用来临时挂载（mount）其他的文件系统。

/mnt 下面可以分为许多子目录，例如：

➢ /mnt/dosa 可能是使用 ms-dos 文件系统的软驱；
➢ /mnt/exta 可能是使用 ext2 文件系统的软驱；
➢ /mnt/cdrom 可能是光驱。

（10）/opt 目录

/opt 目录主要存储可选的程序。安装到/opt 目录下的程序，其所有的数据、库文件等都是存储在同一个目录下面。

（11）/proc 目录

/proc 目录是一个伪目录，就是说它是一个实际上不存在的目录，因而这是一个非常特殊的目录。

/proc 目录并不存储在于某个磁盘上，而是由核心在内存中产生。这个目录用于提供关于系统的信息。/proc 目录中部分重要的文件和目录如表 3-4 所示。

表 3-4 /proc 目录中部分重要的文件和目录

文件或目录	描 述
/proc/x	关于进程 x 的信息目录，x 是这一进程的标识号； 每个进程在/proc 下有一个名为自己进程号的目录
/proc/cpuinfo	存储处理器（CPU）的信息，如 CPU 的类型、制造商、型号和性能等
/proc/devices	当前运行的核心配置的设备驱动的列表
/proc/dma	显示当前使用的 dma 通道
/proc/filesystems	核心配置的文件系统信息
/proc/interrupts	显示被占用的中断信息和占用者的信息以及被占用的数量
/proc/ioports	当前使用的 I/O 端口

（续）

文件或目录	描　述
/proc/kcore	系统物理内存映象，它与物理内存大小完全一样，然而实际上没有占用这么多内存；它仅仅是在程序访问它时才被创建
/proc/kmsg	核心输出的消息，也会被送到 syslog
/proc/ksyms	核心符号表
/proc/loadavg	系统“平均负载”
/proc/meminfo	各种存储器使用信息，包括物理内存和交换分区（swap）
/proc/modules	存储当前加载了哪些核心模块信息
/proc/net	网络协议状态信息
/proc/self	存储到查看/proc 的程序的进程目录的符号连接；当两个进程查看/proc 时，这将会是不同的连接；这主要便于程序得到它自己的进程目录
/proc/stat	系统的不同状态，例如，系统启动后页面发生错误的次数
/proc/uptime	系统启动的时间长度
/proc/version	核心版本

（12）/root 目录

/root 目录为系统管理员的主目录。

（13）/sbin 目录

/sbin 目录类似/bin 目录，也用于存储二进制文件。其中存储的文件多是系统管理员使用的基本的系统程序，所以虽然普通用户必要且允许时可以使用，但一般不授权给普通用户使用。

（14）/selinux 目录

/selinux 目录类似/proc 目录，也是一个伪目录。

SELinux 是 Security-Enhanced Linux 的简称，是美国国家安全局（The National Security Agency，NSA）和 SCC（Secure Computing Corporation）开发的 Linux 的一个扩充强制访问控制安全模块。

（15）/srv 目录

/srv 目录用于存储服务启动后需要访问的数据。例如 www 服务器需要的网页数据就存储在/srv/www 中。

（16）/sys 目录

一个与/proc 类似的目录，在 Linux 2.6 内核中最新出现的，使用了/proc 中的很多帮助。其包含的文件用于获得硬件状态并反映内核看到的系统设备树。

（17）/tmp 目录

/tmp 目录为公用的临时文件存储目录，存储程序在运行时产生的信息和数据。但在引导启动后，运行的程序最好使用/var/tmp 来代替/tmp，因为前者可能拥有一个更大的磁盘空间。

（18）/usr 目录

/usr 是一个很重要的目录，通常体积很大，因为所有程序安装在这里。/usr 里的所有文件一般都来自 Linux 发行版，本地安装的程序和其他文件在/usr/local 下，因为这样可以在升级新版系统或新发行版时无须重新安装全部程序。

/usr 目录下的许多内容是可选的，但这些功能会使用户使用系统更加有效。/usr 可容纳许多大型的软件包和它们的配置文件。/usr 目录中部分重要目录如表 3-5 所示。

表 3-5 /usr 目录中部分重要目录

文件或目录	描　述
/usr/bin	集中了几乎所有用户命令，是系统的软件库；另有些命令在/bin 或/usr/local/bin 中
/usr/include	包含了 C 语言的头文件，这些文件多以.h 结尾，用来描述 C 语言程序中用到的数据结构、子过程和常量。 为了保持一致性，这实际上应该存储在/usr/lib 下，但习惯上一直沿用了这个名字
/usr/lib	名字 lib 来源于库：library，包含了程序或子系统的不变的数据文件，包括一些 site-wide 配置文件。 编程的原始库也存储在/usr/lib 里；当编译程序时，程序便会和其中的库进行连接；也有许多程序把配置文件存入其中
/usr/local	本地安装的软件和其他文件存储在这里；这与/usr 很相似
/usr/sbin	包括了根文件系统不必要的系统管理命令，例如多数服务程序
/usr/src	源代码保存位置，Linux 内核的源代码存储在/usr/src/linux 里

（19）/var 目录

/var 目录包含系统一般运行时要改变的数据。通常这些数据所在的目录的大小是要经常变化或扩充的。

原来/var 目录中有些内容是在/usr 中的，但为了保持/usr 目录的相对稳定，就把那些需要经常改变的目录存储到/var 中了。/var 目录中部分重要目录如表 3-6 所示。

表 3-6 /var 目录中部分重要目录

文件或目录	描　述
/var/lib	存储系统正常运行时要改变的文件
/var/local	存储/usr/local 中安装的程序的可变数据（即系统管理员安装的程序）
/var/lock	锁定文件；许多程序遵循在/var/lock 中产生一个锁定文件的约定，以用来支持他们正在使用某个特定的设备或文件；其他程序注意到这个锁定文件时，就不会再使用这个设备或文件
/var/log	各种程序的日志（log）文件，其中的文件经常不确定地增长，应定期清除
/var/run	保存在下一次系统引导前有效的关于系统的信息文件
/var/spool	放置“假脱机（spool）”程序的目录，如 mail、news、打印队列和其他队列工作的目录；每个不同的 spool 在/var/spool 下有自己的子目录，例如，用户的邮箱就存储在/var/spool/mail 中
/var/tmp	比/tmp 允许更大的或需要存在较长时间的临时文件

（20）/vmlinuz 文件

/vmlinuz 文件是可引导的、压缩的内核。“vm”代表“Virtual Memory”。Linux 支持虚拟内存，不像老的操作系统，例如 Dos 有 640KB 内存的限制。Linux 能够使用硬盘空间作为虚拟内存，因此得名“vm”。另外：vmlinux 是未压缩的内核，vmlinuz 是 vmlinux 的压缩文件。

之所以已经有了 vmlinuz 文件还需要 initrd.img 文件的原因是：系统内核 vmlinuz 被加载到内存后开始提供底层支持，在内核的支持下各种模块、服务等被加载运行。这样当然是大家最容易接受的方式，曾经的 Linux 就是这样的运行的。假设硬盘是 SCSI 接口，而内核又不支持这种接口时，内核就没有办法访问硬盘，当然也没法加载硬盘上的文件系统，怎么办？把内核加入 SCSI 驱动源码然后重新编译出一个新的内核文件替换原来 vmlinuz。

需要改变标准内核默认提供支持的例子还有很多，如果每次都需要编译内核就太麻烦了。所以后来的 Linux 就提供了一个灵活的方法来解决这些问题，这就是 initrd.img 文件。

initrd.img 文件就是个 ramdisk 的映象文件。ramdisk 是用一部分内存模拟成磁盘，让操作系统访问。ramdisk 是标准内核文件认识的设备（/dev/ram0），文件系统也是标准内核认识的文件系统。内核加载这个 ramdisk 作为根文件系统并开始执行其中的“某个文件”（Linux 2.6 内核是 init 文件）来加载各种模块、服务等。经过一些配置和运行后，就可以去物理磁盘加载真正的 root 分区了，然后又是一些配置等，最后启动成功。也就是只需要定制适合自己的 initrd.img 文件就可以了。这要比重编内核简单多了，省时、省事、低风险。

3.3 交叉编译环境

3.3.1 共享文件夹的设置与使用

在安装、配置交叉环境之前，需要将交叉编译环境的安装文件等复制到 Guest OS 中，从理论上来说，最简单的方法是直接将文件从 Host's OS 拖放到 Guest OS 中，这是因为在常规设置的高级选项卡中已经将共享剪贴板和拖放都设置成了双向，如图 3-19 所示。但是这种方法由于虚拟机软件的原因往往不能成功。

在这种情况下，最为方便、使用率较高方法就是使用挂载共享文件夹的方法。

1．设置 Host's OS 中准备共享的文件夹

设置 Host's OS 中准备共享的文件夹如图 3-9 所示。当 Guest OS 开机之后，会发现共享文件夹的设置会比图 3-9 多出一个选项，当 Guest OS 开机之后的共享文件夹的设置如图 3-52 所示。

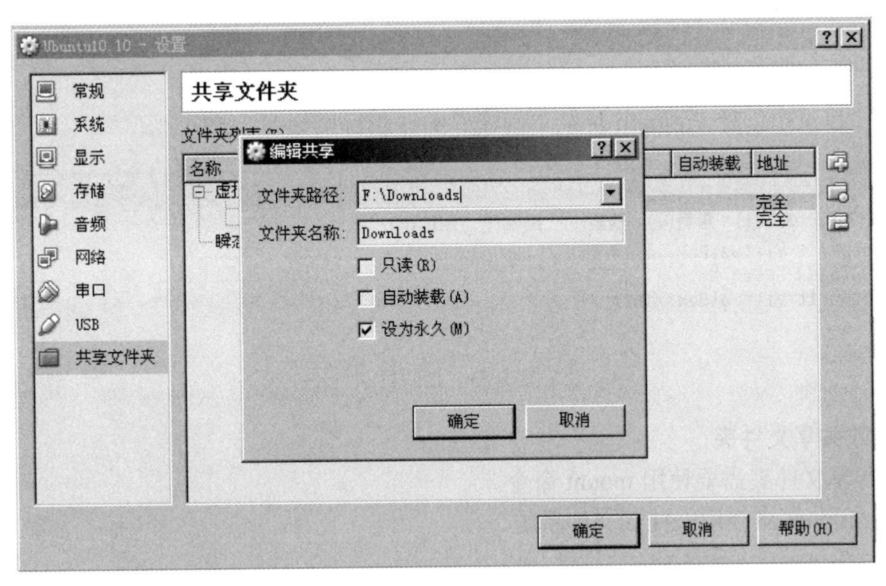

图 3-52　当 Guest OS 开机之后的共享文件夹的设置

在图 3-52 所示的界面中，需要注意的是：

➢ 文件夹路径指的是 Host's OS 中准备共享的文件夹；
➢ 文件夹名称则是 Guest OS，即 Ubuntu 中准备挂载的设备名称。

2. 在 Ubuntu 中新建共享文件夹的挂载目录

此时，Guest OS 已经安装为 Ubuntu 10.10。根据 3.2.6 小节的介绍，/mnt 目录是让用户用来临时挂载其他的文件系统，所以将挂载目录设置在/mnt 目录中。新建挂载目录需要使用 mkdir 命令。

功能：执行 mkdir 命令可建立目录并同时设置目录的权限。

参数与格式：

mkdir [-p][--help][--version][-m <目录属性>][目录名称]

参数说明：-m<目录属性>或--mode<目录属性>：建立目录时同时设置目录的权限；

-p 或--parents：若所要建立目录的上层目录目前尚未建立，则会一并建立上层目录；

--help：显示帮助；

--verbose：执行时显示详细的信息；

--version：显示版本信息。

在终端中输入命令：

```
cd /mnt
```

即可进入/mnt 目录。

在终端输入命令：

```
sudo mkdir Downloads
```

在/mnt 目录中创建 Downloads 目录。

在终端中输入命令：

```
sudo mkdir Program
```

在/mnt 目录中创建 Program 目录。创建好的挂载目录如图 3-53 所示。

图 3-53 挂载目录

3. 挂载共享文件夹

挂载共享文件夹需要使用 mount 命令。

功能：mount 命令用来挂载文件系统。

参数与格式：

```
mount [-t vfstype] [-o options] device dir
```

参数说明：-t vfstype，指定文件系统的类型，通常不必指定。mount 会自动选择正确的类型。常用的类型有如下几种。

- iso9660：光盘或光盘镜像；
- msdos：Dos fat16 文件系统；
- vfat：Windows 9x fat32 文件系统；
- ntfs：Windows NT ntfs 文件系统；
- smbfs：Mount Windows 文件网络共享；
- nfs：UNIX（Linux）文件网络共享。

-o options 主要用来描述设备或档案的挂接方式。常用的参数有如下几种。

- loop：用来把一个文件当成硬盘分区挂接上系统；
- ro：采用只读方式挂接设备；
- rw：采用读写方式挂接设备；
- iocharset：指定访问文件系统所用字符集；
- device：要挂接（mount）的设备；
- dir：设备在系统上的挂接点（mount point）。

在终端中输入命令：

```
sudo mount -t vboxsf Downloads /mnt/Downloads
```

这个命令的含义是：将文件系统类型为 vboxsf、设备名为 Downloads 的设备挂载到/mnt/Downloads。

可以看出：第一个“Downloads”是之前创建的共享文件夹的名字。

在终端中输入命令：

```
cd /mnt/Downloads
```

进入/mnt/Downloads 目录，在终端中输入命令：

```
ls
```

即可查看已经实现共享的文件（夹），如图 3-54 所示。

图 3-54 已经实现共享的文件（夹）

与此同时，Host's OS 共享文件夹中的内容如图 3-55 所示。

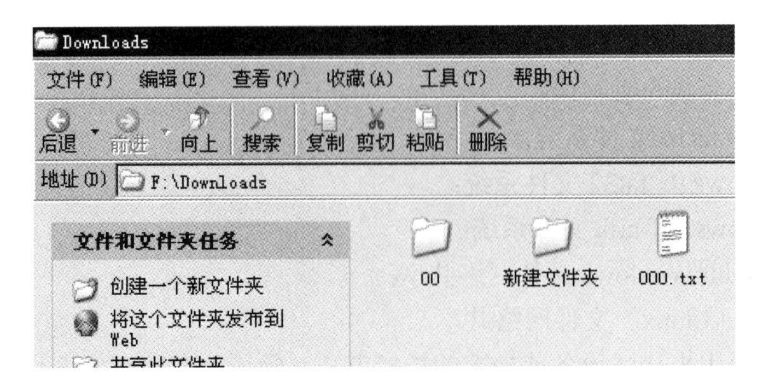

图 3-55　Host's OS 共享文件夹中的内容

对比图 3-54 和 3-55 可以看出：在 VirtualBox 中，Host's OS 与 Guest OS 的共享文件夹中目前只能识别 ASCII 字符即不能出现中文字符。

4. 自动挂载共享文件夹

为了使用方便，一般需要实现开机自动挂载共享文件夹。根据 3.2.6 小节的表 3-3 第 3 行所示：/etc/fstab 文件为指定启动时需要自动安装的文件系统列表。所以要想实现自动挂载文件夹，就需要编辑/etc/fstab 文件。

在终端中输入命令：

```
sudo gedit /etc/fstab
```

会出现图 3-56 所示的编辑/etc/fstab 文件界面。

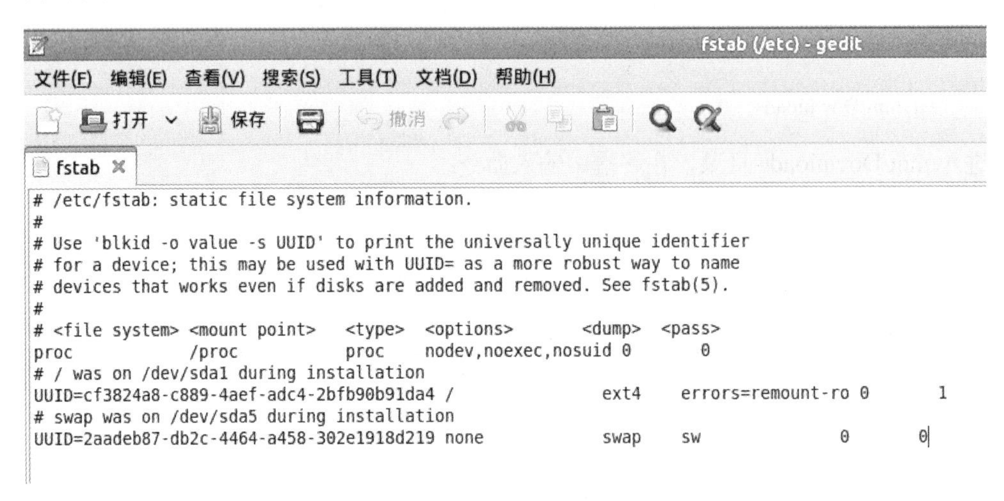

图 3-56　编辑/etc/fstab 文件

其中，已经默认添加的内容如下所示：

```
# <file system> <mount point>   <type>  <options>  <dump>  <pass>
proc  /proc  proc  nodev,noexec,nosuid 0  0
```

可以看出：自动安装的文件系统列表的参数可以分为 6 列，fstab 参数说明如表 3-7 所示。

表 3-7　fstab 参数说明

列数	参　数	说　明
1	<file system>	可以是实际分区名，也可以是实际分区的卷标（Lable）
2	<mount point>	挂载点，必须为当前已经存在的目录
3	<type>	分区的文件系统类型，可以使用 ext2、ext3 等类型，此字段须与分区格式化时使用的类型相同。 也可以使用 auto 这一特殊的语法，使系统自动侦测目标分区的分区类型，通常用于可移动设备的挂载
4	<options>	挂载的选项，用于设置挂载的参数，常见参数如下。 ➢ auto：系统自动挂载，fstab 默认就是这个选项； ➢ noauto：开机不自动挂载（光驱和软驱只有在装有介质时才可以进行挂载，因此它是 noauto）； ➢ nouser：只有超级用户可以挂载； ➢ ro：按只读权限挂载； ➢ rw：按可读可写权限挂载； ➢ user：任何用户都可以挂载； ➢ defaults：rw、suid、dev、exec、auto、nouser 和 async
5	<dump>	dump 备份设置： 设置为 1 时，将允许 dump 备份程序备份 设置为 0 时，忽略备份操作
6	<pass>	fsck 磁盘检查设置，其值是一个顺序： ➢ 数字越小越先检查，如果两个分区的数字相同，则同时检查 ➢ 当其值为 0 时，永远不检查 ➢ 根目录分区永远都为 1 ➢ 其他分区从 2 开始

根据参数说明，在图 3-57 所示的界面中添加如下两项：

```
Downloads /mnt/Downloads vboxsf rw,gid=100,uid=1000,auto 0 0
Program /mnt/Program vboxsf rw,gid=100,uid=1000,auto 0 0
```

保存文件并退出，此时重启 Ubuntu 之后即可实现自动挂载共享文件夹。

3.3.2　交叉编译环境的安装与配置

1. 复制交叉编译工具链安装包

本教程采用的交叉编译工具链是 arm-linux-gcc-4.4.3，首先将本小节同名文件夹下的 arm-linux-gcc-4.4.3.tar.gz 文件复制到共享文件 Downloads 中，紧接着使用 cp 命令将其复制到 /opt 目录中。

功能：cp 命令用在复制文件或目录。如同时指定两个以上的文件或目录，且最后的目的地是一个已经存在的目录，则它会把前面指定的所有文件或目录复制到该目录中。若同时指定多个文件或目录，而最后的目的地并非是一个已存在的目录，则会出现错误信息。

参数与格式：

cp [-abdfilpPrRsuvx][-S <备份字尾字符串>][-V <备份方式>][--help][--spares=<使用时机>][--version][源文件或目录][目标文件或目录] [目的目录]

参数说明：-a 或--archive：此参数的效果和同时指定“-dpR”参数相同；

-b 或--backup：删除、覆盖目标文件之前的备份，备份文件会在字尾加上一个备份字符串；

-d 或--no-dereference：当复制符号连接时，把目标文件或目录也建立为符号连接，并指向与源文件或目录连接的原始文件或目录；

-f 或--force：强行复制文件或目录，不论目标文件或目录是否已存在；

-i 或--interactive：覆盖既有文件之前先询问用户；

-l 或--link：对源文件建立硬连接，而非复制文件；

-p 或--preserve：保留源文件或目录的属性；

-P 或--parents：保留源文件或目录的路径；

-r：递归处理，将指定目录下的文件与子目录一并处理；

-R 或--recursive：递归处理，将指定目录下的所有文件与子目录一并处理；

-s 或--symbolic-link：对源文件建立符号连接，而非复制文件；

-S<备份字尾字符串>或--suffix=<备份字尾字符串>：用“-b”参数备份目标文件后，备份文件的字尾会被加上一个备份字符串，预设的备份字尾字符串是符号“~”；

-u 或--update：使用这项参数后只会在源文件的更改时间较目标文件更新时或是名称相互对应的目标文件并不存在，才复制文件；

-v 或--verbose：显示命令执行过程；

-V<备份方式>或--version-control=<备份方式>：用“-b”参数备份目标文件后，备份文件的字尾会被加上一个备份字符串，这字符串不仅可用“-S”参数变更，当使用“-V”参数指定不同备份方式时，也会产生不同字尾的备份字串；

-x 或--one-file-system：复制的文件或目录存放的文件系统，必须与 cp 命令执行时所处的文件系统相同，否则不予复制；

--help：在线帮助；

--sparse=<使用时机>：设置保存稀疏文件的时机；

--version：显示版本信息。

在终端中输入命令：

```
sudo cp /mnt/Downloads/arm-linux-gcc-4.4.3.tar.gz /opt
```

将 arm-linux-gcc-4.4.3.tar.gz 文件复制到/opt 目录中。进入/opt 目录，在终端中输入命令：

```
ls
```

查看/opt 目录，复制交叉编译工具链安装包如图 3-57 所示。

图 3-57 复制交叉编译工具链安装包

2. 解压交叉编译工具链安装包

以.tar.gz 为扩展名的是一种压缩文件，即所谓的 tarball 文件。tarball 文件其实就是将软件的所有原始码档案先以 tar 打包，然后再以压缩技术来压缩，通常最常见的就是以 gzip 来压缩了。因为利用了 tar 与 gzip 的功能，所以 tarball 档案一般的附档名就会写成.tar.gz 或者是简写为.tgz。操作这类文件需要使用 tar 命令。

功能：tar 是用来建立、还原备份文件的工具程序，它可以加入、解开备份文件内的文件。

参数与格式：

tar [-ABcdgGhiklmMoOpPrRsStuUvwWxzZ][-b <区块数目>][-C <目的目录>][-f <备份文件>][-F <Script 文件>] [-K <文件>][-L <媒体容量>][-N <日期时间>][-T <范本文件>][-V <卷册名称>][-X <范本文件>][-<设备编号><存储密度>][--after-date=<日期时间>] [--atime-preserve] [--backuup=<备份方式>] [--checkpoint][--concatenate][--confirmation][--delete][--exclude=<范本样式>] [--force-local][--group=<群组名称>][--help][--ignore-failed-read][--new-volume-script=<Script 文件>][--newer-mtime][--no-recursion][--null][--numeric-owner][--owner=<用户名称>][--posix][--erve][--preserve-order][--preserve-permissions][--record-size=<区块数目>][--recursive-unlink][--remove-files][--rsh-command=<执行命令>][--same-owner][--suffix=<备份字尾字符串>][--totals][--use-compress-program=<执行命令>][--version][--volno-file=<编号文件>][文件或目录……]

参数说明：-A 或--catenate：新增温暖件到已存在的备份文件；

-b<区块数目>或--blocking-factor=<区块数目>：设置每笔记录的区块数目，每个区块大小为 12B；

-B 或--read-full-records：读取数据时重设区块大小；

-c 或--create：建立新的备份文件；

-C<目的目录>或--directory=<目的目录>：切换到指定的目录；

-d 或--diff 或--compare：对比备份文件内和文件系统上的文件的差异；

-f<备份文件>或--file=<备份文件>：指定备份文件；

-F<Script 文件>或--info-script=<Script 文件>：每次更换磁带时，就执行指定的 Script 文件；

-g 或--listed-incremental：处理 GNU 格式的大量备份；

-G 或--incremental：处理旧的 GNU 格式的大量备份；

-h 或--dereference：不建立符号连接，直接复制该连接所指向的原始文件；

-i 或--ignore-zeros：忽略备份文件中的 0：Byte 区块，也就是 EOF；

-k 或--keep-old-files：解开备份文件时，不覆盖已有的文件；

-K<文件>或--starting-file=<文件>：从指定的文件开始还原；

-l 或--one-file-system：复制的文件或目录存储的文件系统，必须与 tar 命令执行时所处的文件系统相同，否则不予复制；

-L<媒体容量>或-tape-length=<媒体容量>：设置存储媒体的容量，单位以 1024：Bytes 计算；

-m 或--modification-time：还原文件时，不变更文件的更改时间；

-M 或--multi-volume：在建立、还原备份文件或列出其中的内容时，采用多卷册模式；

-N<日期格式>或--newer=<日期时间>：只将较指定日期更新的文件保存到备份文件里；

-o 或--old-archive 或--portability：将资料写入备份文件时使用 V7 格式；

-O 或--stdout：把从备份文件里还原的文件输出到标准输出设备；

-p 或--same-permissions：用原来的文件权限还原文件；

-P 或--absolute-names：文件名使用绝对名称，不移除文件名称前的“/”号；

-r 或--append：新增文件到已存在的备份文件的结尾部分；

-R 或--block-number：列出每个信息在备份文件中的区块编号；

-s 或--same-order：还原文件的顺序和备份文件内的存储顺序相同；

-S 或--sparse：倘若一个文件内含大量的连续 0 字节，则将此文件存储成稀疏文件；

-t 或--list：列出备份文件的内容；

-T<范本文件>或--files-from=<范本文件>：指定范本文件，其内含有一个或多个范本样式，让 tar 解开或建立符合设置条件的文件；

-u 或--update：仅置换较备份文件内的文件更新的文件；

-U 或--unlink-first：解开压缩文件还原文件之前，先解除文件的连接；

-v 或--verbose：显示命令执行过程；

-V<卷册名称>或--label=<卷册名称>：建立使用指定的卷册名称的备份文件；

-w 或--interactive：遭遇问题时先询问用户；

-W 或--verify：写入备份文件后，确认文件正确无误；

-x 或--extract 或--get：从备份文件中还原文件；

-X<范本文件>或--exclude-from=<范本文件>：指定范本文件，其内含有一个或多个范本样式，让 ar 排除符合设置条件的文件；

-z 或--gzip 或--ungzip：通过 gzip 命令处理备份文件；

-Z 或--compress 或--uncompress：通过 compress 命令处理备份文件；

-<设备编号><存储密度>：设置备份用的外围设备编号及存储数据的密度；

--after-date=<日期时间>：此参数的效果和指定“-N”参数相同；

--atime-preserve：不变更文件的存取时间；

--backup=<备份方式>或--backup：移除文件前先进行备份；

--checkpoint：读取备份文件时列出目录名称；

--concatenate：此参数的效果和指定“-A”参数相同；

--confirmation：此参数的效果和指定“-w”参数相同；

--delete：从备份文件中删除指定的文件；

--exclude=<范本样式>：排除符合范本样式的文件；

--group=<群组名称>：把加入设备文件中的文件的所属群组设成指定的群组；

--help：在线帮助；

--ignore-failed-read：忽略数据读取错误，不中断程序的执行；

--new-volume-script=<Script 文件>：此参数的效果和指定“-F”参数相同；

--newer-mtime：只保存更改过的文件；

--no-recursion：不做递归处理，也就是指定目录下的所有文件及子目录不予处理；

--null：从 null 设备读取文件名称；

--numeric-owner：以用户识别码及群组识别码取代用户名称和群组名称；

--owner=<用户名称>：把加入备份文件中的文件的拥有者设成指定的用户；
--posix：将数据写入备份文件时使用 POSIX 格式；
--preserve：此参数的效果和指定“-ps”参数相同；
--preserve-order：此参数的效果和指定“-A”参数相同；
--preserve-permissions：此参数的效果和指定“-p”参数相同；
--record-size=<区块数目>：此参数的效果和指定“-b”参数相同；
--recursive-unlink：解开压缩文件还原目录之前，先解除整个目录下所有文件的连接；
--remove-files：文件加入备份文件后，就将其删除；
--rsh-command=<执行命令>：设置要在远端主机上执行的命令，以取代 rsh 命令；
--same-owner：尝试以相同的文件拥有者还原；
--suffix=<备份字尾字符串>：移除文件前先行备份；
--totals：备份文件建立后，列出文件大小；
--use-compress-program=<执行命令>：通过指定的命令处理备份文件；
--version：显示版本信息；
--volno-file=<编号文件>：使用指定文件内的编号取代预设的卷册编号。
进入/opt 目录，在终端中输入命令：

```
sudo tar -xzvf arm-linux-gcc-4.4.3.tar.gz
```

进行解压。解压完成后，在终端中输入命令：

```
ls
```

查看/opt 目录，解压交叉编译工具键安装包如图 3-58 所示。

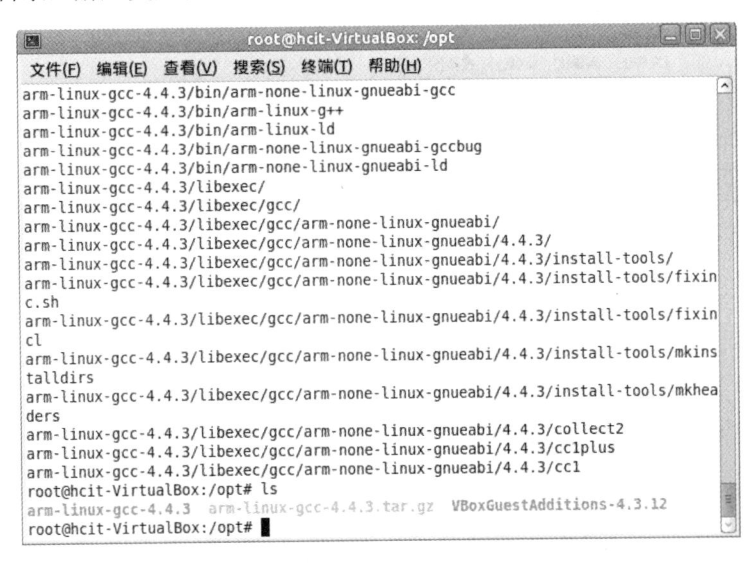

图 3-58　解压交叉编译工具链安装包

为了节省空间，可以使用 rm 命令将压缩文件删除。
功能：执行 rm 命令可删除文件或目录，如欲删除目录必须加上参数“-r”，否则预设仅会删除文件。

参数与格式：

rm [-dfirv][--help][--version][文件或目录……]

参数说明：-d 或--directory：直接把欲删除的目录的硬连接数据删成 0，删除该目录；

-f 或--force：强制删除文件或目录；

-i 或--interactive：删除既有文件或目录之前先询问用户；

-r 或-R 或--recursive：递归处理，将指定目录下的所有文件及子目录一并处理；

-v 或--verbose：显示命令执行过程；

--help：在线帮助；

--version：显示版本信息。

在终端中输入命令：

```
sudo rm /opt/arm-linux-gcc-4.4.3.tar.gz
```

可以删除交叉编译工具链安装包。

3. 配置交叉编译工具链

根据 3.2.6 小节的表 3-3 第 13 行所示：/etc/profile 文件为登录或启动时 bourne 或 cshells 执行的文件，这允许系统管理员为所有用户建立全局默认环境。所以配置交叉编译工具链，就需要编辑/etc/profile 文件。

在终端中输入命令：

```
sudo gedit /etc/profile
```

会出现图 3-59 所示的编辑/etc/profile 文件界面。

```
# /etc/profile: system-wide .profile file for the Bourne shell (sh(1))
# and Bourne compatible shells (bash(1), ksh(1), ash(1), ...).

if [ -d /etc/profile.d ]; then
  for i in /etc/profile.d/*.sh; do
    if [ -r $i ]; then
      . $i
    fi
  done
  unset i
fi

if [ "$PS1" ]; then
  if [ "$BASH" ]; then
    PS1='\u@\h:\w\$ '
    if [ -f /etc/bash.bashrc ]; then
        . /etc/bash.bashrc
    fi
  else
    if [ "`id -u`" -eq 0 ]; then
      PS1='# '
    else
      PS1='$ '
    fi
  fi
fi

umask 022

export PATH=$PATH:/opt/arm-linux-gcc-4.4.3/bin
```

图 3-59 编辑/etc/profile 文件

在最后一行添加：

```
export PATH=$PATH:/opt/arm-linux-gcc-4.4.3/bin
```

保存文件并退出，此时注销并重新登录后在终端中输入命令：

```
arm-linux-gcc -v
```

出现图 3-60 所示的信息，这说明交叉编译环境配置成功。

图 3-60 交叉编译环境配置成功

3.4 实训

1．常见的虚拟机软件除了书上介绍的两种外，还有一种，请自行查阅资料。并对这 3 种虚拟机做一个比较。

2．独立地在 PC 中安装 VirtualBox。

3．独立地在 VirtualBox 中安装 Ubuntu，并完成共享文件夹的设置。

4．独立地在 Ubuntu 中安装交叉编译工具链 arm-linux-gcc-4.4.3，并完成设置工作。

3.5 习题

1．什么是交叉编译？为什么要使用交叉编译？

2．常见的交叉编译工具链有几种？其特点分别是什么？

3．宿主机的含义是什么？

4．目标机的含义是什么？
5．举例说明虚拟机在宿主机和目标机中的不同作用。
6．Linux 的基本思想是什么？
7．Linux 的阵营是如何划分的？
8．Ubuntu 版本发行的特点是什么？最新的 Ubuntu 是什么版本？
9．谈谈你对 Linux 中命令行的认识。

第 4 章　嵌入式操作系统的定制

在第 4 章将使用第 3 章构建的交叉编译工具链来生成第 2 章中使用到的 bootloader、内核和目标文件系统文件。

4.1　bootloader 的生成

vboot 是 FriendlyARM 专门为 Linux 系统设计的一个简易的 bootloader，主要针对 S3C2440A 这款 CPU。以此为例，来说明 bootloader 的编译与生成。

1．解压安装 vboot 源代码

在终端中输入命令：

```
sudo cp /mnt/Downloads/vboot-src-20100727.tar.gz /opt/bootloader
```

将 vboot-src-20100727.tar.gz 文件复制到/opt/bootloader 目录中。进入/opt/bootloader 目录，在终端中输入命令：

```
ls
```

查看/opt/bootloader 目录，复制 vboot 源代码包如图 4-1 所示。

图 4-1　复制 vboot 源代码包

在终端中输入命令：

```
tar -xvzf /opt/bootloader/vboot-src-20100727.tar.gz
```

进行解压。解压完成后，在终端中输入命令：

```
ls
```

查看/opt/bootloader 目录，解压 vboot 源代码如图 4-2 所示。从图中可以看出：解压完成后，将在/opt/bootloader 目录下创建 vboot 目录，里面包含 vboot 的源代码和 makefile 文件。

2．编译 vboot

由于在 vboot 目录中已经定义好了 makefile 文件，所以编译 vboot 十分简单，进入

/opt/bootloader/vboot 目录，在终端中输入命令：

```
make
```

进行编译，将会在/opt/bootloader/vboot 目录中生成 vboot.bin 文件。编译完成后，在终端中输入命令：

```
ls
```

查看/opt/bootloader/vboot 目录，编译生成 vboot.bin 如图 4-3 所示。

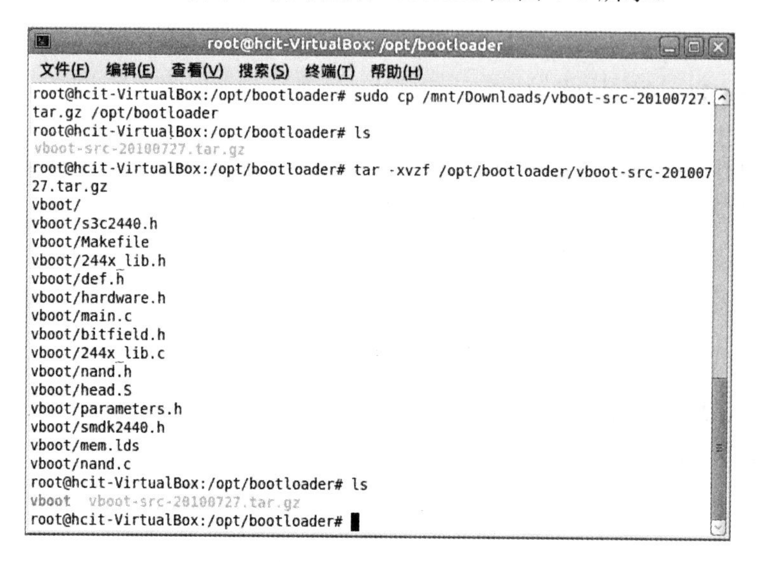

图 4-2 解压 vboot 源代码

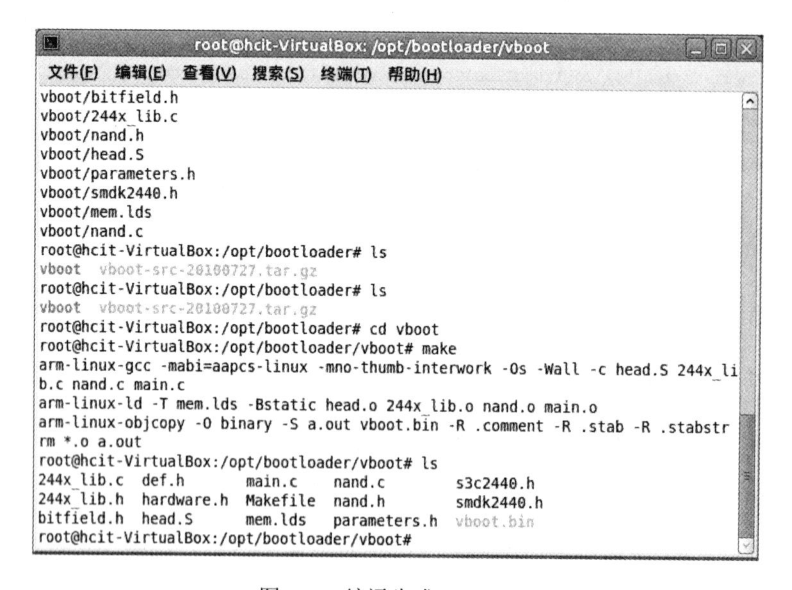

图 4-3 编译生成 vboot.bin

可以使用之前小节中介绍的方法把 vboot.bin 下载到开发板进行测试。

4.2 Linux 内核定制

在本节中，以 Micro2440 和 Linux-2.6.32.2 内核为例，介绍 Linux 内核的定制。

4.2.1 Linux 内核源代码

1．解压安装 Linux 内核源代码

在终端中输入命令：

```
sudo cp /mnt/Downloads/linux-2.6.32.2_hcit.tar.gz /opt/kernel
```

将 linux-2.6.32.2_hcit.tar.gz 文件复制到/opt/kernel 目录中。进入/opt/kernel 目录，在终端中输入命令：

```
ls
```

查看/opt/kernel 目录，复制 linux-2.6.32.2_hcit.tar.gz 源代码包如图 4-4 所示。

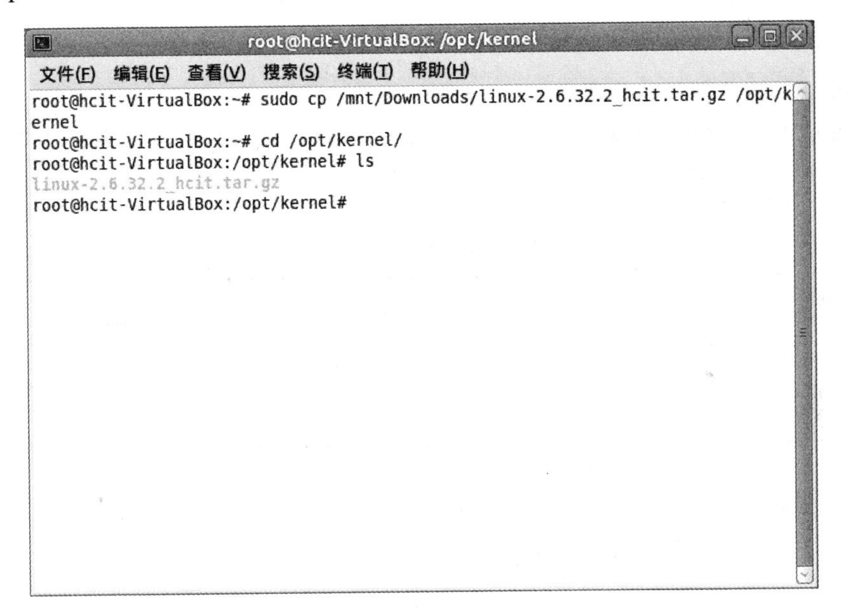

图 4-4 复制 linux-2.6.32.2_hcit.tar.gz 源代码包

在终端中输入命令：

```
tar -xzvf /opt/kernel/linux-2.6.32.2_hcit.tar.gz
```

进行解压。解压完成后，在终端中输入命令：

```
ls
```

查看/opt/kernel 目录，解压 linux2.6.32.2_hcit.tar.gz 源代码如图 4-5 所示。从图中可以看出：解压完成后，将在/opt/kernel 目录下创建 linux-2.6.32.2 目录，里面包含 linux-2.6.32.2 的源代码。

图 4-5　解压 linux-2.6.32.2_hcit.tar.gz 源代码

2. 各个驱动程序源代码位置

FriendlyARM 为 Micro2440 提供了基于 linux-2.6.32.2 内核的完整驱动源代码，驱动程序源代码位置如表 4-1 所示。

表 4-1　驱动程序源代码位置

设备或其他	驱动源代码所在位置	备　注
DM9000 网卡	linux-2.6.32.2/drivers/net/dm9000.c	
串口	linux-2.6.32.2/drivers/serial/s3c2440.c	包括 3 个串口驱动 0、1、2，对应设备名：/dev/ttySAC0、1、2
实时时钟 RTC	linux-2.6.32.2/drivers/rtc/rtc-s3c.c	
LED	linux-2.6.32.2/drivers/char/micro2440_leds.c	
按键	linux-2.6.32.2/drivers/char/micro2440_buttons.c	
触摸屏	linux-2.6.32.2/drivers/input/touchscreen/s3c2410_ts.c	
yaffs2 文件系统	linux-2.6.32.2/fs/yaffs2	
USB 鼠标、键盘	linux-2.6.32.2/drivers/usb/hid	
SD/MMC 卡	linux-2.6.32.2/drivers/mmc	支持高速 SD 卡，最大容量 32GB
Nand Flash	linux-2.6.32.2/drivers/mtd/nand	
UDA1341 音频	linux-2.6.32.2/sound/soc/s3c24xx	
LCD	linux-2.6.32.2/drivers/video/s3c2410fb.c	
优盘	linux-2.6.32.2/drivers/usb/storage	
万能 USB 摄像头驱动	linux-2.6.32.2/drivers/media/video/gspca	
I2C-EEPROM	linux-2.6.32.2/drivers/i2c	

（续）

设备或其他	驱动源代码所在位置	备　注
背光	linux-2.6.32.2/drivers/video/micro2440_backlight.c	
PWM 控制蜂鸣器	linux-2.6.32.2/drivers/char/micro2440_pwm.c	
看门狗	linux-2.6.32.2/drivers/watchdog/s3c2410_wdt.c	
AD 转换	linux-2.6.32.2/drivers/char/micro2440_ad.c	
CMOS 摄像头	linux-2.6.32.2/drivers/media/video/s3c2440camif.c	
USB 无线网卡驱动	linux-2.6.32.2/drivers/net/wireless/rt2x00	型号：TL-WN321G+
USB 转串口	linux-2.6.32.2/drivers/usb/serial/pl2302.c	型号：PL230X

4.2.2　定制 Linux 内核

1．安装依赖包

（1）依赖包简介

如在安装 Linux 系统时，不是选择安装所有的软件包。在安装完 Linux 系统后，若再进行软件安装，就可能会遇到一些依赖关系的问题，如在安装 PHP 软件包时，系统就可能会提示一些错误信息，说需要其他的一些软件包的支持。

其实类似的情况在 Windows 中也会遇到。如有时候安装一些应用软件可能对浏览器的版本会有要求或者要求操作系统的补丁达到 SP3 以上等。不过在微软操作系统上这种软件依赖关系要比在 Linux 系统中少见得多，而且处理起来也方便一些。

1）依赖包关系问题的原因。

一是在操作系统安装的时候，没有选择全部的软件包。大部分时候出于安全或者其他方面的原因，Linux 系统管理员往往不会选择安装全部的软件包，而只是安装一些运行相关服务所必要的软件包。但是有时候系统管理员可能并不清楚哪些软件包是必须要装的，否则后续的一些服务将无法启动；而那些软件包则是可选的。由于在系统安装的时候很难一下子弄清楚这些内容，故在 Linux 系统安装完毕后，再部署其他一些软件包的时候，就容易出现这个问题。

二是在 Linux 服务器上追加其他的一些应用服务时，容易出现类似的问题。不少的软件包其实在 Linux 安装盘中还没有，需要自己到网上去下载。所以，如果要在原先已经部署好的 Linux 服务器中追加一些应用服务时，很容易出现这个软件包的依赖问题。

2）依赖包关系问题的解决方法。

解决这个软件包的依赖问题的方法有如下几种。

- 根据错误提示信息在安装光盘中寻找；
- 参考官方的文档；
- 从专业网络上查询。

（2）定制内核所需的依赖包

根据实际操作和总结，在定制内核之前需要安装 libncurses*依赖包。

在终端中输入命令：

```
sudo apt-get install libncurses*
```

此时会在图 4-6 所示的界面中出现 libncurses*安装提示。

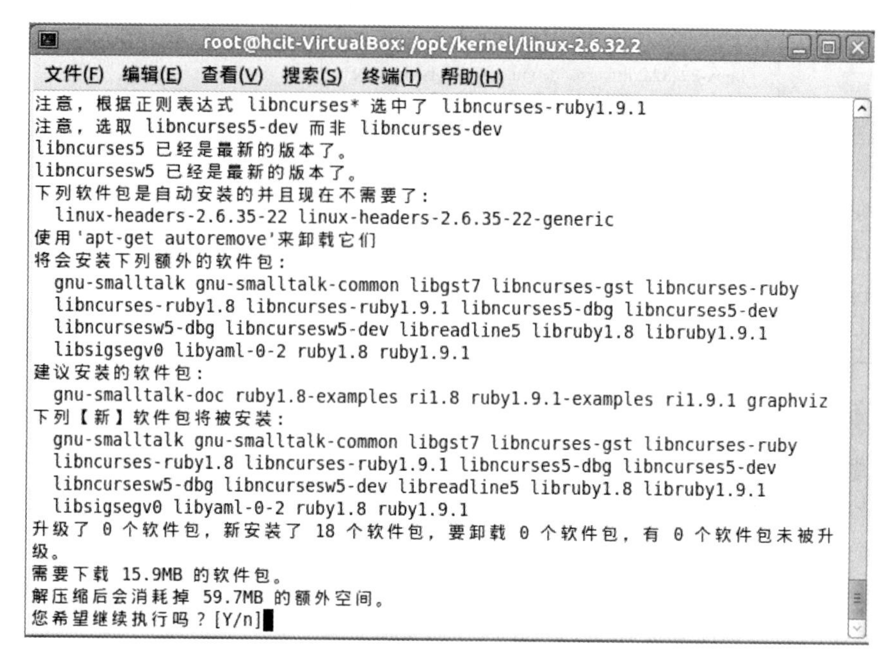

图 4-6　libncurses*安装提示

选择输入“Y”开始下载 libncurses*安装包，如图 4-7 所示。当下载完成后，会自动安装 libncurses*，libncurses*安装完成如图 4-8 所示。

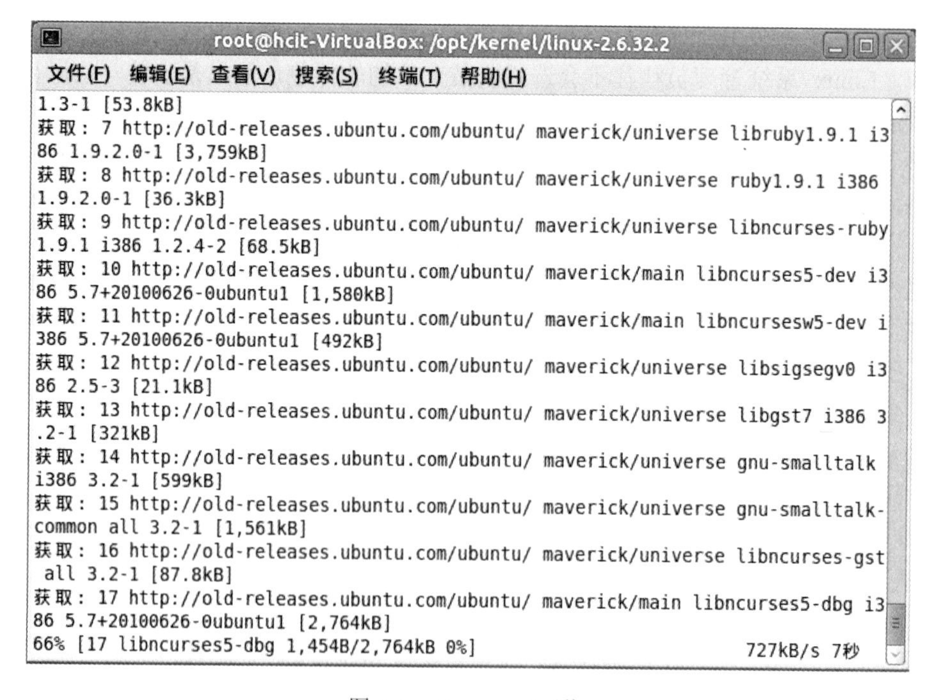

图 4-7　libncurses*下载

图 4-8　libncurses*安装完成

2. 选择配置文件

根据 LCD 所需数据格式，FriendlyARM 分别提供了相应的内核配置文件以供选择。

- config_micro2440_w35：适用于横屏 4.5”LCD（面板标识为 W35）的内核配置文件；
- config_micro2440_x35：适用于 Sony 4.5”LCD 的内核配置文件；
- config_micro2440_t35：适用于统宝 4.5”LCD 的内核配置文件；
- config_micro2440_l80：适用于 Sharp 8”LCD（或兼容）的内核配置文件；
- config_micro2440_n35：适用于 NEC 4.5”LCD 的内核配置文件；
- config_micro2440_n43：适用于 NEC 4.3”LCD 的内核配置文件；
- config_micro2440_a70：适用于群创 7”LCD 的内核配置文件；
- config_micro2440_vga1024x768：适用于 VGA 显示输出（分辨率 1024×768）模块的内核配置文件。

在这里我们使用 config_hcit 这个配置文件。进入/opt/kernel/linux-2.6.32.2 目录，在终端中输入命令：

```
ls
```

查看/opt/kernel/linux-2.6.32.2 目录，config_hcit 配置文件如图 4-9 所示。

在终端中输入命令：

```
cp config_HCIT .config
```

来使用配置文件 config_HCIT。需要注意的是：在 config_HCIT 后方有一个空格，然后是“.config”。

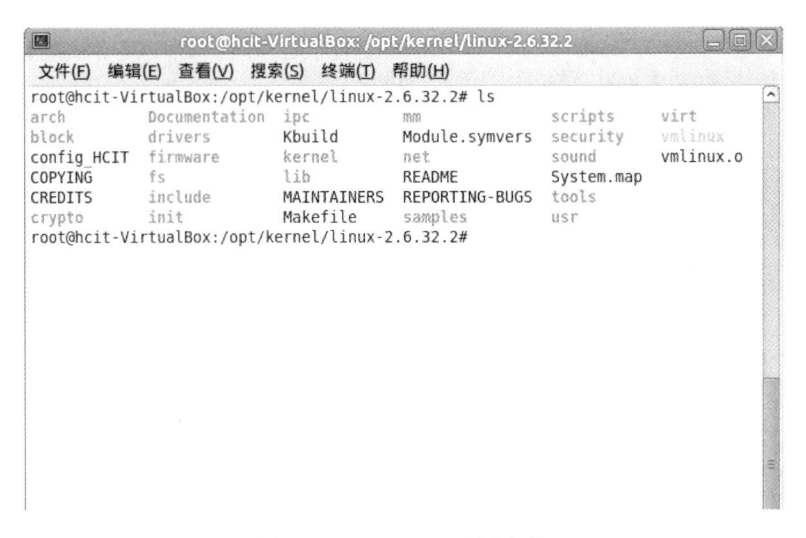

图 4-9 config_hcit 配置文件

3. 定制 Linux 内核

在终端中输入命令：

```
make menuconfig
```

出现图 4-10 的界面开始定制 Linux 内核。

在定制内核的界面中可以看到相关提示。

- 使用〈Enter〉键进入子菜单。
- 高亮的字母是快捷键。
- [ ]选项说明如表 4-2 所示。

表 4-2 [ ]选项说明

操作按键	显示画面	说　　明
Y	[*]	将该功能编译进内核
N	[ ]	不将该功能编译进内核

- < >选项说明如表 4-3 所示。

表 4-3 < >选项说明

操作按键	显示画面	说　　明
Y	<*>	将该功能编译进内核
N	< >	不将该功能编译进内核
M	<M>	将该功能编译成可以在需要时动态插入到内核中的模块

- 连续两次按下〈Esc〉键返回上层菜单。
- “?”用来查找帮助文档。
- “/”用来查找指定的选项。

此外：

➢ 使用〈↑〉和〈↓〉键切换选择项。

➢ 使用〈←〉和〈→〉键切换<Select>、<Exit>和<Help>动作项。

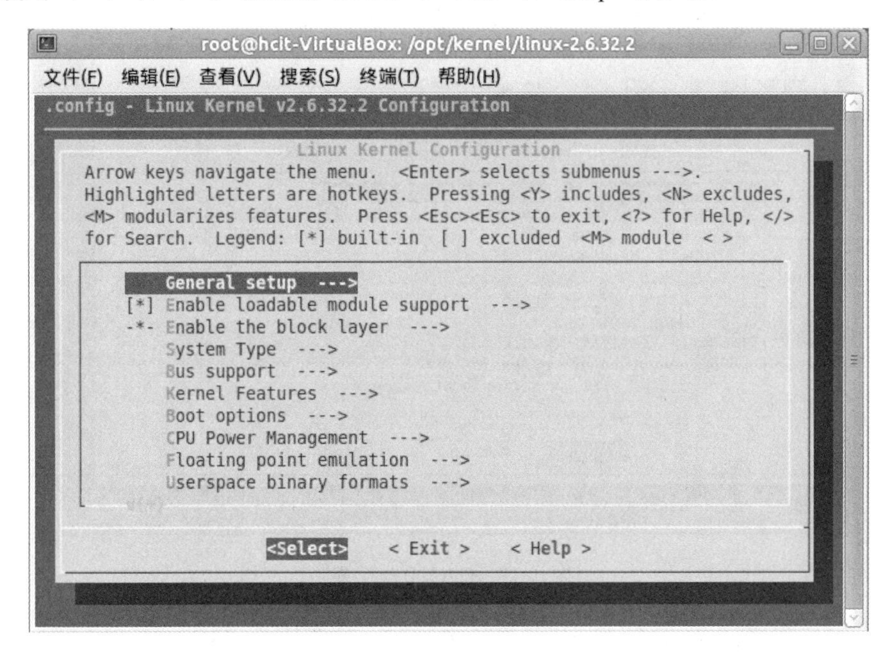

图 4-10 定制内核初始界面

(1) CPU 平台定制

在初始界面中，找到“System Type”子菜单，如图 4-11 所示。

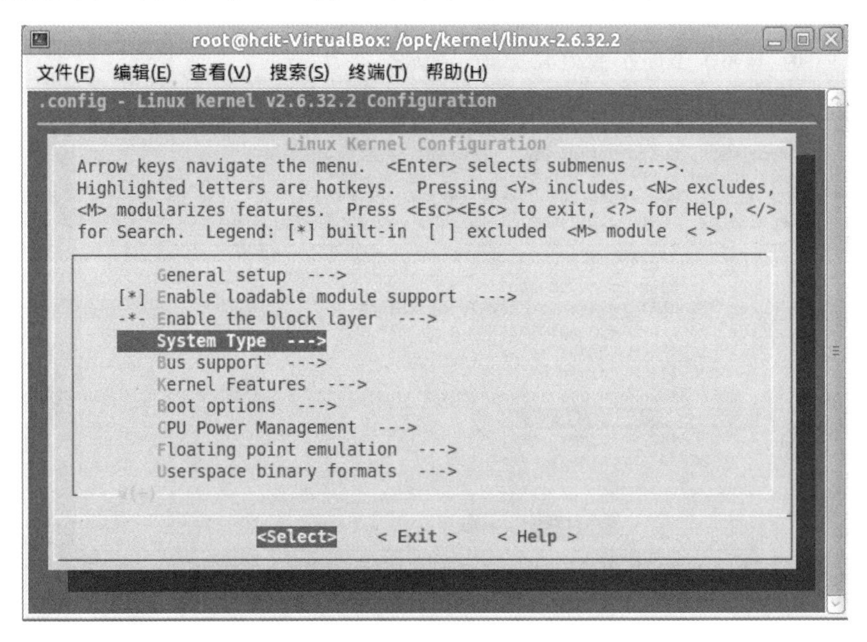

图 4-11 选择“System Type”子菜单

进入“System Type”子菜单来配置 CPU 平台，如图 4-12 所示。

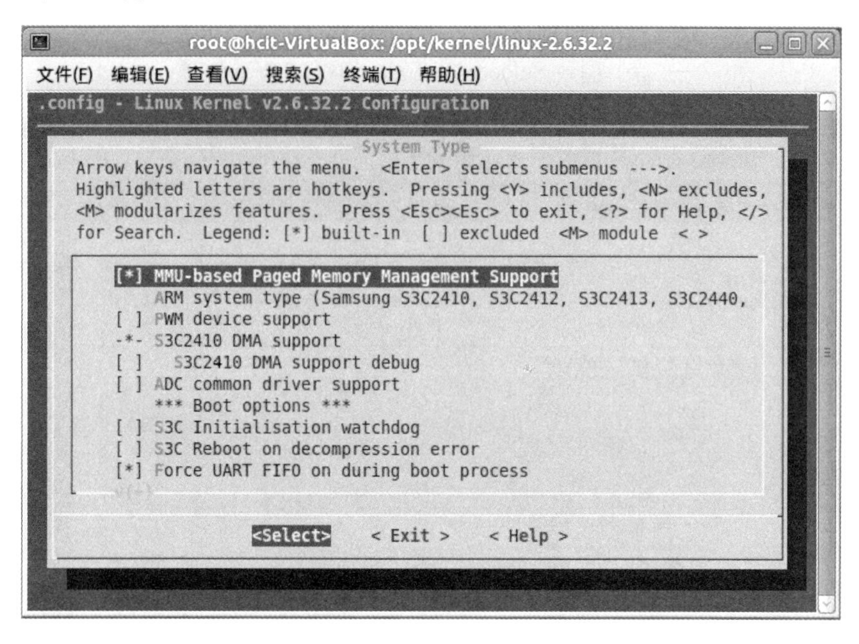

图 4-12　CPU 平台配置

从图 4-12 可以看出：很多选项标注了 S3C2410，这是因为 S3C2410 和 S3C2440A 的很多寄存器地址等地址和设置是完全相同的。

如果需要选择目标板平台，在图 4-12 所示的界面中选择“S3C2440 Machines”子菜单，如图 4-13 所示。

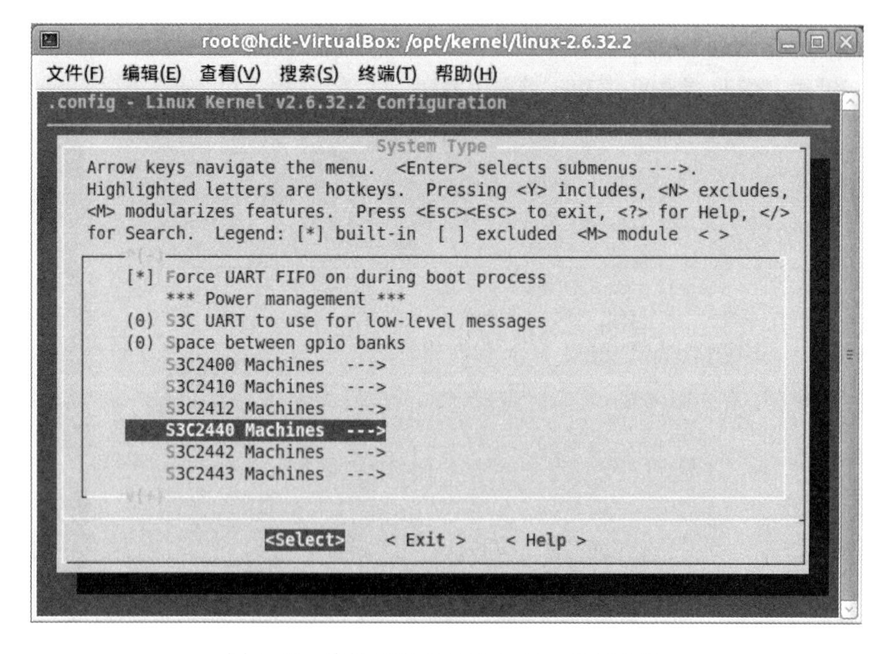

图 4-13　选择“S3C2440 Machines”子菜单

进入“S3C2440 Machines”子菜单可以看到里面有很多常见的使用S3C2440的目标板平台选项，如图4-14所示。

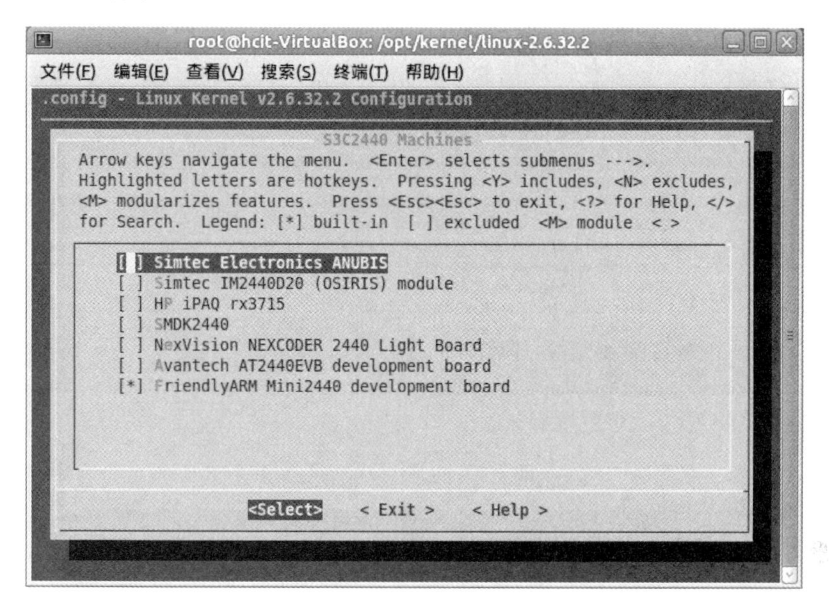

图4-14　选择目标板平台

从图4-14可以看出：本小节选择了“FriendlyARM Mini2440 development board”；这个界面中的所有选项分别对应于/opt/micro2440/linux-2.6.32.2/arch/arm/mach-s3c2440/mach-*开头的文件，那么本小节就对应于mach-mini2440.c。

（2）LCD及背光控制定制

在初始界面中，选择进入“Device Drivers”子菜单，如图4-15所示。

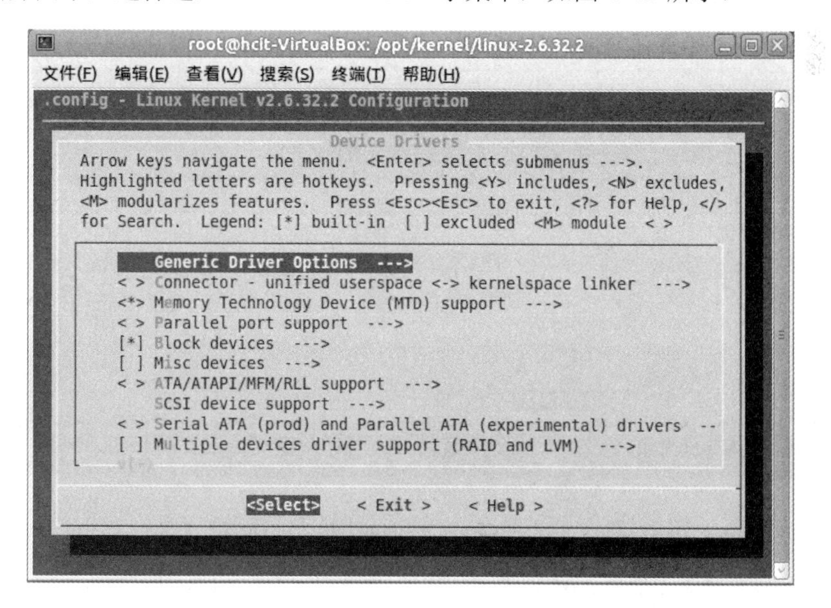

图4-15　“Device Drivers”子菜单

在图 4-15 所示的界面中选择“Graphics support”子菜单，如图 4-16 所示。

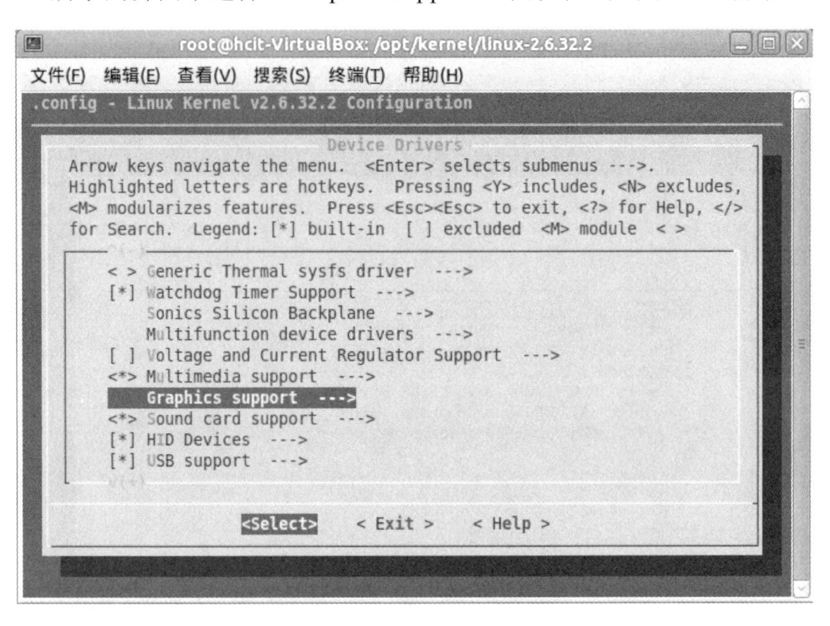

图 4-16　选择“Graphics support”子菜单

进入“Graphics support”子菜单后选择“Support for frame buffer devices”子菜单，如图 4-17 所示。

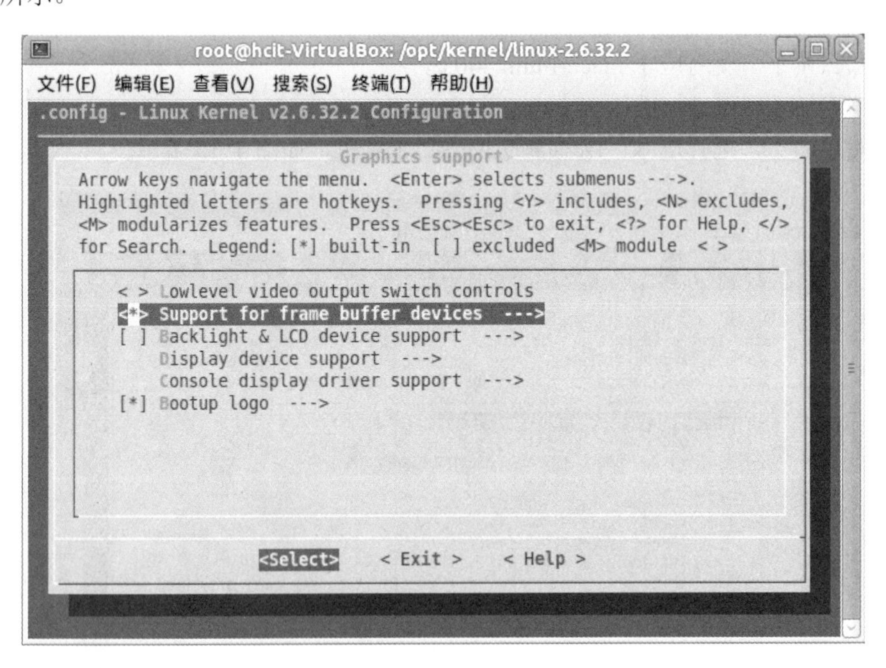

图 4-17　选择“Support for frame buffer devices”子菜单

进入“Support for frame buffer devices”子菜单后首先选择添加“Backlight support for mini2440 from FriendlyARM”功能，如图 4-18 所示。

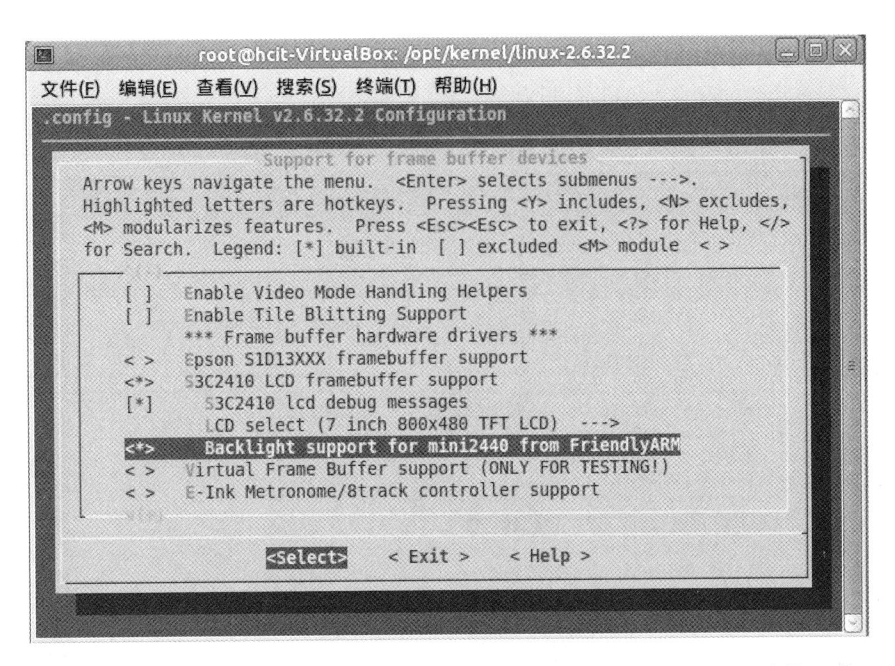

图 4-18 添加“Backlight support for mini2440 from FriendlyARM”功能

紧接着进入“Backlight support for mini2440 from FriendlyARM”选项上方的“LCD select”子菜单，如图 4-19 所示。在本小节中选择使用分辨率为 800×480 的 7 英寸 TFT LCD。

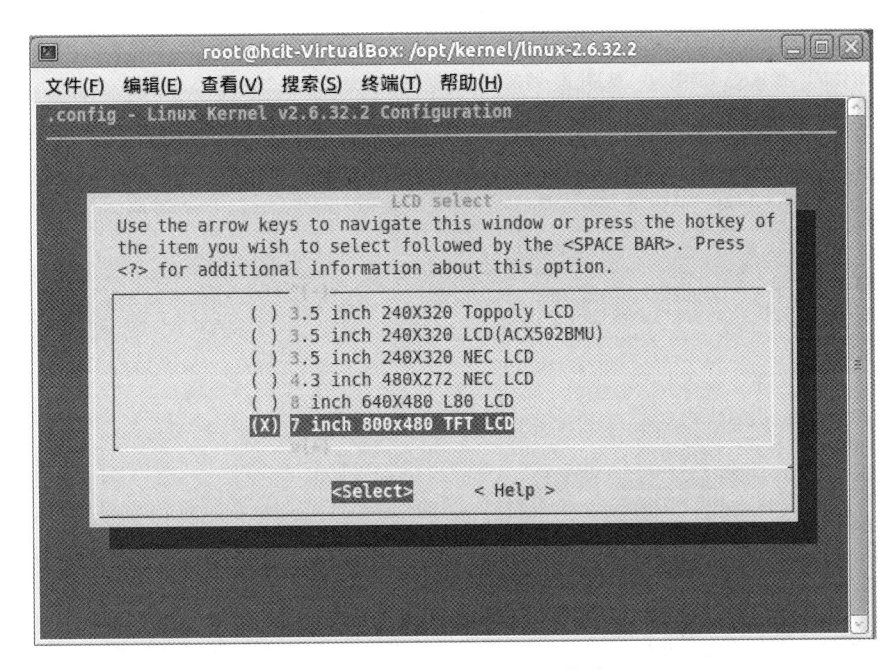

图 4-19 “LCD select”子菜单

（3）触摸屏驱动定制

如果选择了 VGA 1024×768 显示输出模块，是不需要配置此项的。在图 4-15 所示的

“Device Drivers”子菜单中选择“Input device support”子菜单，如图 4-20 所示。

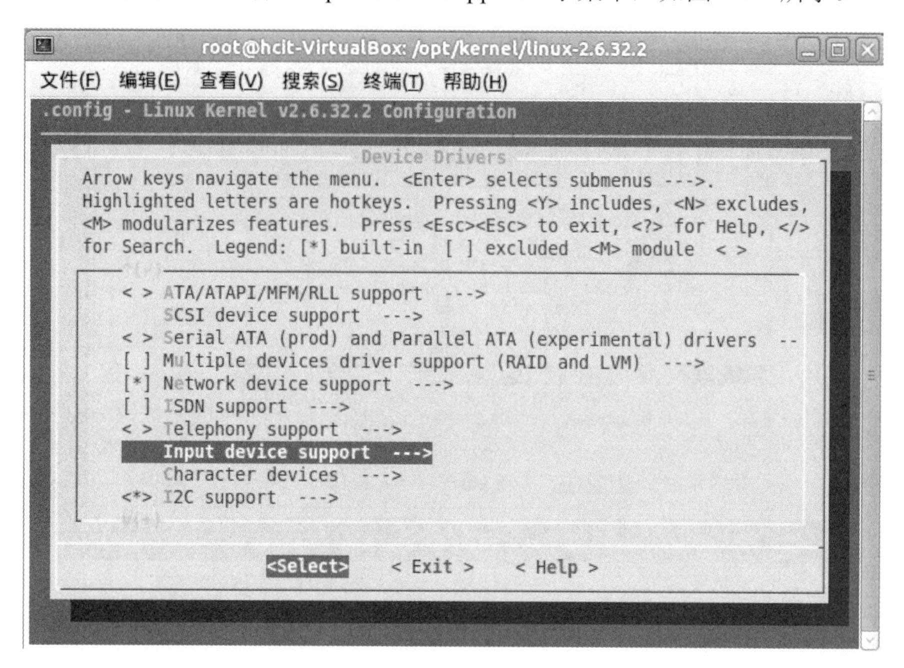

图 4-20　选择“Input device support”子菜单

进入“Input device support”子菜单后选择“Touchscreens”子菜单，如图 4-21 所示。

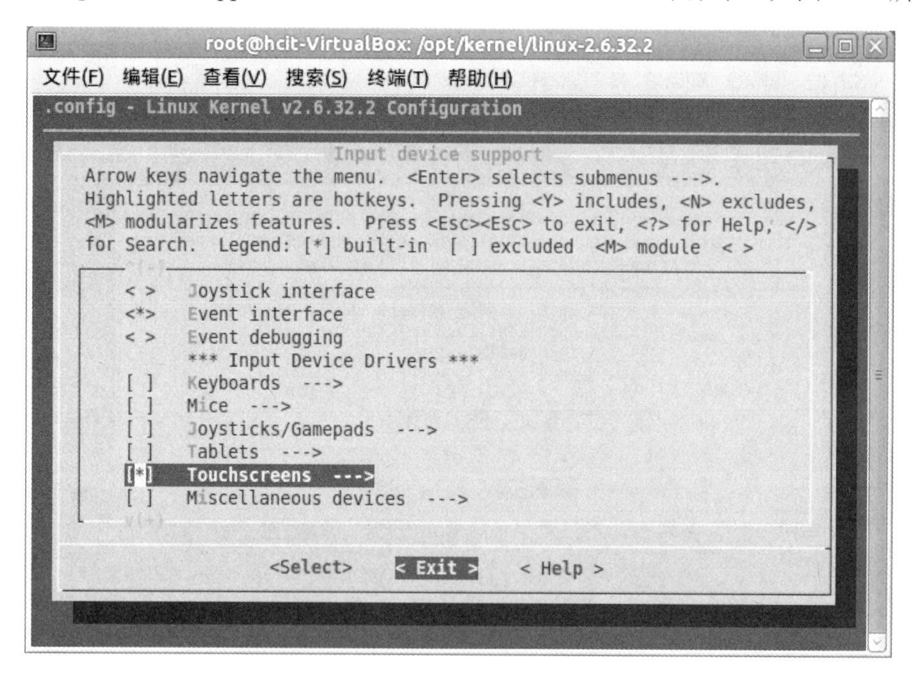

图 4-21　选择“Touchscreens”子菜单

进入“Touchscreens”子菜单后选择“Samsung S3C2440 touchscreen input driver”，如图 4-22 所示。

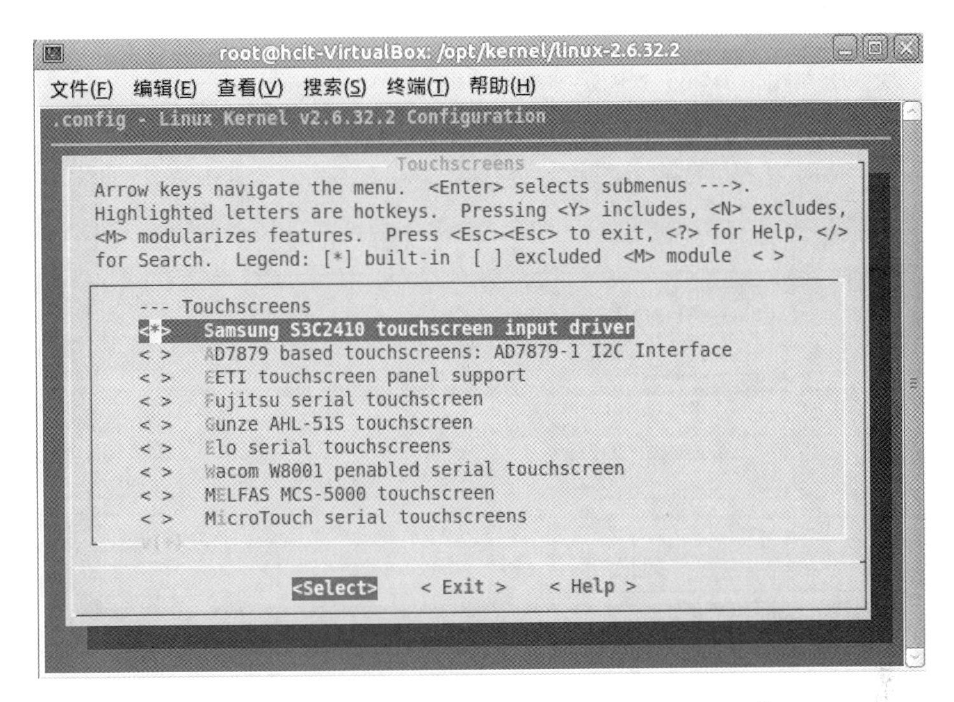

图 4-22 选择“Samsung S3C2440 touchscreen input driver”

（4）USB 鼠标和键盘定制

在图 4-15 所示的“Device Drivers”子菜单中选择“HID Devices”子菜单，如图 4-23 所示。

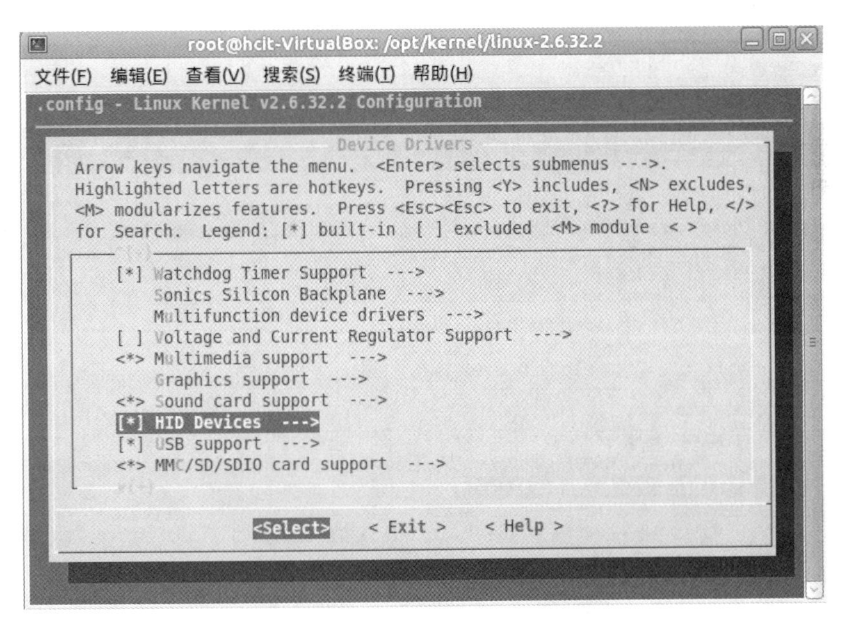

图 4-23 选择“HID Devices”子菜单

进入“HID Devices”子菜单后将“USB Human Interface Device （full HID） support”设置为编译进内核，如图 4-24 所示。

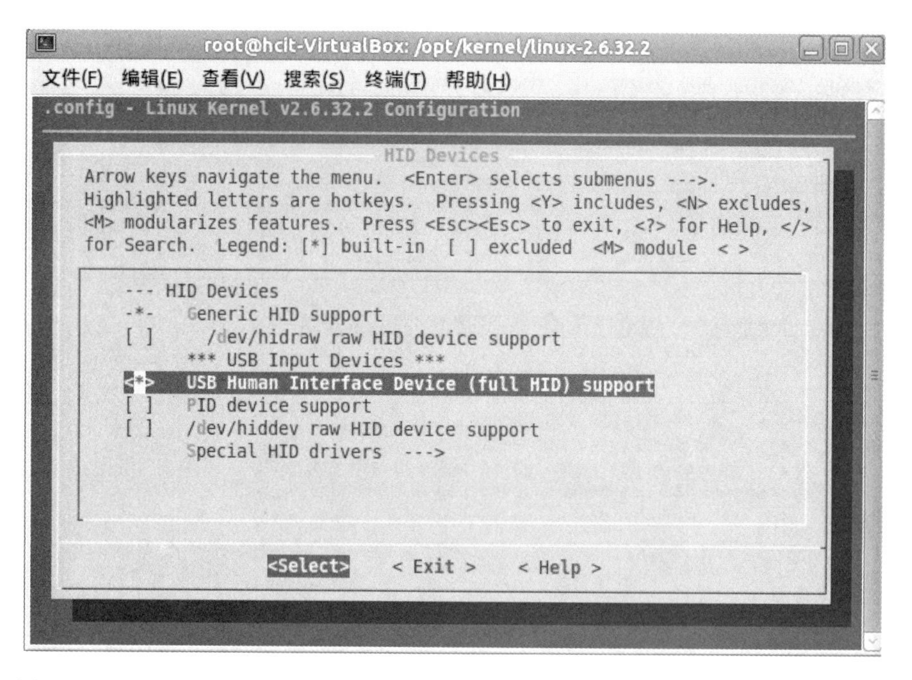

图 4-24 选择将“USB Human Interface Device （full HID）support”设置为编译进内核

（5）配置优盘的支持

因为优盘用到了 SCSI 命令，所以先添加 SCSI 支持。

在如图 4-15 所示的“Device Drivers”子菜单中选择“SCSI device support”子菜单，如图 4-25 所示。

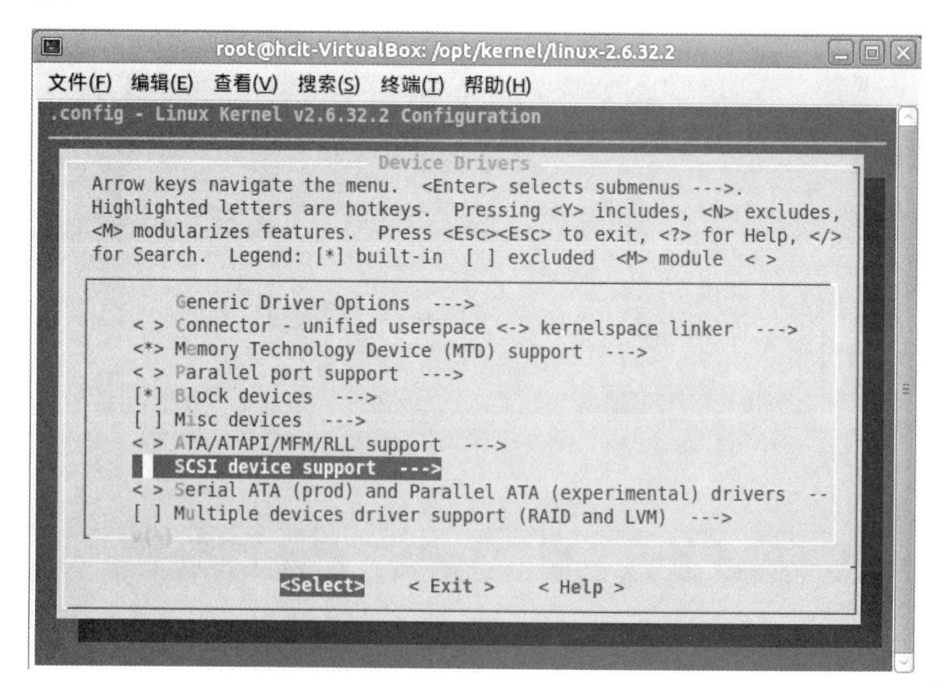

图 4-25 选择“SCSI device support”子菜单

进入“SCSI device support”子菜单后将“SCSI disk support”设置为编译进内核，如图 4-26 所示。

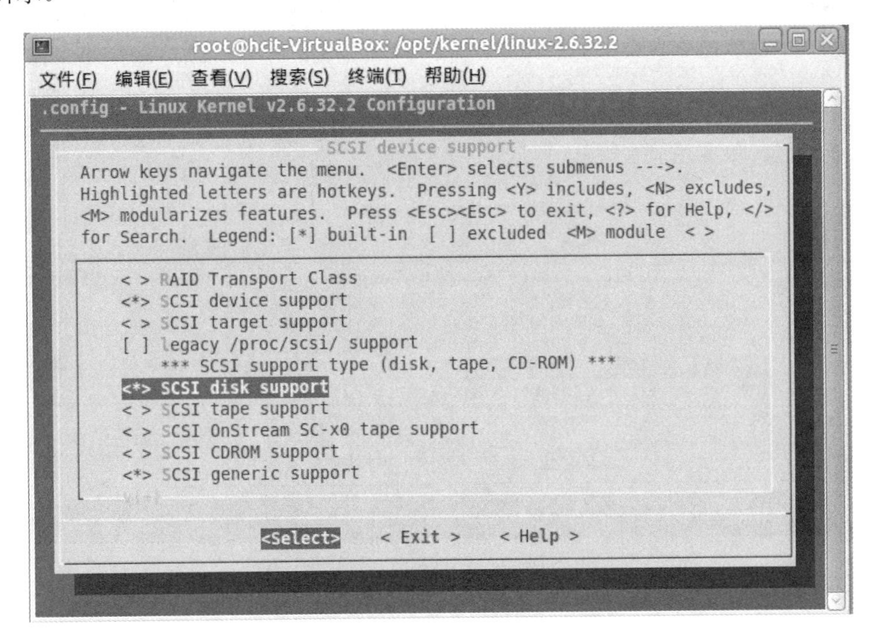

图 4-26 选择将“SCSI disk support”设置为编译进内核

返回“Device Drivers”子菜单，找到“USB support”子菜单，如图 4-27 所示。

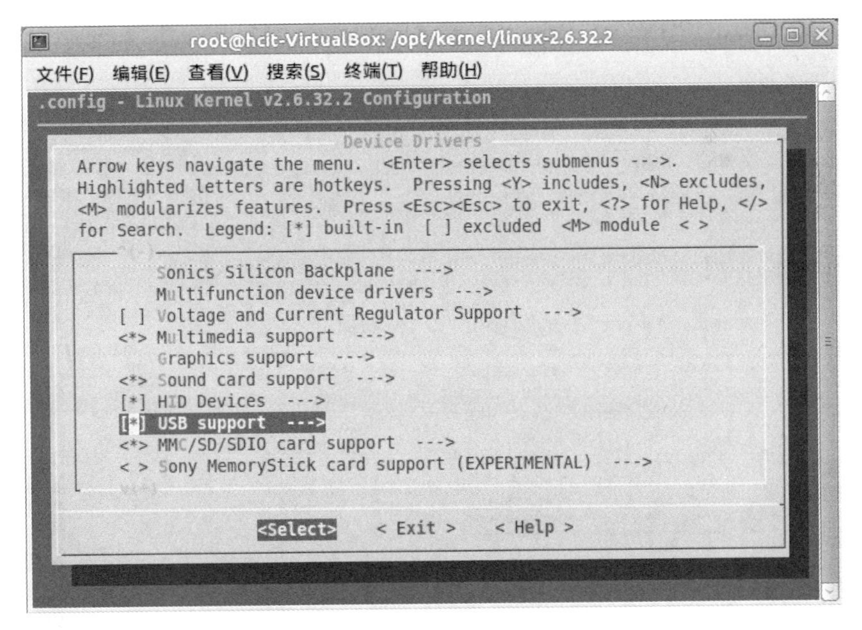

图 4-27 选择“USB support”子菜单

进入“USB support”子菜单后将“USB Mass Storage support”设置为编译进内核，如图 4-28 所示。

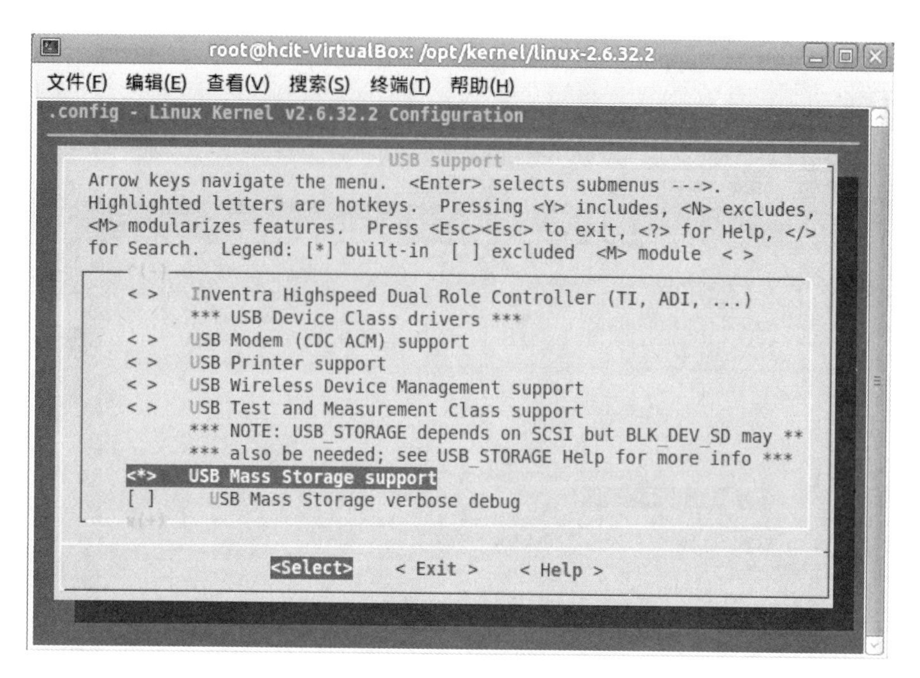

图 4-28 选择将“USB Mass Storage support”设置为编译进内核

（6）配置 CMOS 摄像头驱动

Micro2440 支持使用了 OV9650 芯片的 CMOS 摄像头模块，因此需要为此配置驱动程序。

在图 4-15 所示的“Device Drivers”子菜单中选择“Multimedia support”子菜单，如图 4-29 所示。

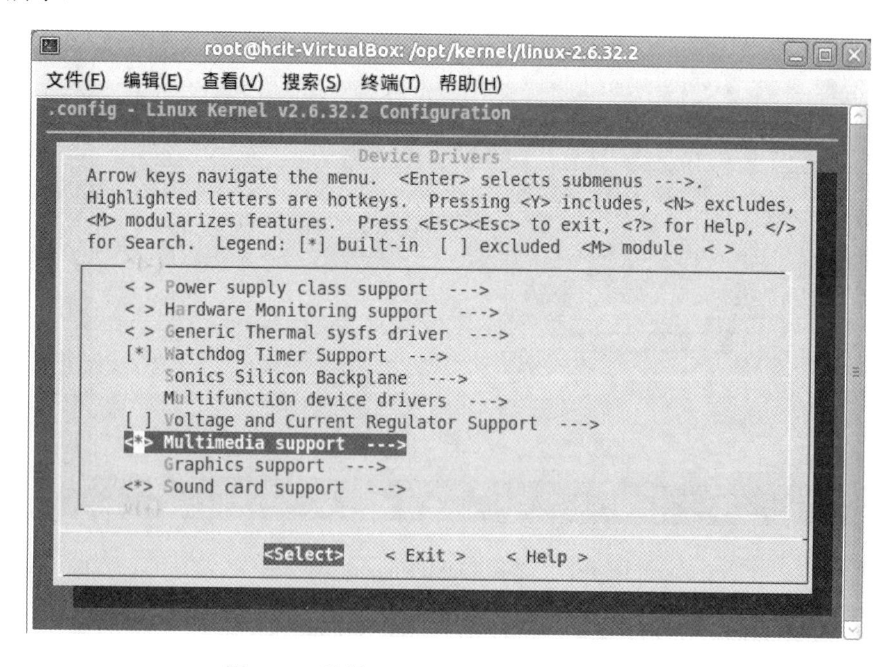

图 4-29 选择“Multimedia support”子菜单

进入“Multimedia support”子菜单后将“OV9650 on the S3C2440 driver”设置为编译进内核，如图 4-30 所示。

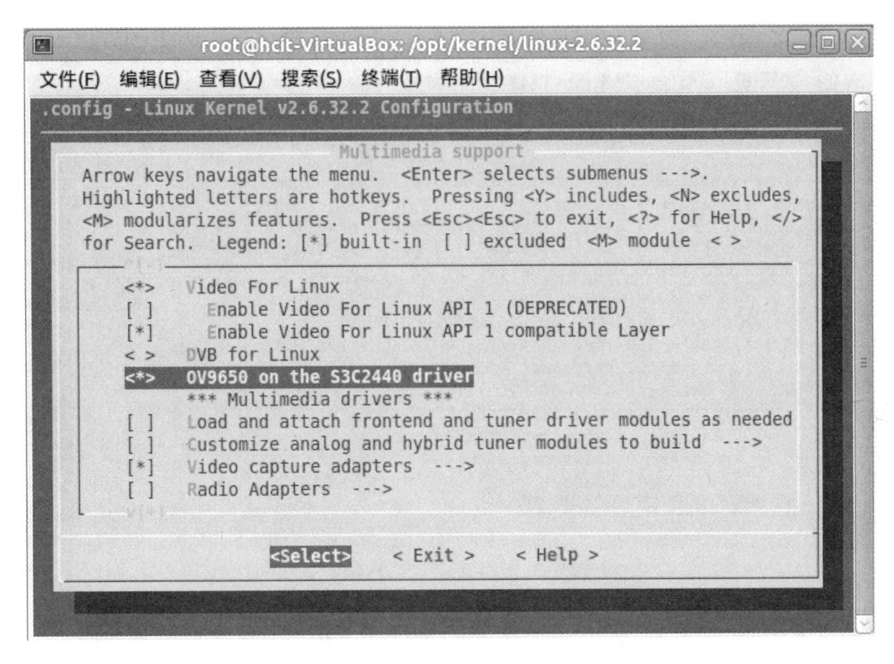

图 4-30　选择将“OV9650 on the S3C2440 driver”设置为编译进内核

（7）万能 USB 摄像头驱动的定制

在图 4-30 所示的“Multimedia support”子菜单中选择“Video capture adapters”子菜单，如图 4-31 所示。

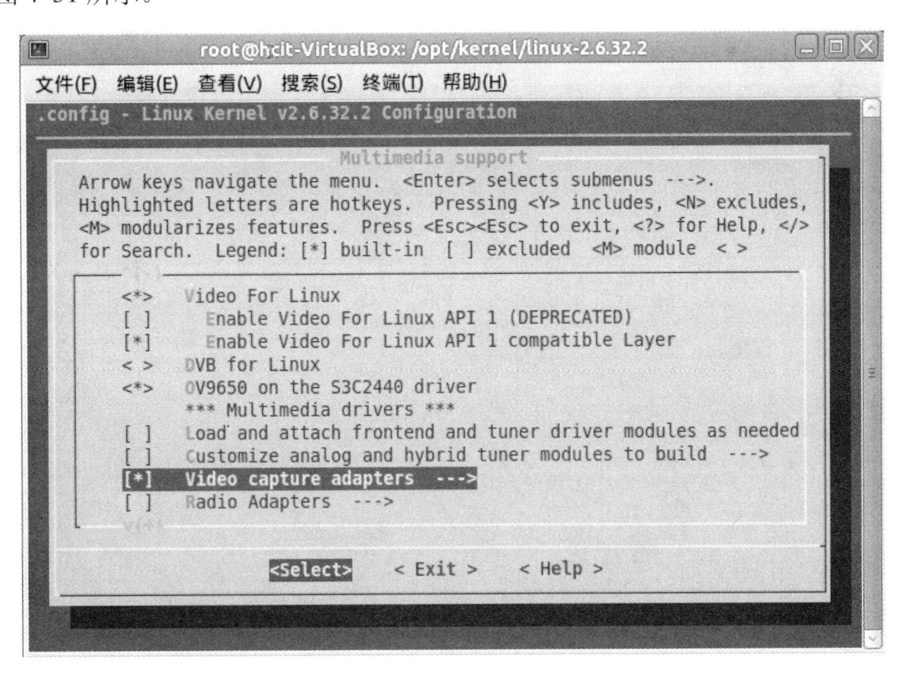

图 4-31　选择“Video capture adapters”子菜单

进入“Video capture adapters”子菜单后选择“V4L USB devices”子菜单，如图 4-32 所示。

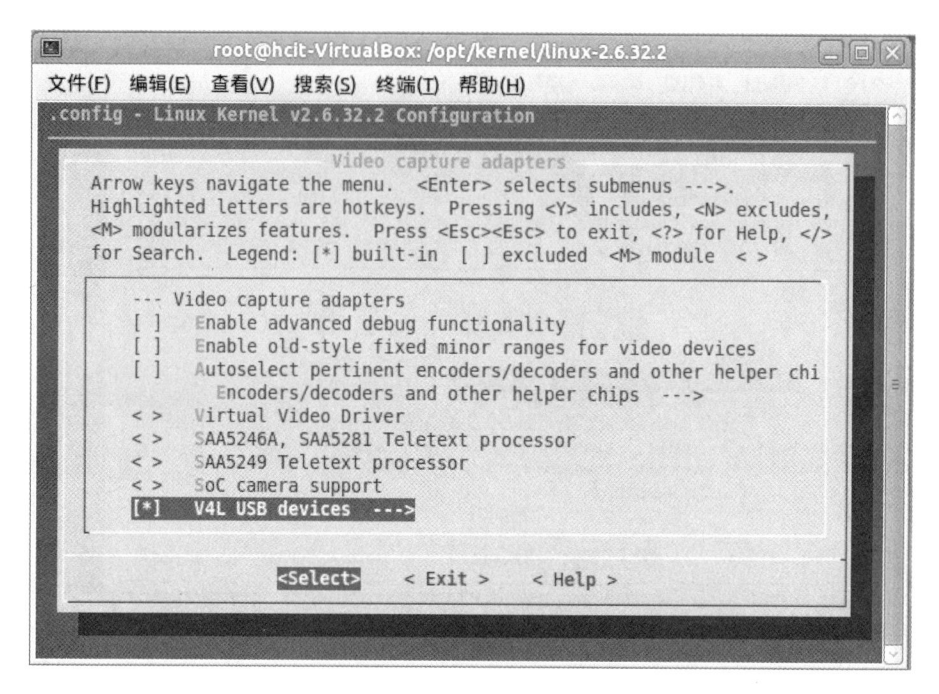

图 4-32 选择“V4L USB devices”子菜单

进入“V4L USB devices”子菜单后选择“GSPCA based webcams”子菜单，如图 4-33 所示。

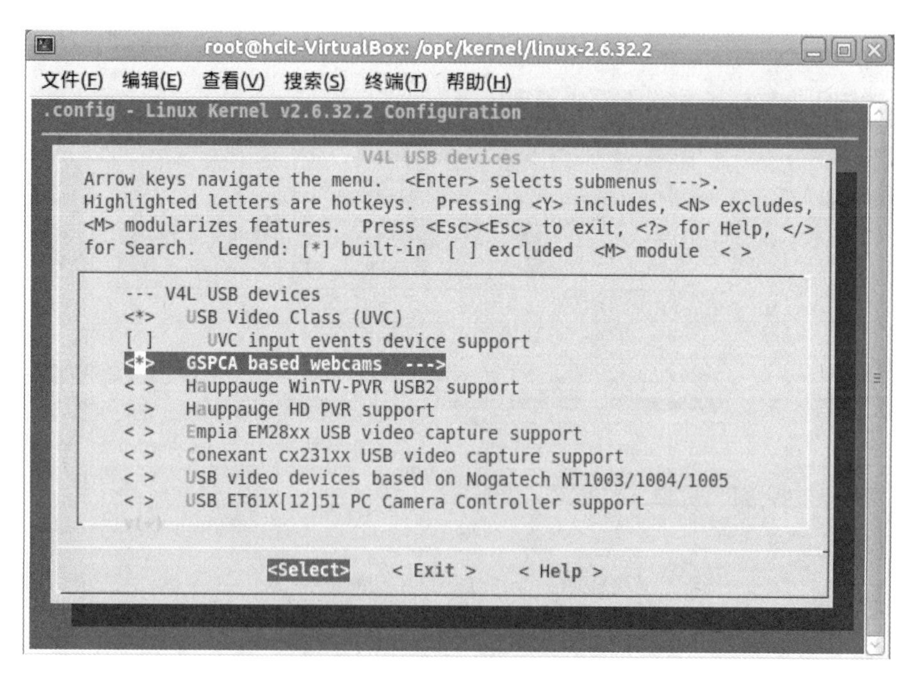

图 4-33 选择“GSPCA based webcams”子菜单

GSPCA 是一个法国程序员在业余时间制作的一个万能 USB 摄像头驱动程序，在此可以选择将所有 USB 摄像头的驱动编译进内核，如图 4-34 所示。

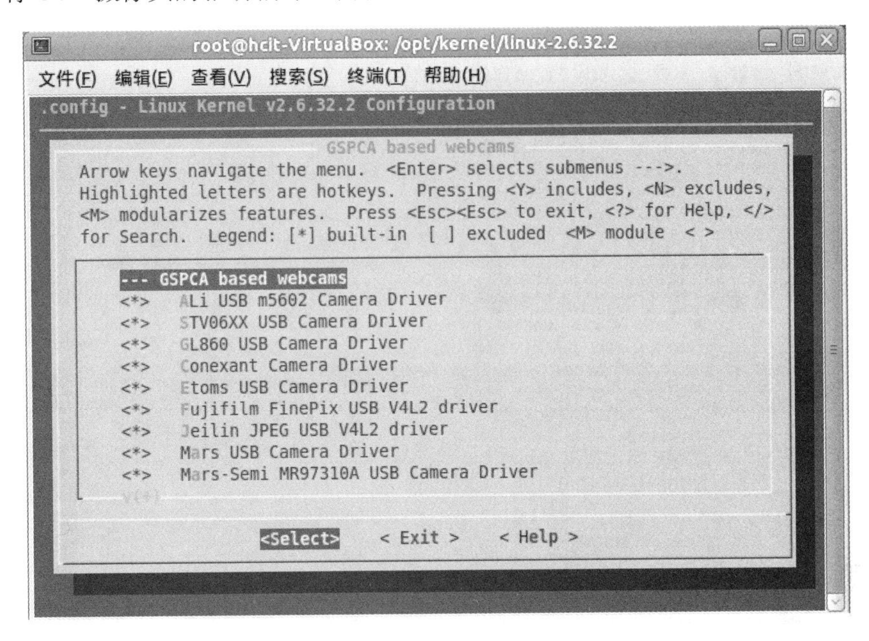

图 4-34　选择将所有 USB 摄像头的驱动编译进内核

虽然这里选择了众多型号的摄像头驱动，但每个型号的视频输出格式并不完全相同，这需要在高层应用中根据实际情况分别做处理，才能正常地使用这些驱动。

（8）有线网络协议定制

在初始界面中，选择“Networking support”子菜单，如图 4-35 所示。

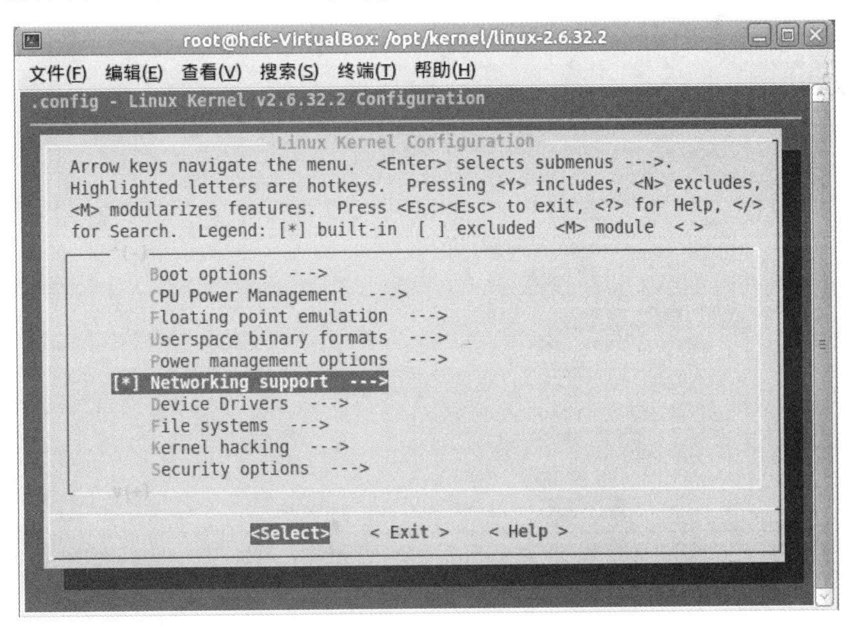

图 4-35　选择“Networking support”子菜单

进入“Networking support”子菜单后选择“Networking options”子菜单，如图 4-36 所示。

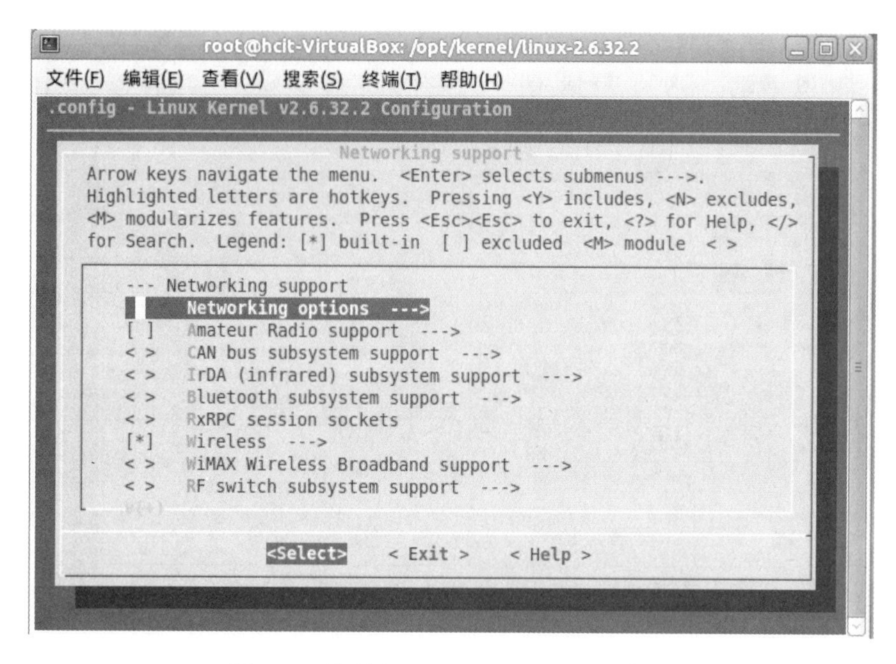

图 4-36　选择“Networking options”子菜单

进入“Networking options”子菜单后选择将需要的网络协议设置为编译进内核，如图 4-37 所示。一般选择 TCP/IP 协议就够了，但推荐使用默认的选项。

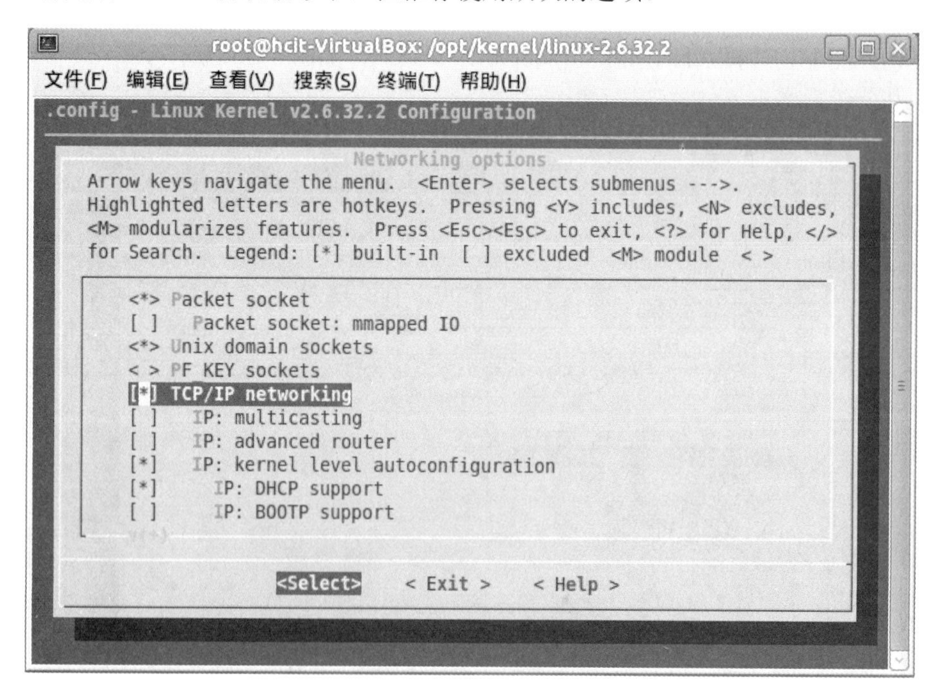

图 4-37　选择将需要的网络协议设置为编译进内核

（9）有线网络设备定制

在图 4-15 所示的“Device Drivers”子菜单中选择“Network device support”子菜单，如图 4-38 所示。

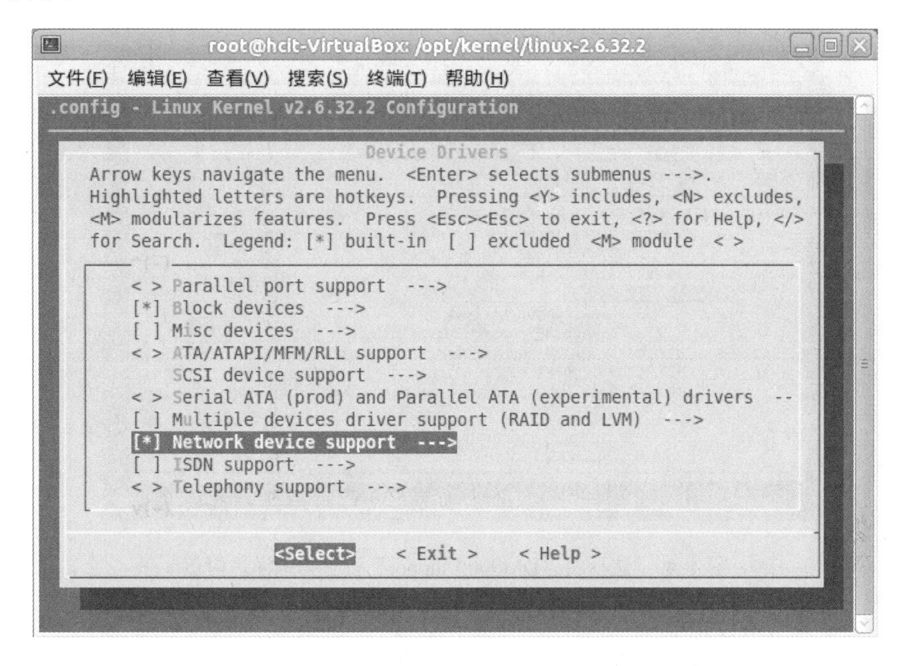

图 4-38　选择“Network device support”子菜单

进入“Network device support”子菜单后选择“Ethernet（10 or 100Mbit）”子菜单，如图 4-39 所示。

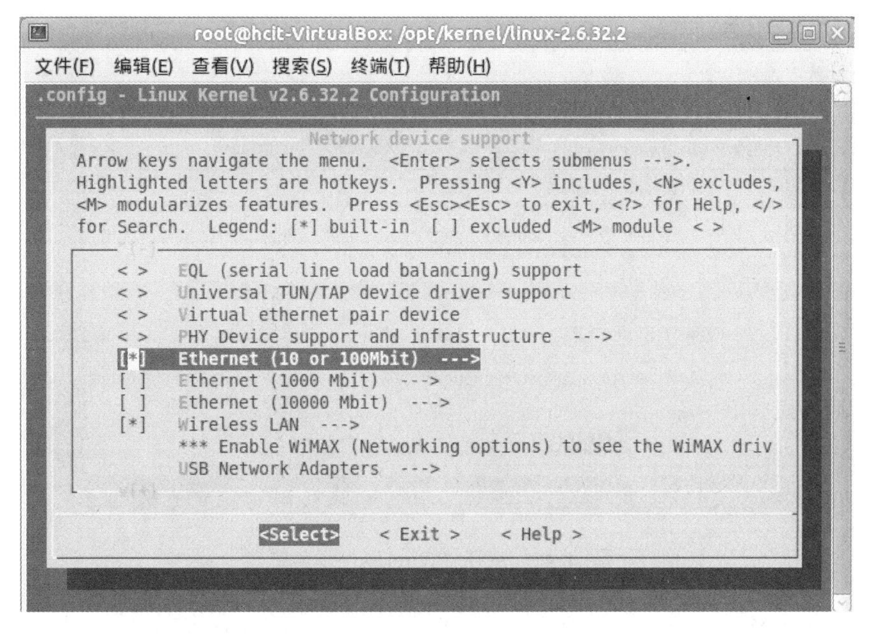

图 4-39　选择“Ethernet（10 or 100Mbit）”子菜单

进入“Ethernet（10 or 100Mbit）”子菜单后将实际的网络设备设置为编译进内核，对于Micro2440 而言是“DM9000 support”，如图 4-40 所示。

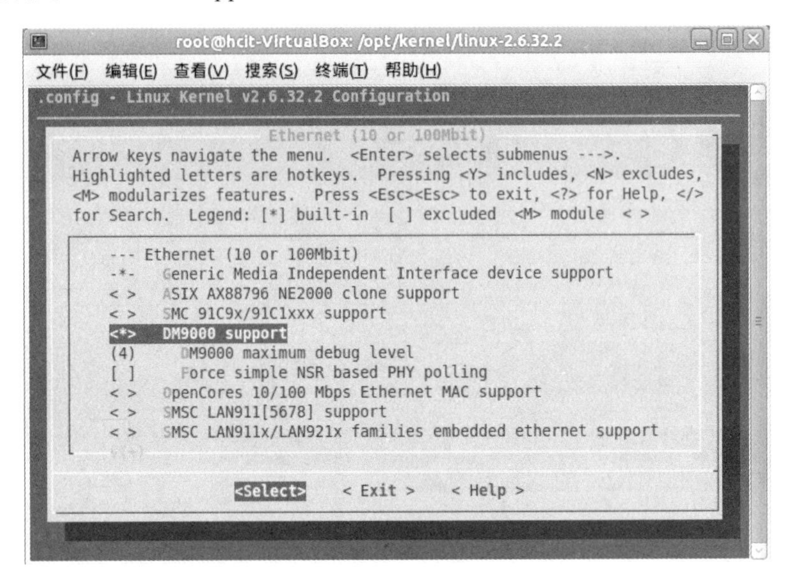

图 4-40　选择将“DM9000 suppor”设置为编译进内核

（10）无线网络协议定制

在图 4-36 所示的“Networking support”子菜单中选择“Wireless”子菜单，如图 4-41 所示。

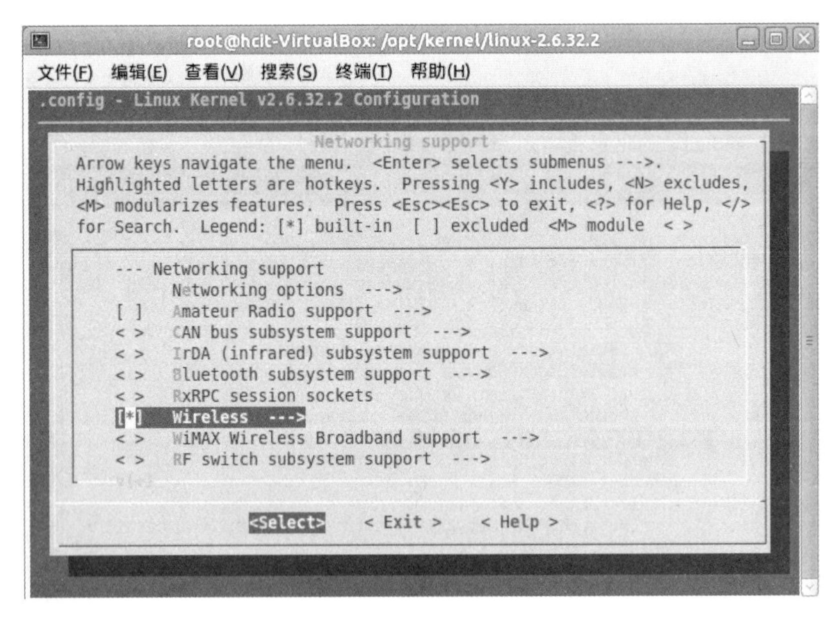

图 4-41　选择“Wireless”子菜单

进入“Wireless”子菜单后选择将需要的网络协议和驱动设置为编译进内核，如图 4-42 所示。

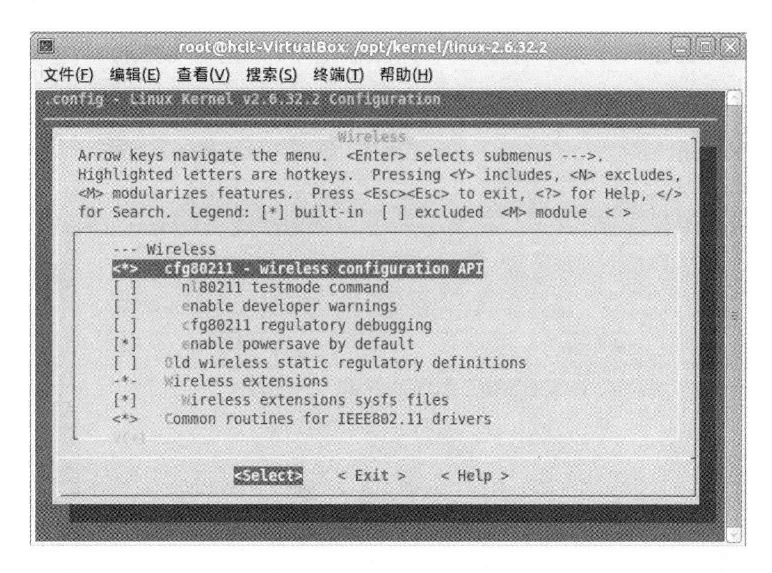

图 4-42 选择将需要的网络协议和驱动设置为编译进内核

一般来说，推荐使用默认的选项，包括：

- cfg80211 - wireless configuration API；
- enable powersave by default；
- Common routines for IEEE802.11 drivers；
- Generic IEEE 802.11 Networking Stack (mac80211)。

（11）无线网络设备定制

Linux-2.6.32.2 内核已经包含了多种型号的 USB 无线网卡驱动，在默认配置中，也已经包含了大部分常见的网卡型号，如 TP-Link 系列、VIA 系列等。

在图 4-39 所示的“Network device support”子菜单中找到“Wireless LAN”子菜单，如图 4-43 所示。

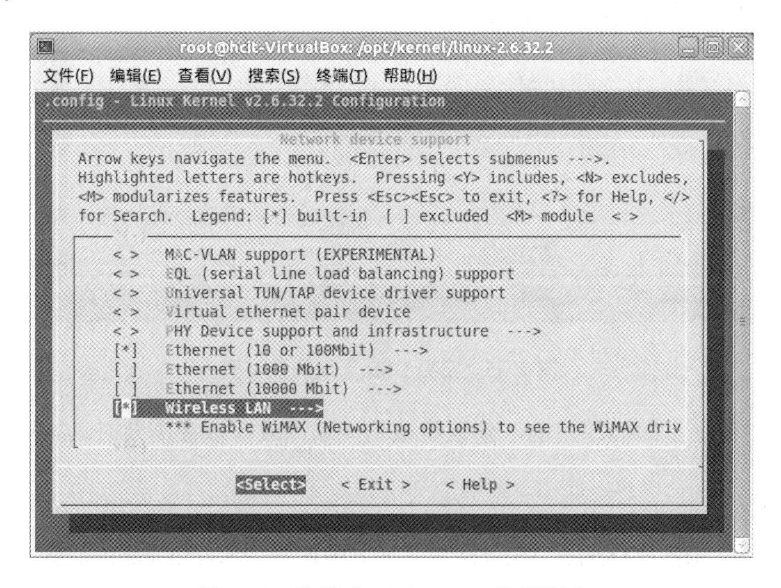

图 4-43 选择“Wireless LAN”子菜单

进入“Wireless LAN”子菜单后找到“Wireless LAN（IEEE 802.11）”子菜单，如图 4-44 所示。

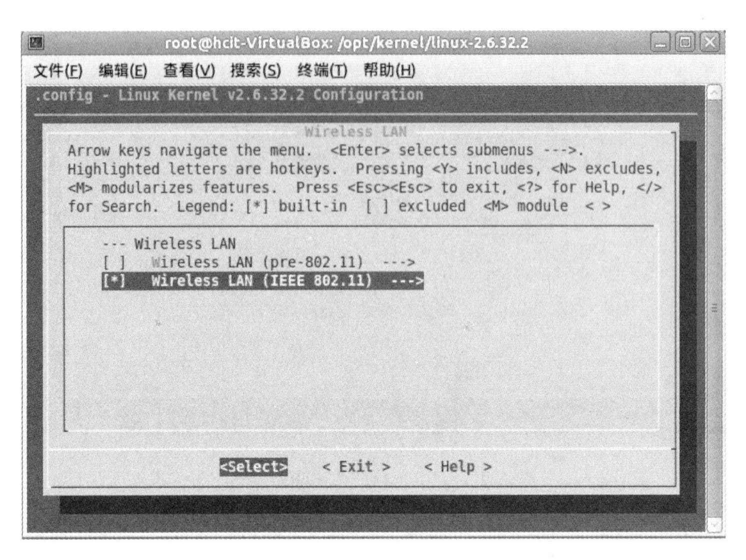

图 4-44　选择“Wireless LAN（IEEE 802.11）”子菜单

进入“Wireless LAN（IEEE 802.11）”子菜单将会看到以芯片厂商为分类方式的常见各种 USB 无线网卡类型，如图 4-45 所示。

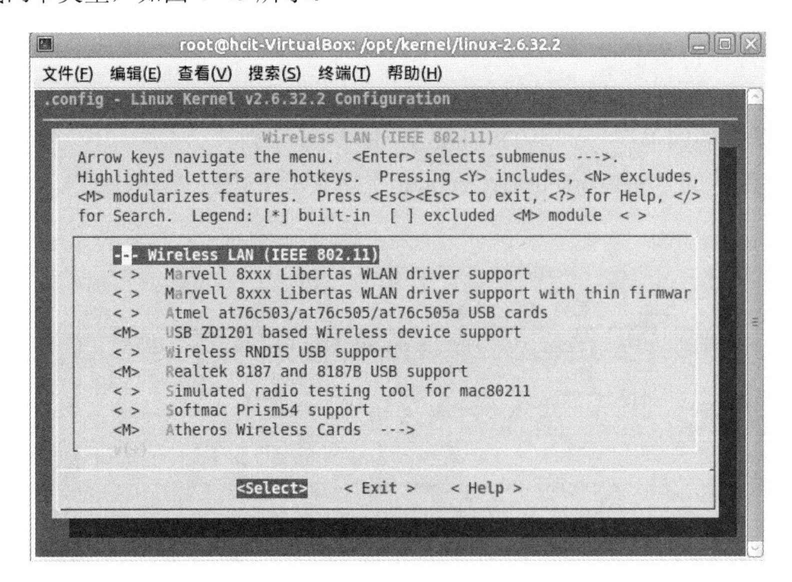

图 4-45　常见 USB 无线网卡类型

由于 USB 设备是即插即用的，建议将该功能编译成可以在需要时动态插入到内核中的模块。

（12）配置音频驱动

在图 4-15 所示的“Device Drivers”子菜单中选择“Sound card support”子菜单，如图 4-46 所示。

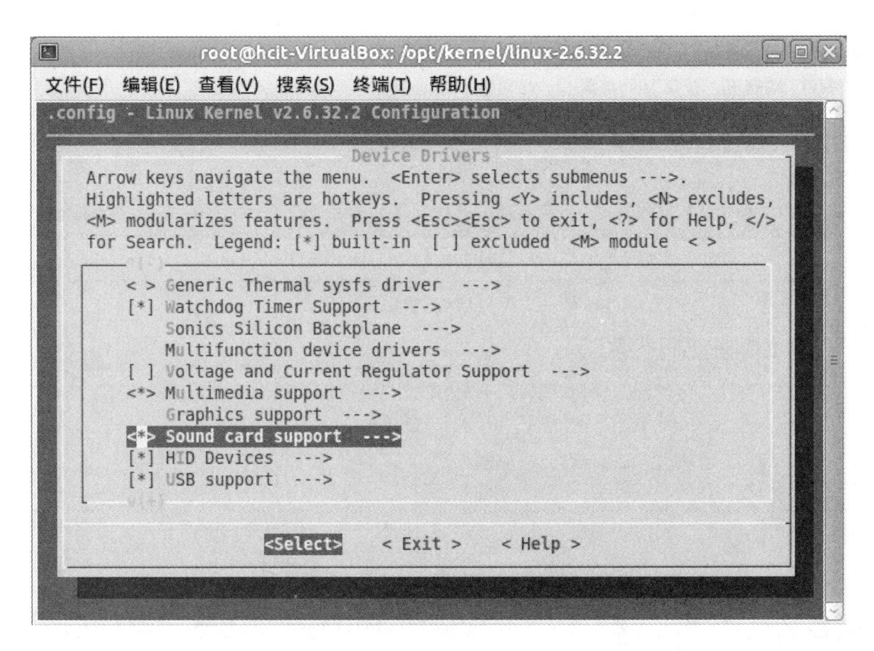

图 4-46　选择“Sound card support”子菜单

进入“Sound card support”子菜单后选择“Advanced Linux Sound Architecture”子菜单，如图 4-47 所示。

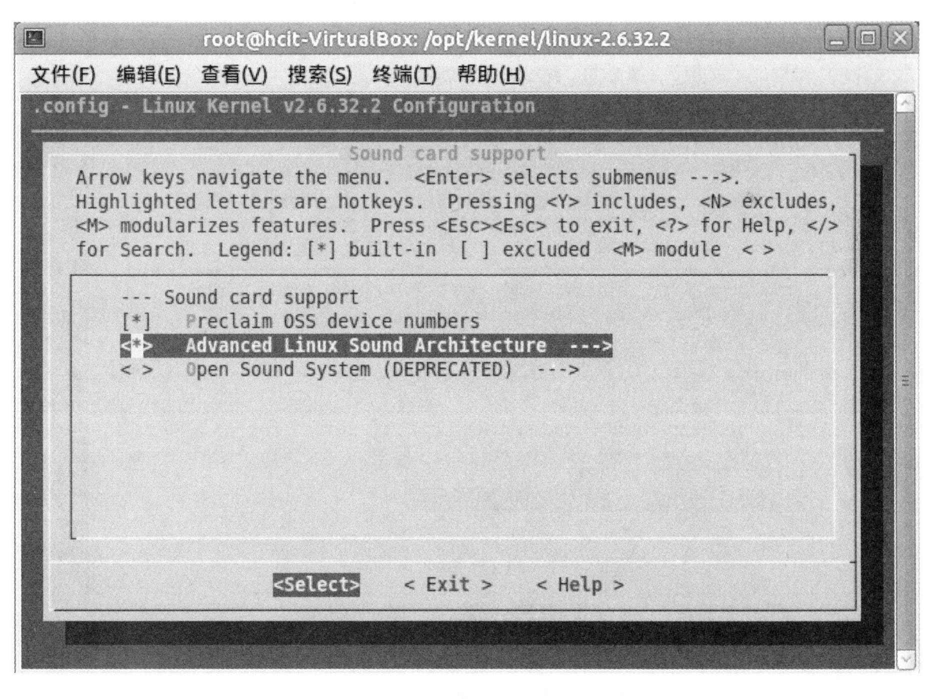

图 4-47　选择“Advanced Linux Sound Architecture”子菜单

进入“Advanced Linux Sound Architecture”子菜单后首先将“OSS Mixer API”设置为编译进内核以增加老式的 OSS API 支持，如图 4-48 所示。

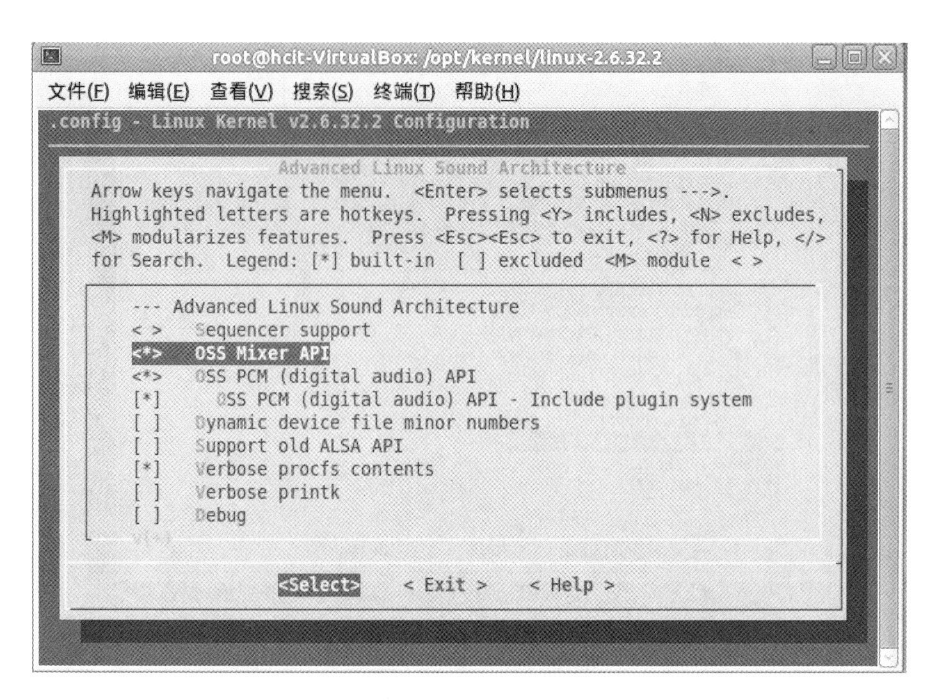

图 4-48 选择将“OSS Mixer API”设置为编译进内核

然后选择“ALSA for SoC audio support”子菜单，如图 4-49 所示。

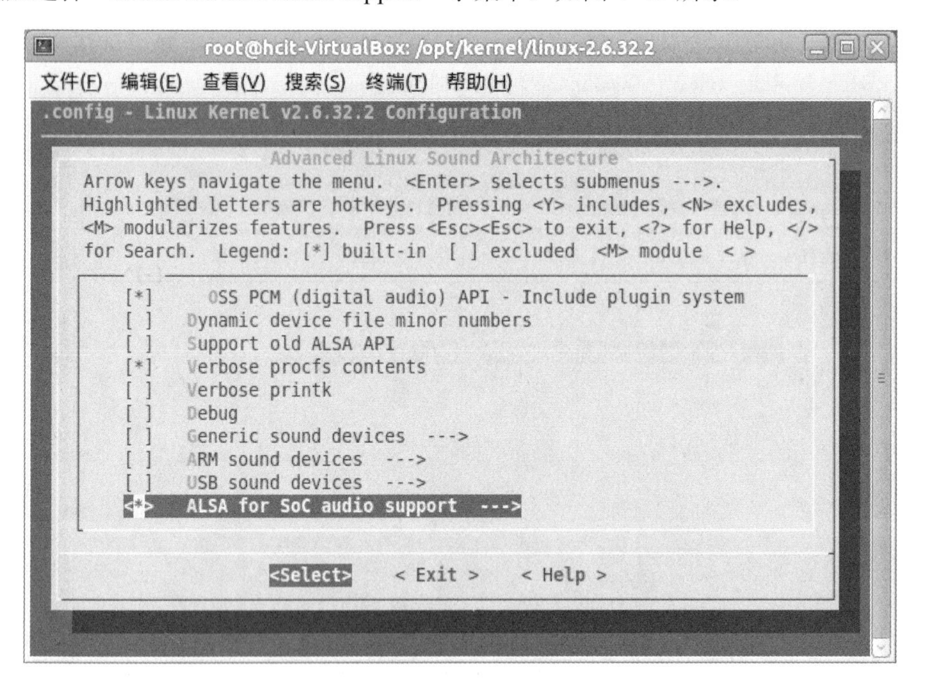

图 4-49 选择“ALSA for SoC audio support”子菜单

进入“ALSA for SoC audio support”子菜单后将“SoC Audio for the Samsung S3CXXXX chips”和“SoC I2S Audio support UDA134X wired to a S3C24XX”设置为编译进内核，如图 4-50 所示。

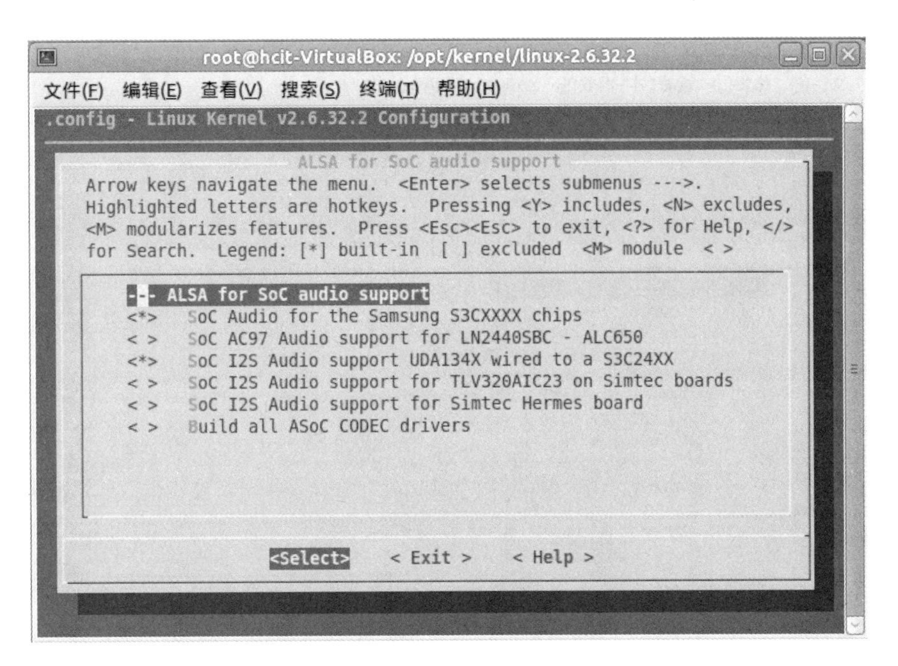

图 4-50 选择项目设置为编译进内核

（13）SD/MMC 卡驱动定制

在图 4-15 所示的“Device Drivers”子菜单中选择“MMC/SD/SDIO card support”子菜单，如图 4-51 所示。

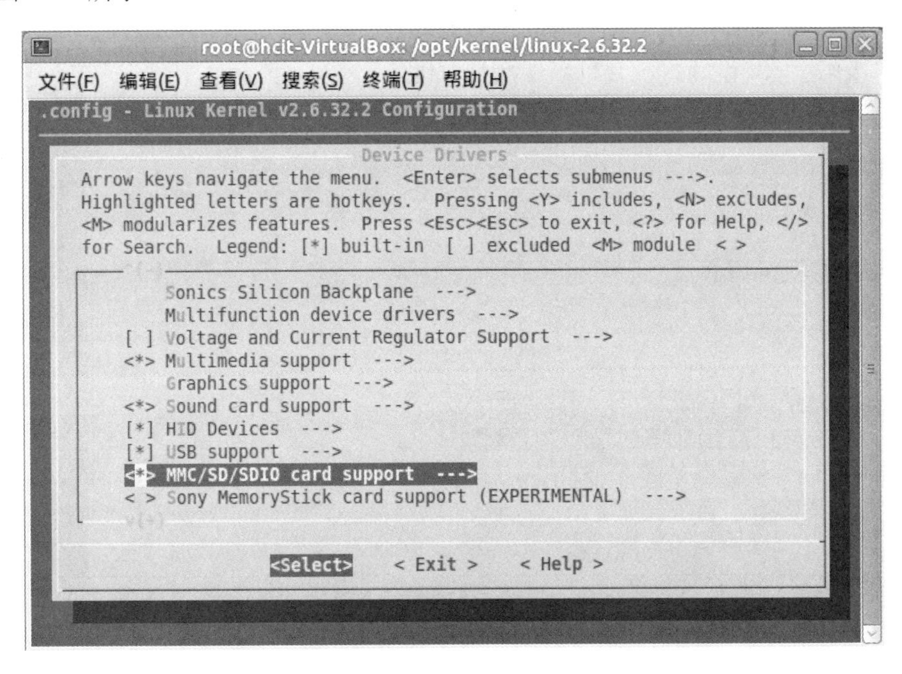

图 4-51 选择“MMC/SD/SDIO card support”子菜单

进入“MMC/SD/SDIO card support”子菜单后推荐使用默认的选项，如图 4-52 所示。这样可以支持高速大容量 SD 卡，最大可达到 32GB。

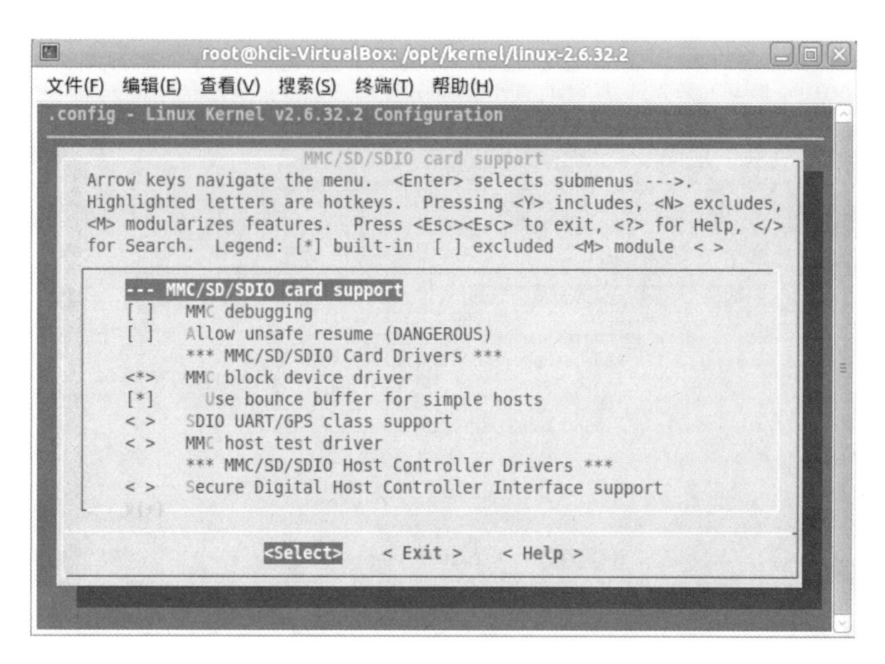

图 4-52　选择默认选项

（14）配置看门狗驱动支持

在图 4-15 所示的“Device Drivers”子菜单中找到“Watchdog Timer Support”子菜单，如图 4-53 所示。

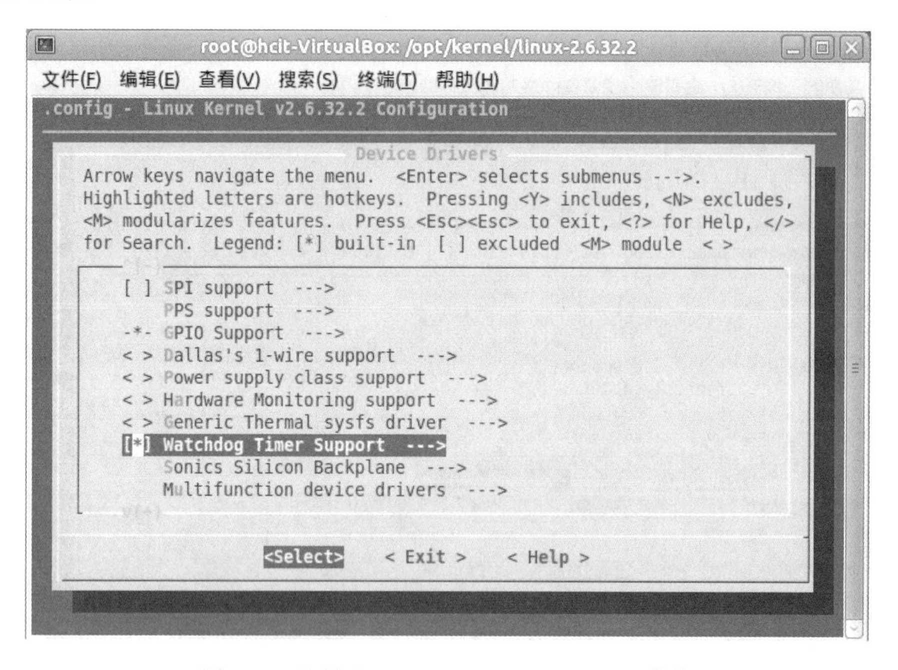

图 4-53　选择“Watchdog Timer Support”子菜单

进入“Watchdog Timer Support”子菜单后选择将“S3C2410 Watchdog”设置为编译进内核，如图 4-54 所示。

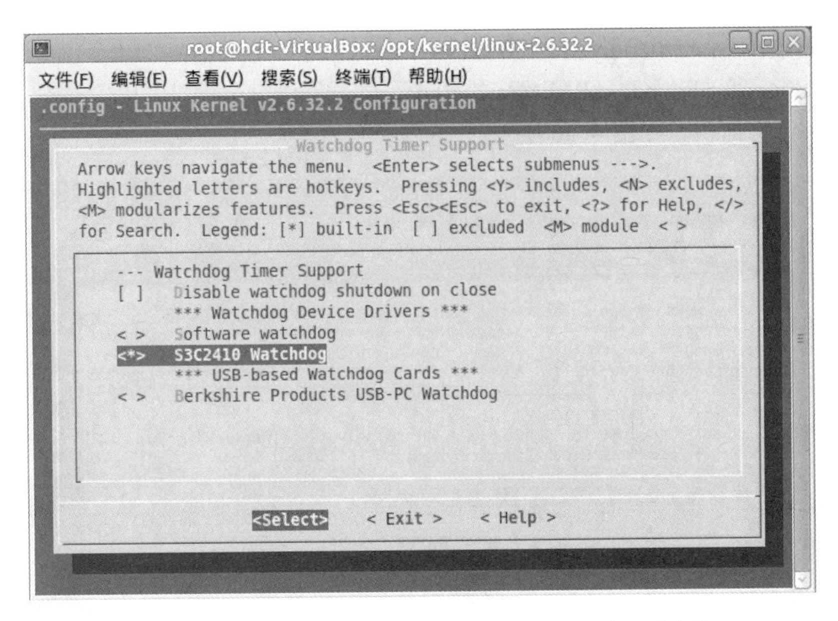

图 4-54 选择将“S3C2410 Watchdog”设置为编译进内核

（15）LED、按键、PWM 控制蜂鸣器和 AD 转换驱动定制

在图 4-15 所示的“Device Drivers”子菜单中选择“Character devices”子菜单，如图 4-55 所示。

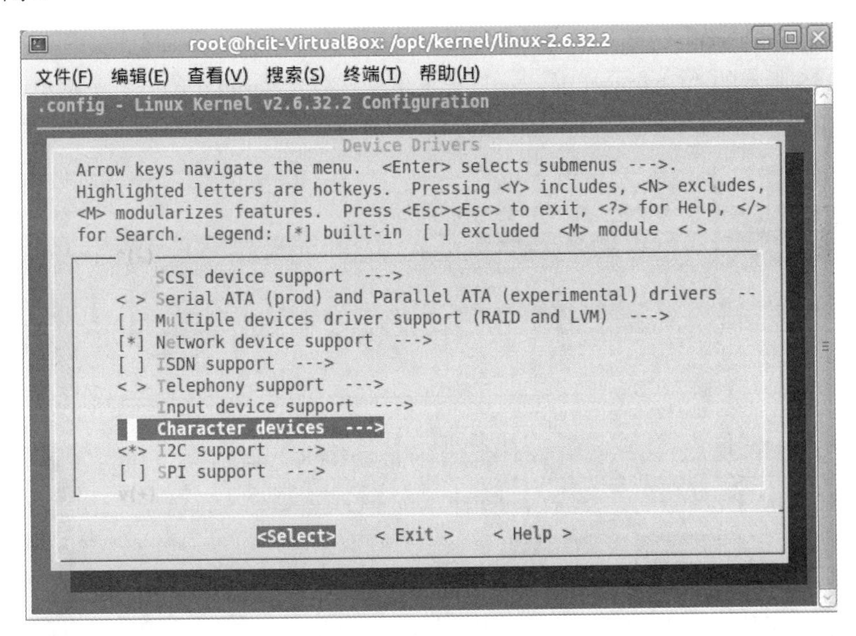

图 4-55 选择“Character devices”子菜单

进入“Character devices”子菜单后将如下选项：

- LED Support for Mini2440 GPIO LEDs；
- Buttons driver for FriendlyARM Mini2440 development boards；

➢ Buzzer driver for FriendlyARM Mini2440 development boards；
➢ ADC driver for FriendlyARM Mini2440 development boards。

设置为编译进内核，如图 4-56 所示。

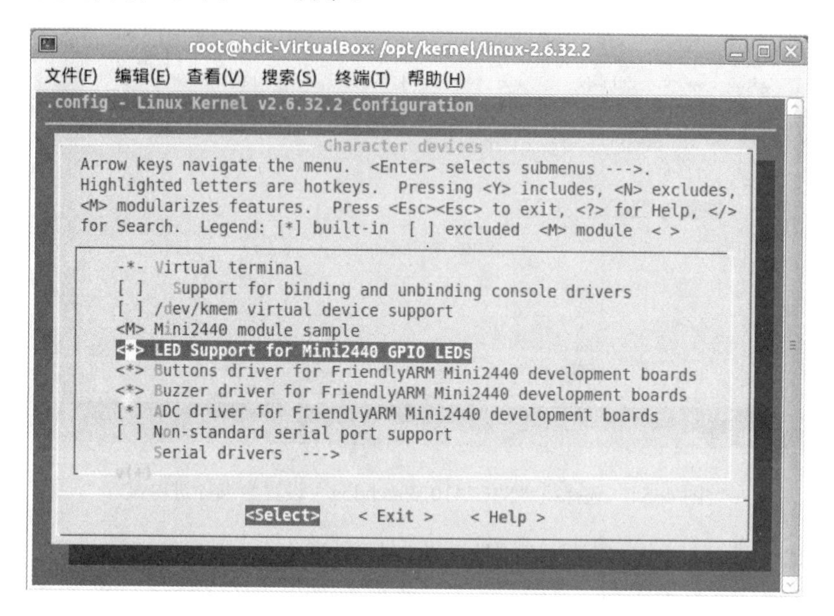

图 4-56 将相关选项设置为编译进内核

（16）串口驱动定制

在图 4-55 所示的“Character devices”子菜单中选择“Serial drivers”子菜单，如图 4-57 所示。

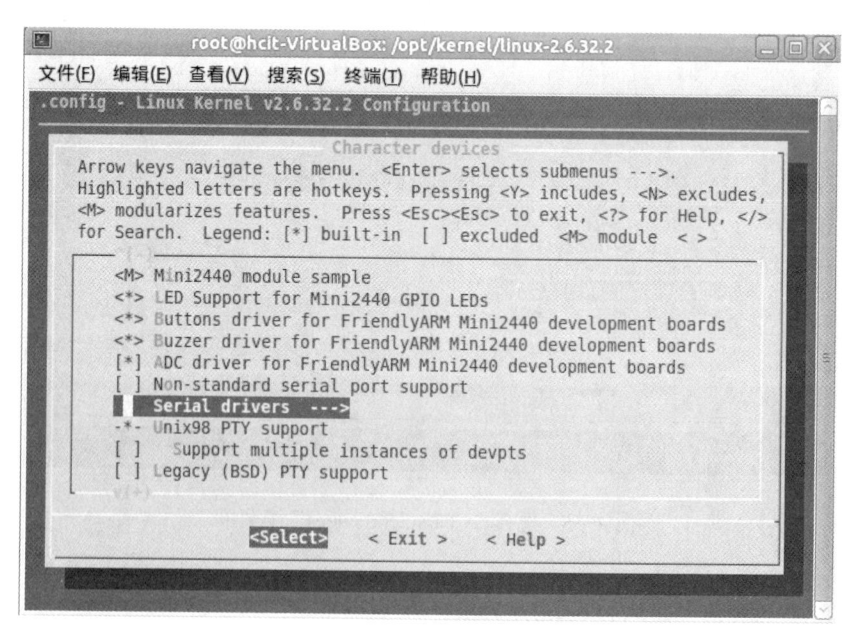

图 4-57 选择“Serial drivers”子菜单

进入“Serial drivers”子菜单后选择将含有“Samsung”的选项设置为编译进内核，如图 4-58 所示。

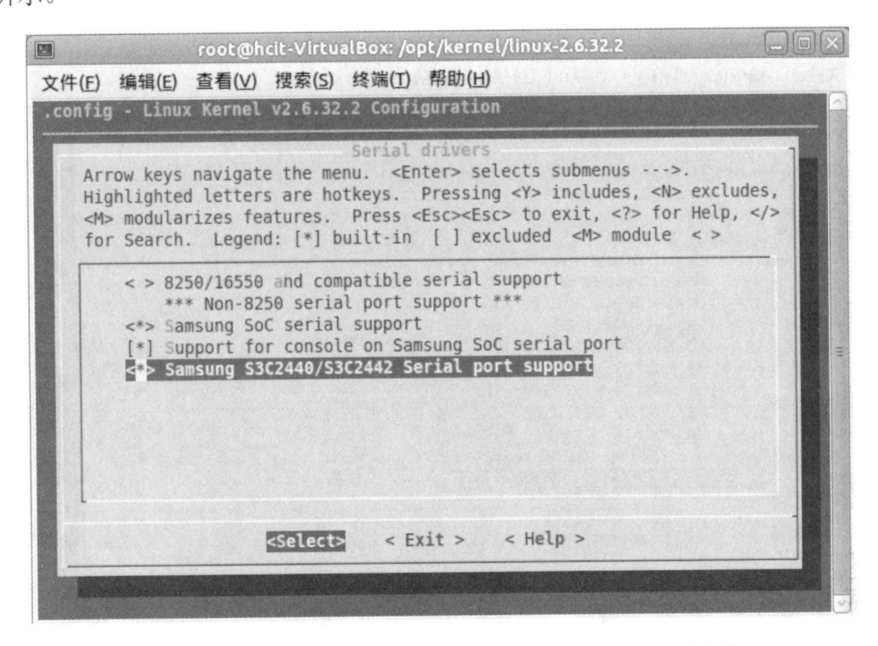

图 4-58　选择将含有“Samsung”的选项设置为编译进内核

（17）RTC 实时时钟驱动定制

在图 4-15 所示的“Device Drivers”子菜单中选择“Real Time Clock”子菜单，如图 4-59 所示。

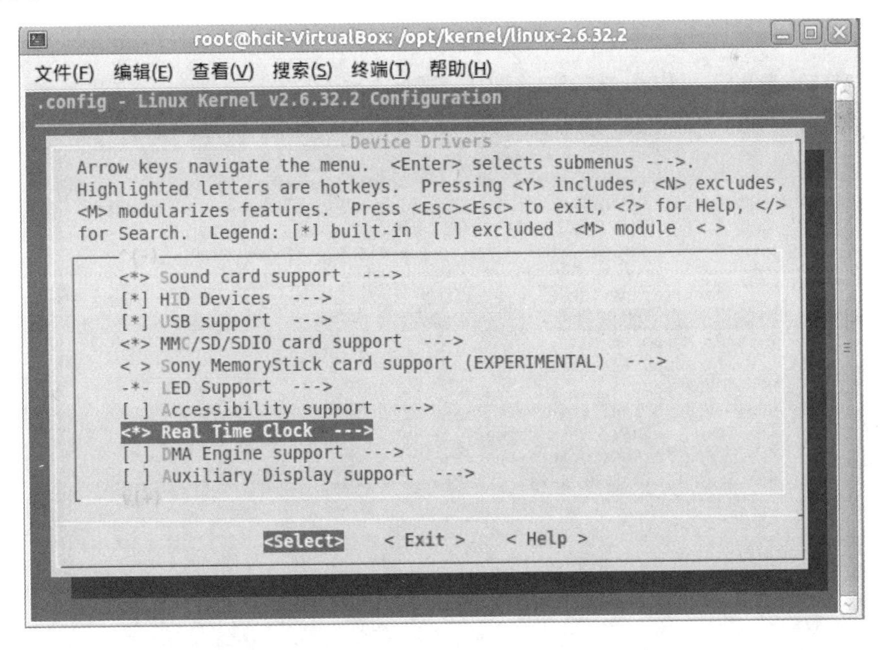

图 4-59　选择“Real Time Clock”子菜单

进入“Real Time Clock”子菜单后选择将“Samsung S3C series SoC RTC”设置为编译进内核，如图 4-60 所示。

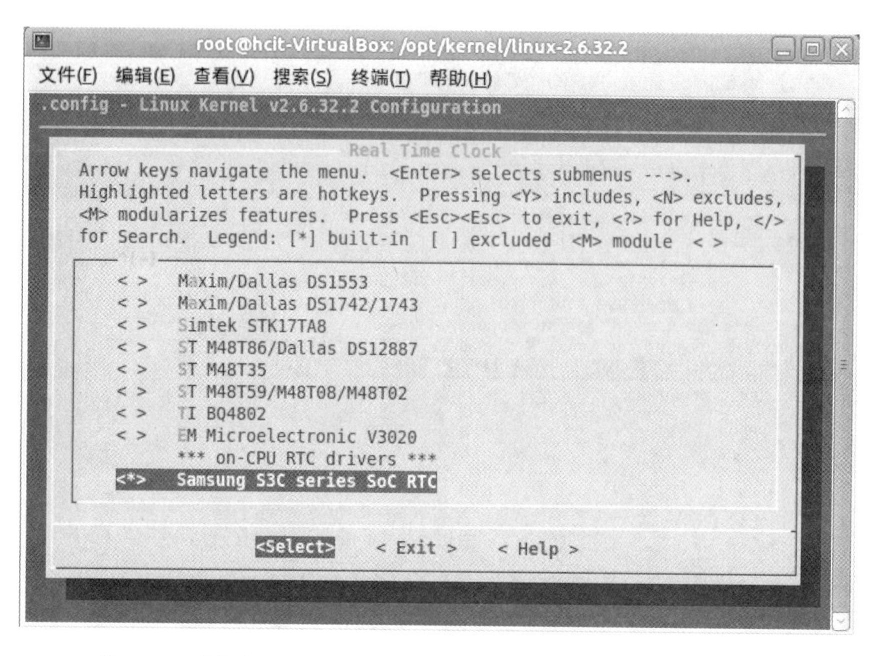

图 4-60 选择将“Samsung S3C series SoC RTC”设置为编译进内核

（18）配置 I^{2}C-EEPROM 驱动支持

在图 4-15 所示的“Device Drivers”子菜单中选择“I^{2}C support”子菜单，如图 4-61 所示。

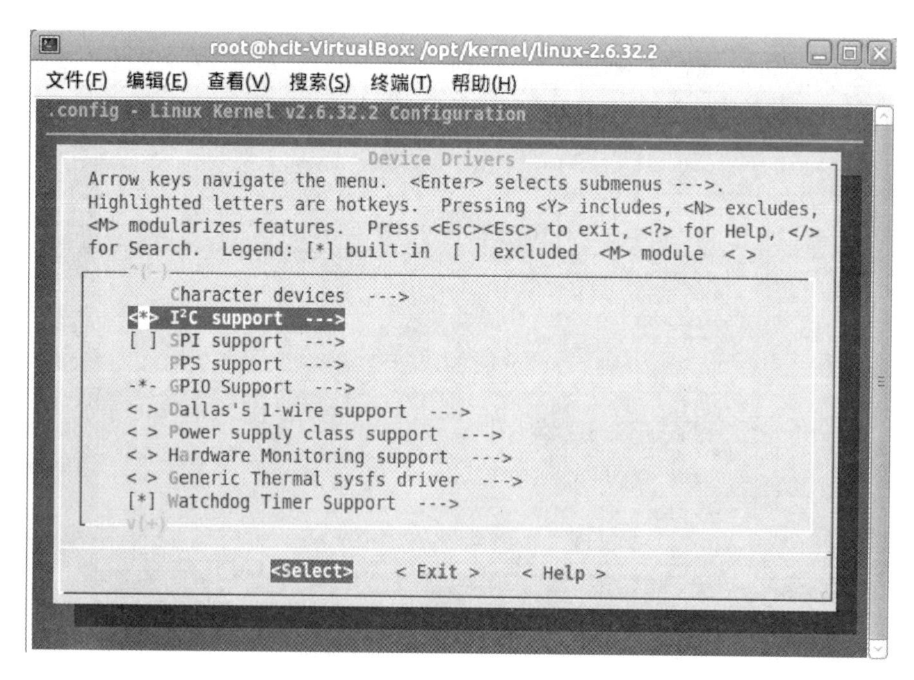

图 4-61 选择“I^{2}C support”子菜单

进入“I^2C support”子菜单后选择“I^2C Hardware Bus support”子菜单，如图 4-62 所示。

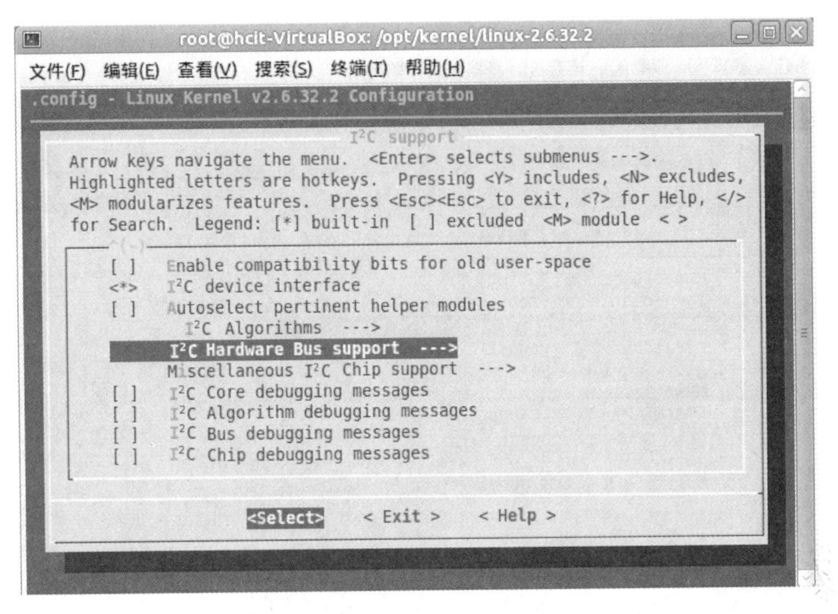

图 4-62 选择“I^2C Hardware Bus support”子菜单

进入“I^2C Hardware Bus support”子菜单后选择将“S3C2410 I^2C Driver”设置为编译进内核，如图 4-63 所示。

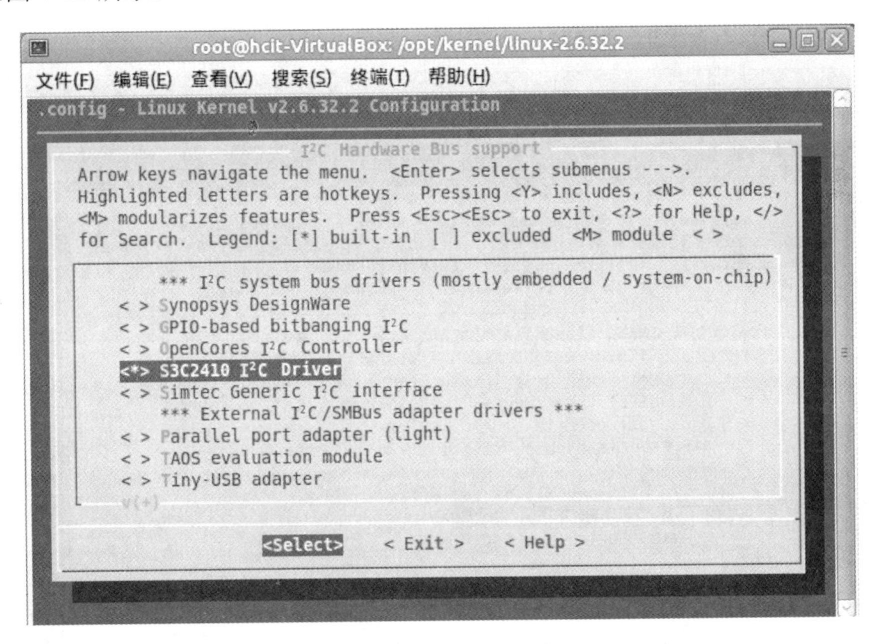

图 4-63 选择将“S3C2410 I^2C Driver”设置为编译进内核

（19）支持 yaff2s 文件系统定制

要使用 yaffs2 文件系统，需要先配置 nand flash 驱动支持。

在图 4-15 所示的“Device Drivers”子菜单中选择“Memory Technology Device（MTD） support”子菜单，如图 4-64 所示。

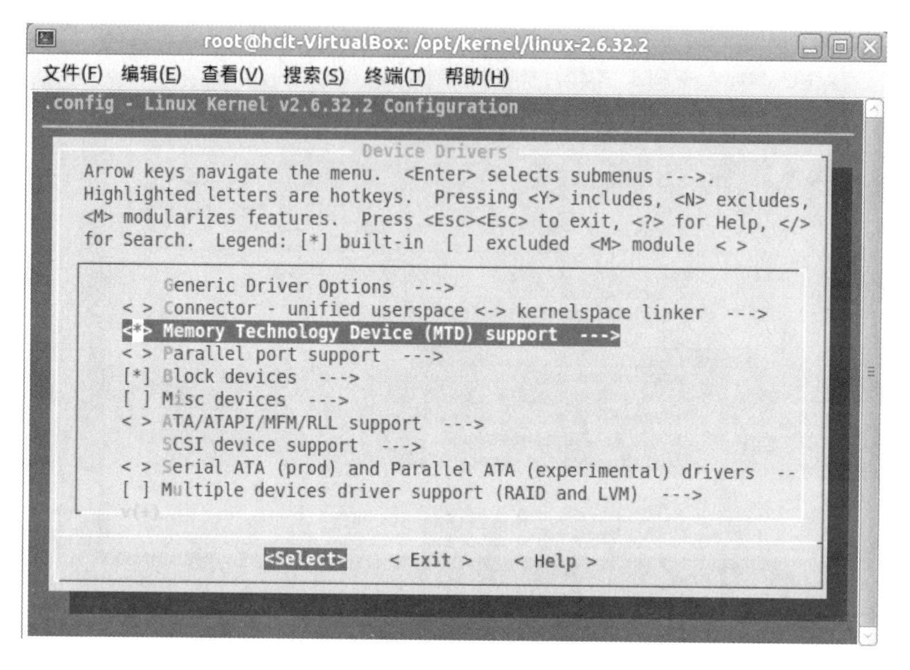

图 4-64 选择“Memory Technology Device（MTD） support”子菜单

进入“Memory Technology Device（MTD）support”子菜单后，默认选项请不要随意改动，然后选择“NAND Device Support”子菜单，如图 4-65 所示。

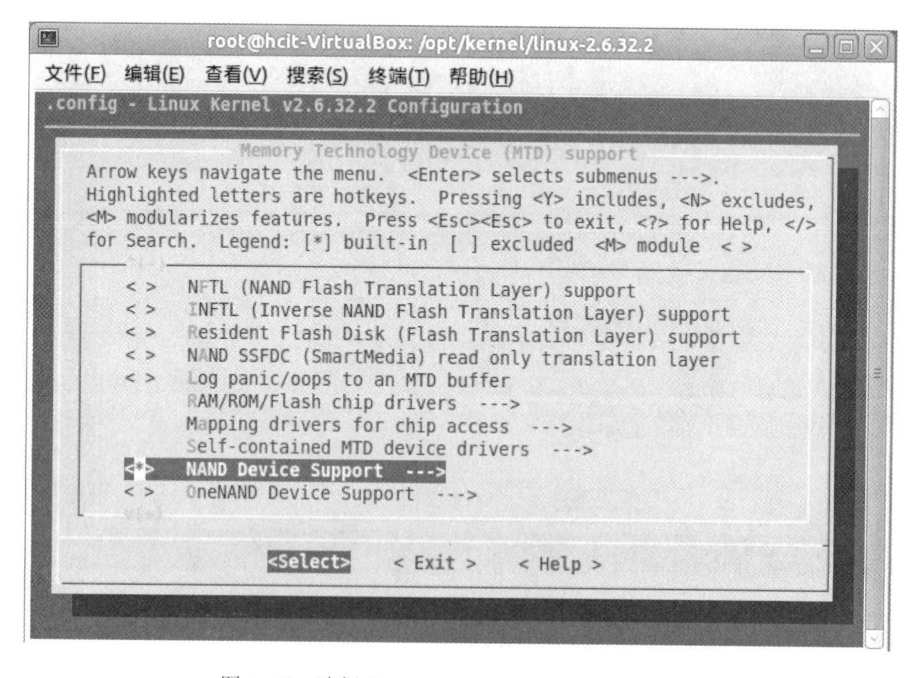

图 4-65 选择“NAND Device Support”子菜单

进入“NAND Device Support”子菜单后选择将“NAND Flash support for Samsung S3C SoCs”设置为编译进内核，如图 4-66 所示。

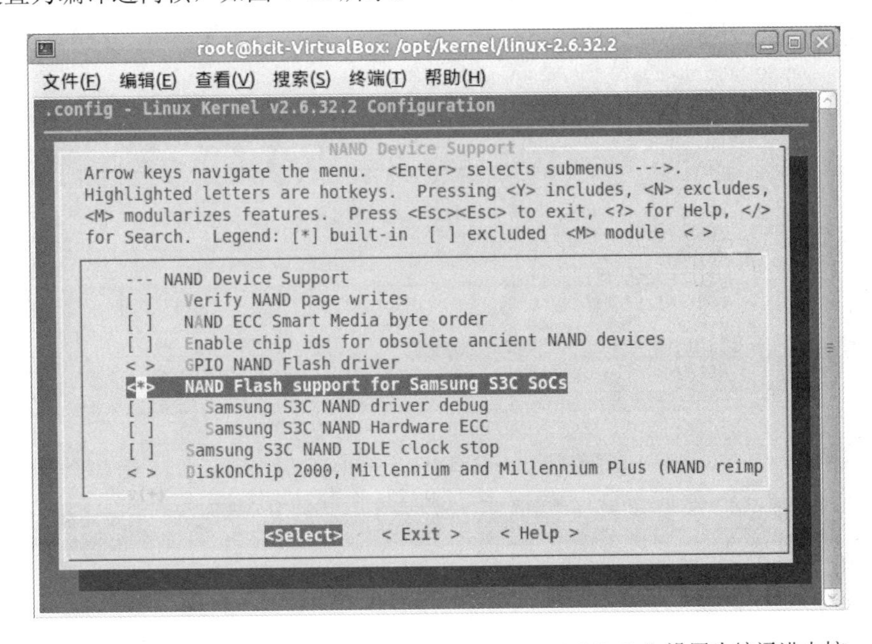

图 4-66 选择将“NAND Flash support for Samsung S3C SoCs”设置为编译进内核

然后返回到图 4-10 所示的初始界面中选择“File systems”子菜单，如图 4-67 所示。

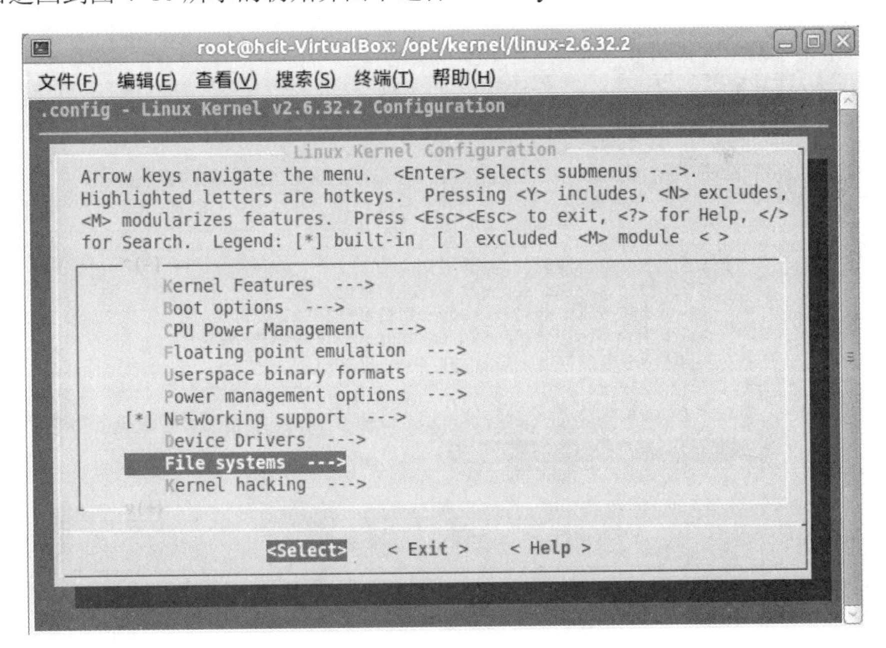

图 4-67 选择“File systems”子菜单

进入“File systems”子菜单后选择“Miscellaneous filesystems”子菜单，如图 4-68 所示。

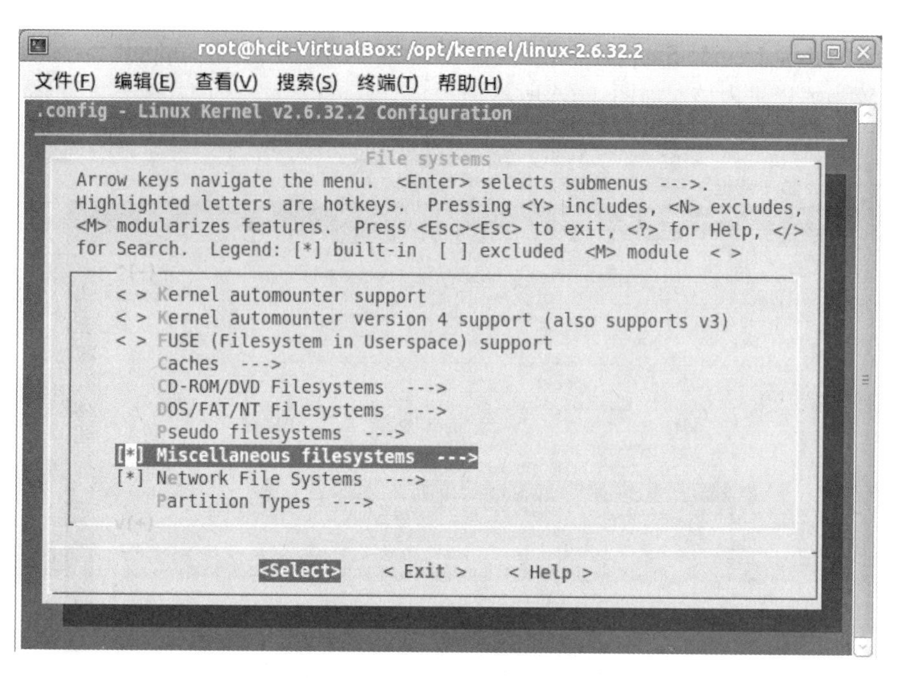

图 4-68　选择“Miscellaneous filesystems”子菜单

进入“Miscellaneous filesystems”子菜单后选择将“YFFS2 file system support”设置为编译进内核，如图 4-69 所示。

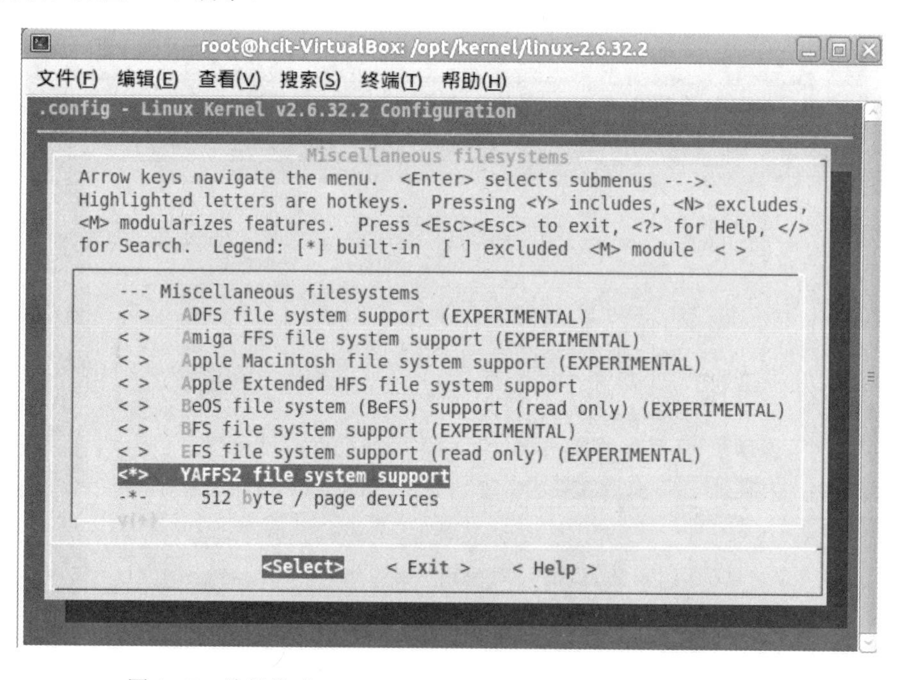

图 4-69　选择将“YFFS2 file system support”设置为编译进内核

（20）指定 NFS 文件系统定制

在图 4-68 所示的“File systems”子菜单中选择“Network File Systems”子菜单，

如图 4-70 所示。

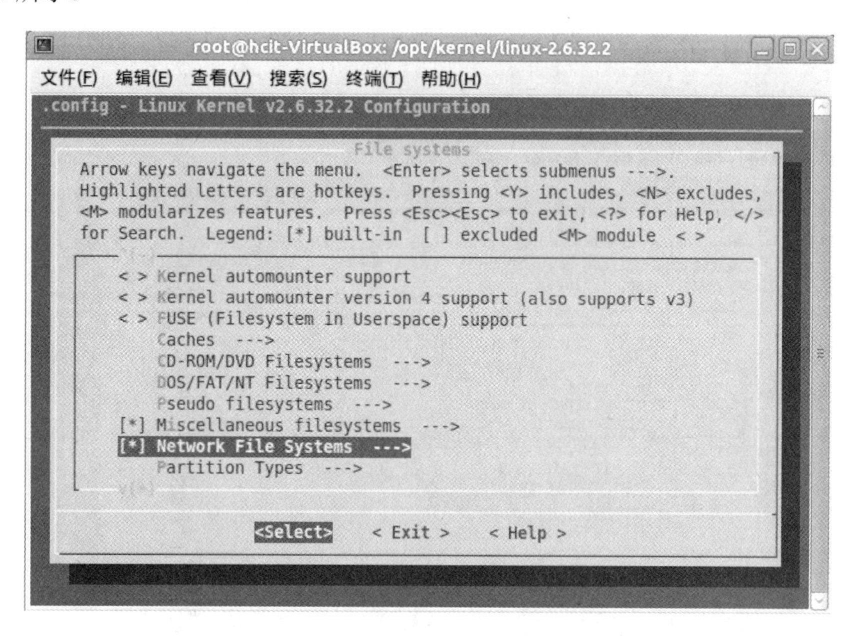

图 4-70　选择“Network File Systems”子菜单

进入“Network File Systems”子菜单后选择将“Root file system on NFS”设置为编译进内核，这样配置编译出的内核就可以通过 NFS 启动系统了，如图 4-71 所示。

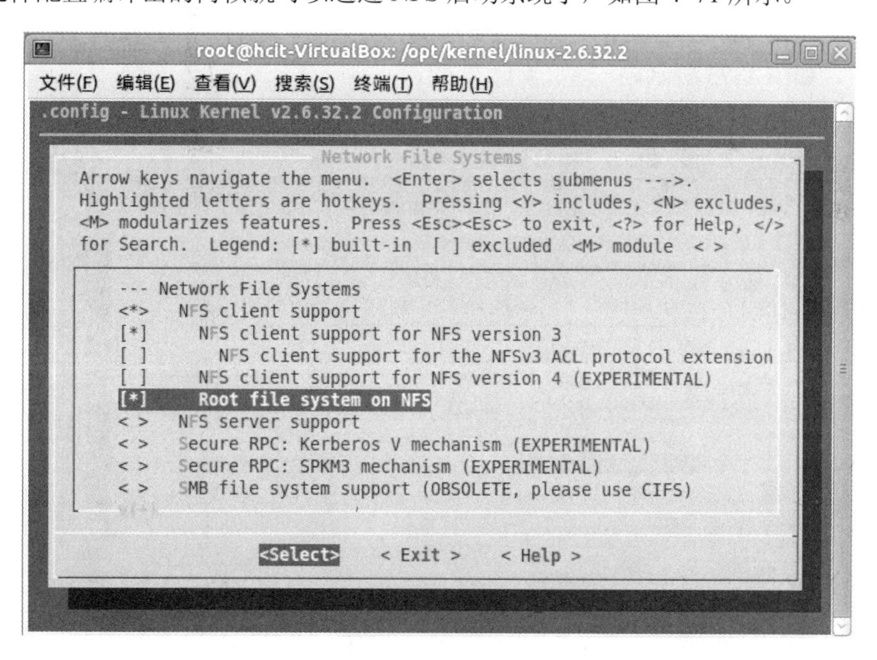

图 4-71　选择将“Root file system on NFS”设置为编译进内核

（21）支持 EXT2/VFAT 等文件系统支持

为了支持优盘或者 SD 卡等存储设备常用的 FAT32 和 NTFS 文件系统，还需要配置与此相关的文件系统支持。

在图 4-68 所示的“File systems”子菜单中选择“DOS/FAT/NT Filesystems”子菜单，如图 4-72 所示。

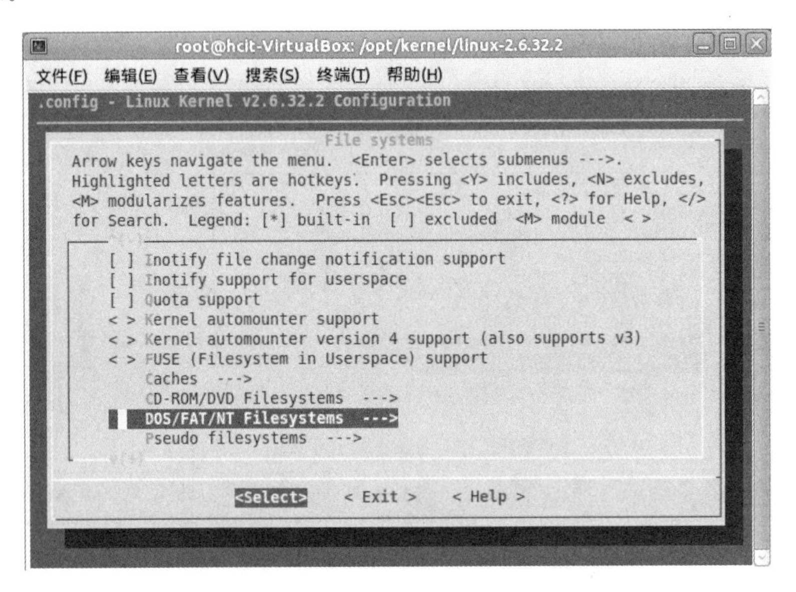

图 4-72 选择“DOS/FAT/NT Filesystems”子菜单

进入“DOS/FAT/NT Filesystems”子菜单后将“VFAT (Windows-95) fs support”和“NTFS file system support”及相关选项设置为编译进内核，这样就可以支持 FAT32 和 NTFS 文件系统了，如图 4-73 所示。

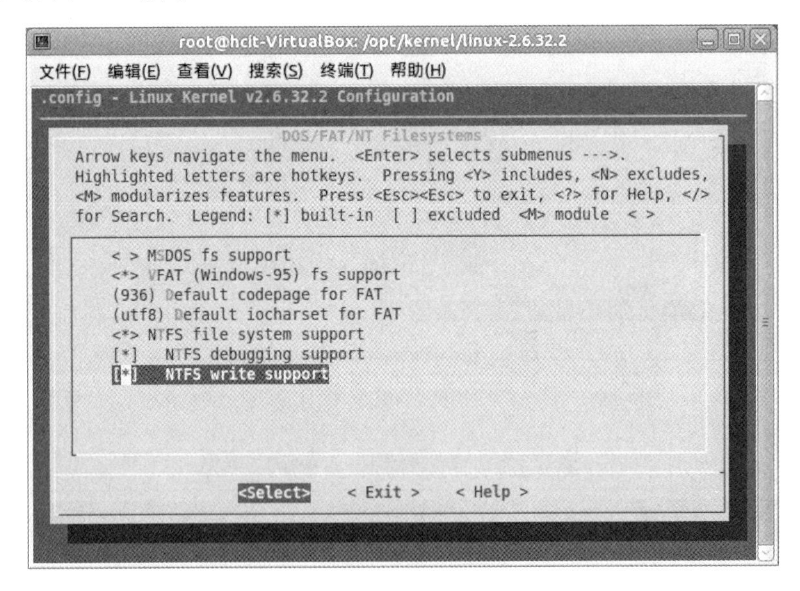

图 4-73 选择对文件系统的支持编译进内核

（22）保存定制

当内核定制完成后，退出菜单，会出现图 4-74 所示的界面。选择“Yes”保存定制。

图 4-74　提示保存定制

4.2.3　制作启动 logo

Linux 的启动 logo 在内核中其实是一个特殊格式的图像文件。它在内核中的位置是 linux-2.6.32.2/drivers/video/logo/linux_logo_clut224.ppm。

1．安装软件 netpbm

在终端中输入命令：

```
sudo apt-get install netpbm
```

此时会在图 4-75 所示的界面中出现 netpbm 安装提示。

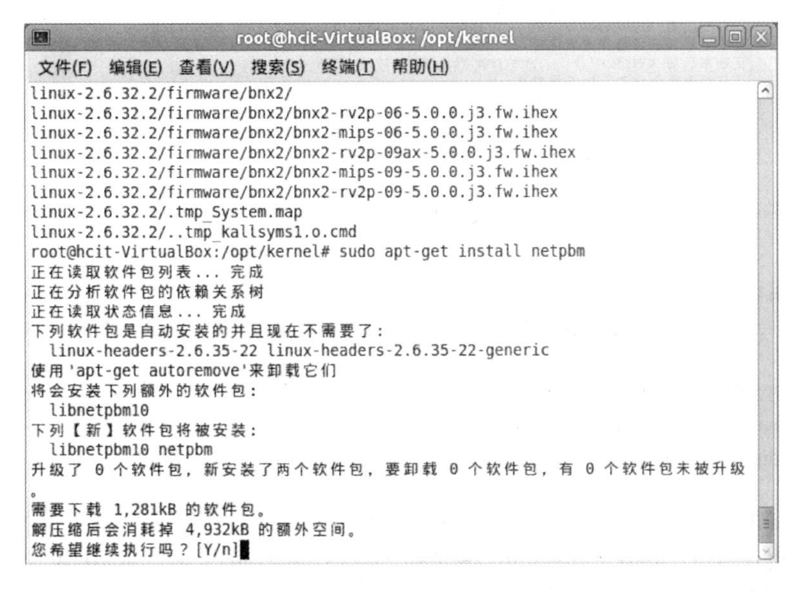

图 4-75　netpbm 安装提示

选择输入“Y”开始下载 netpbm 安装包，如图 4-76 所示。当下载完成后，会自动安装 netpbm，安装完成后的界面如图 4-77 所示。

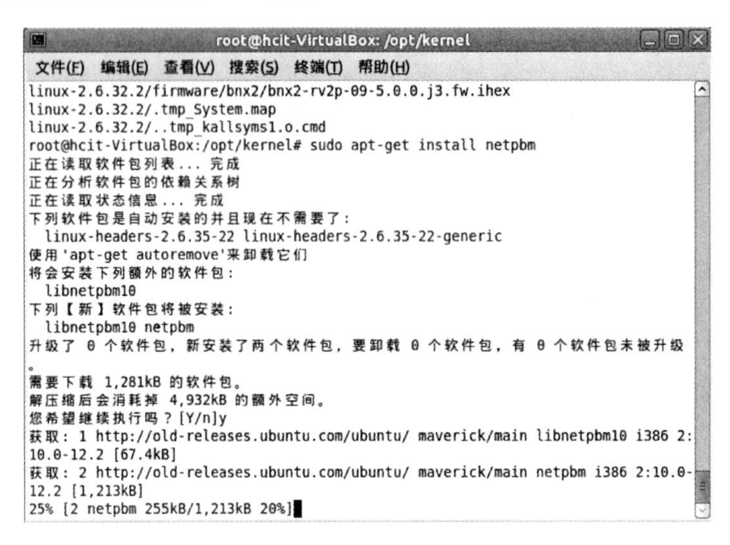

```
root@hcit-VirtualBox: /opt/kernel
文件(F) 编辑(E) 查看(V) 搜索(S) 终端(T) 帮助(H)
linux-2.6.32.2/firmware/bnx2/bnx2-rv2p-09-5.0.0.j3.fw.ihex
linux-2.6.32.2/.tmp_System.map
linux-2.6.32.2/..tmp_kallsyms1.o.cmd
root@hcit-VirtualBox:/opt/kernel# sudo apt-get install netpbm
正在读取软件包列表... 完成
正在分析软件包的依赖关系树
正在读取状态信息... 完成
下列软件包是自动安装的并且现在不需要了:
  linux-headers-2.6.35-22 linux-headers-2.6.35-22-generic
使用'apt-get autoremove'来卸载它们
将会安装下列额外的软件包:
  libnetpbm10
下列【新】软件包将被安装:
  libnetpbm10 netpbm
升级了 0 个软件包，新安装了两个软件包，要卸载 0 个软件包，有 0 个软件包未被升级
。
需要下载 1,281kB 的软件包。
解压缩后会消耗掉 4,932kB 的额外空间。
您希望继续执行吗？[Y/n]y
获取：1 http://old-releases.ubuntu.com/ubuntu/ maverick/main libnetpbm10 i386 2:
10.0-12.2 [67.4kB]
获取：2 http://old-releases.ubuntu.com/ubuntu/ maverick/main netpbm i386 2:10.0-
12.2 [1,213kB]
25% [2 netpbm 255kB/1,213kB 20%]
```

图 4-76　netpbm 下载

```
root@hcit-VirtualBox: /opt/kernel
文件(F) 编辑(E) 查看(V) 搜索(S) 终端(T) 帮助(H)
  libnetpbm10
下列【新】软件包将被安装:
  libnetpbm10 netpbm
升级了 0 个软件包，新安装了两个软件包，要卸载 0 个软件包，有 0 个软件包未被升级
。
需要下载 1,281kB 的软件包。
解压缩后会消耗掉 4,932kB 的额外空间。
您希望继续执行吗？[Y/n]y
获取：1 http://old-releases.ubuntu.com/ubuntu/ maverick/main libnetpbm10 i386 2:
10.0-12.2 [67.4kB]
获取：2 http://old-releases.ubuntu.com/ubuntu/ maverick/main netpbm i386 2:10.0-
12.2 [1,213kB]
下载 1,281kB，耗时 4秒 (275kB/s)
选中了曾被取消选择的软件包 libnetpbm10。
(正在读取数据库 ... 系统当前共安装有 145709 个文件和目录。)
正在解压缩 libnetpbm10 (从 .../libnetpbm10_2%3a10.0-12.2_i386.deb) ...
选中了曾被取消选择的软件包 netpbm。
正在解压缩 netpbm (从 .../netpbm_2%3a10.0-12.2_i386.deb) ...
正在处理用于 man-db 的触发器...
正在设置 libnetpbm10 (2:10.0-12.2) ...
正在设置 netpbm (2:10.0-12.2) ...
正在处理用于 libc-bin 的触发器...
ldconfig deferred processing now taking place
root@hcit-VirtualBox:/opt/kernel#
```

图 4-77　netpbm 安装完成

2．制作启动 logo

准备一张要当启动界面的 bmp 图片，假设是 craig.bmp，在终端中输入以下 3 条命令：

```
bmptoppm craig.bmp >logo.ppm
ppmquant 224 logo.ppm >logo2.ppm
pnmnoraw logo2.ppm >logo4.ppm
```

将 logo4.ppm 重命名为 logo_linux_clut224.ppm，然后替换内核目录 linux-2.6.32.2/drivers/video/logo 下的 logo_linux_clut224.ppm 文件，同时将现有的 logo_linux_clut224.c 和 logo_linux_clut224.o 文件删除即可。

4.2.4 编译内核

在终端中输入命令：

```
make zImage
```

即可开始编译 zImage 内核，如图 4-78 所示。

```
root@hcit-VirtualBox: /opt/kernel/linux-2.6.32.2
文件(F) 编辑(E) 查看(V) 搜索(S) 终端(T) 帮助(H)
scripts/mod/modpost.c:1982: warning: ignoring return value of 'asprintf', declar
ed with attribute warn_unused_result
  HOSTCC  scripts/mod/sumversion.o
  HOSTLD  scripts/mod/modpost
  CC      init/main.o
  CHK     include/linux/compile.h
  CC      init/version.o
  CC      init/do_mounts.o
  LD      init/mounts.o
  CC      init/noinitramfs.o
  CC      init/calibrate.o
  LD      init/built-in.o
  CC      arch/arm/kernel/compat.o
  CC      arch/arm/kernel/elf.o
  AS      arch/arm/kernel/entry-armv.o
  AS      arch/arm/kernel/entry-common.o
  CC      arch/arm/kernel/irq.o
  CC      arch/arm/kernel/process.o
  CC      arch/arm/kernel/ptrace.o
  CC      arch/arm/kernel/return_address.o
  CC      arch/arm/kernel/setup.o
  CC      arch/arm/kernel/signal.o
  CC      arch/arm/kernel/sys_arm.o
```

图 4-78 编译 zImage 内核

编译的过程需要 10~30min 不等，结束后，会在 linux-2.6.32.2/arch/arm/boot 目录下生成 Linux 内核映象文件 zImage，如图 4-79 所示。

可以使用之前小节中介绍的方法把 zImage 下载到开发板进行测试。

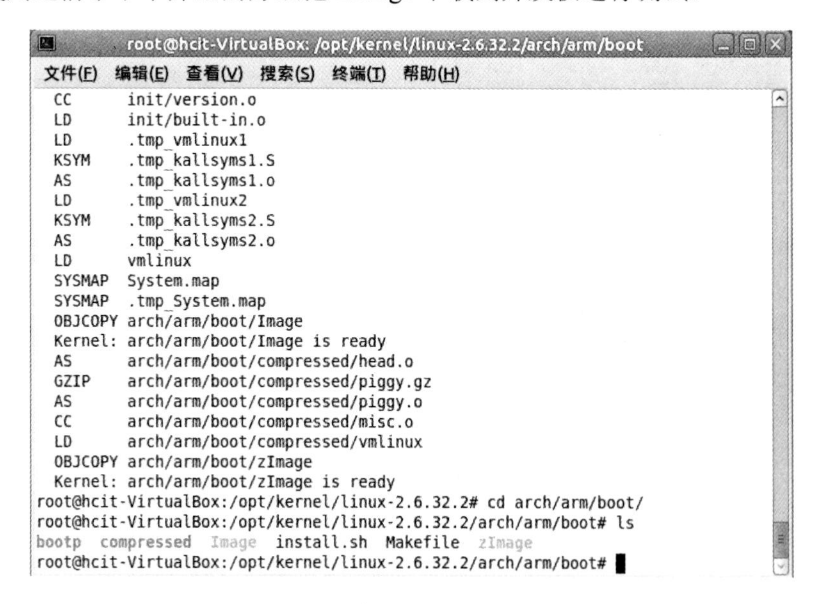

图 4-79 生成 zImage 内核文件

4.3 目标文件系统定制与生成

4.3.1 定制目标文件系统

1．解压安装 rootfs_qtopia_qt4 目标文件系统

在终端中输入命令：

```
sudo cp /mnt/Downloads/rootfs_qtopia_qt4-20110304.tar.gz /opt/rootfs
```

将 rootfs_qtopia_qt4-20110304.tar.gz 文件复制到/opt/rootfs 目录中。进入/opt/rootfs 目录，在终端中输入命令：

```
ls
```

查看/opt/rootfs 目录，复制 rootfs_qtopia_qt4-20110304.tar.gz 如图 4-80 所示。

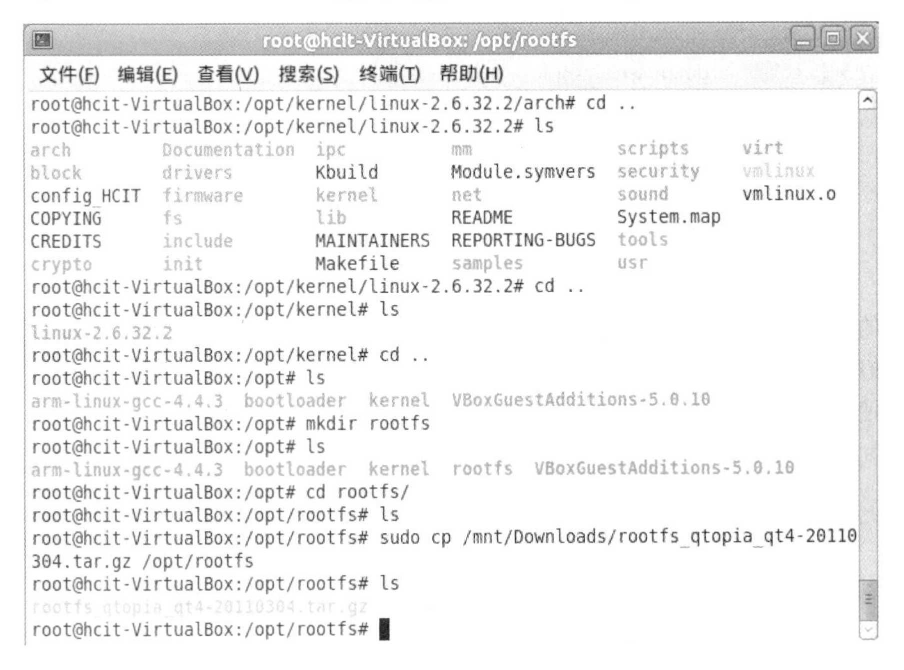

图 4-80　复制 rootfs_qtopia_qt4-20110304.tar.gz

在终端中输入命令：

```
tar -xzvf /opt/rootfs/rootfs_qtopia_qt4-20110304.tar.gz
```

进行解压。解压完成后，在终端中输入命令：

```
ls
```

查看/opt/rootfs 目录，解压 rootfs_qtopia_qt4-20110304.tar.gz 如图 4-81 所示。可以看出在/opt/rootfs 中出现了 rootfs_qtopia_qt4 目录。

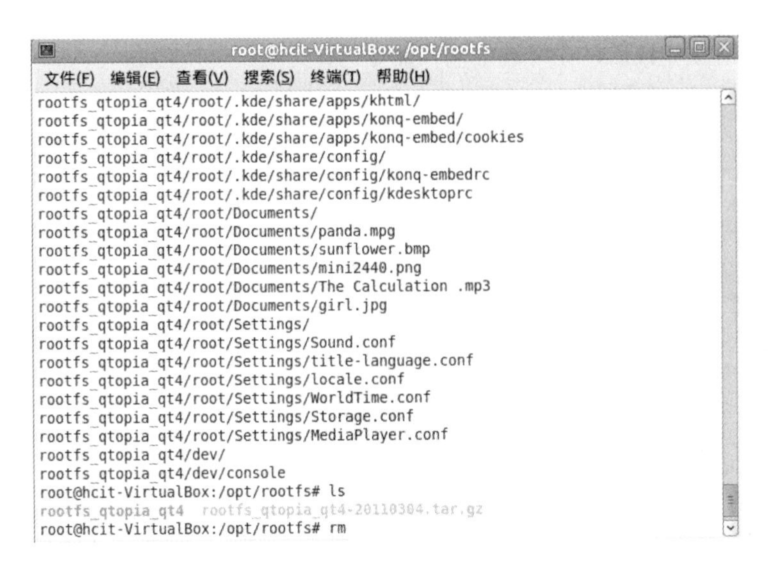

图 4-81 解压 rootfs_qtopia_qt4-20110304.tar.gz

2．向目标文件系统中添加程序运行所需文件

（1）添加 Qt4.7 图形库

1）复制安装包。

在终端中输入命令：

```
sudo cp /mnt/Downloads/Qt4.7-arm-4.7.tgz /opt/rootfs/rootfs_qtopia_qt4/opt
```

将 Qt4.7-arm-4.7.tgz 文件复制到/opt/rootfs/rootfs_qtopia_qt4/opt 目录中。进入/opt/rootfs/rootfs_qtopia_qt4/opt 目录，在终端中输入命令：

```
ls
```

查看/opt/rootfs/rootfs_qtopia_qt4/opt 目录，复制 Qt4.7-arm-4.7.tgz 安装包如图 4-82 所示。

图 4-82 复制 Qt4.7-arm-4.7.tgz 安装包

2）解压缩安装包。

进入/opt/rootfs/rootfs_qtopia_qt4/opt 目录，在终端中输入命令：

```
sudo tar -xzvf Qt4.7-arm-4.7.tgz
```

进行解压。解压完成后，在终端中输入命令：

```
ls
```

查看/opt/rootfs/rootfs_qtopia_qt4/opt 目录，解压 Qt4.7-arm-4.7.tgz 安装包如图 4-83 所示。

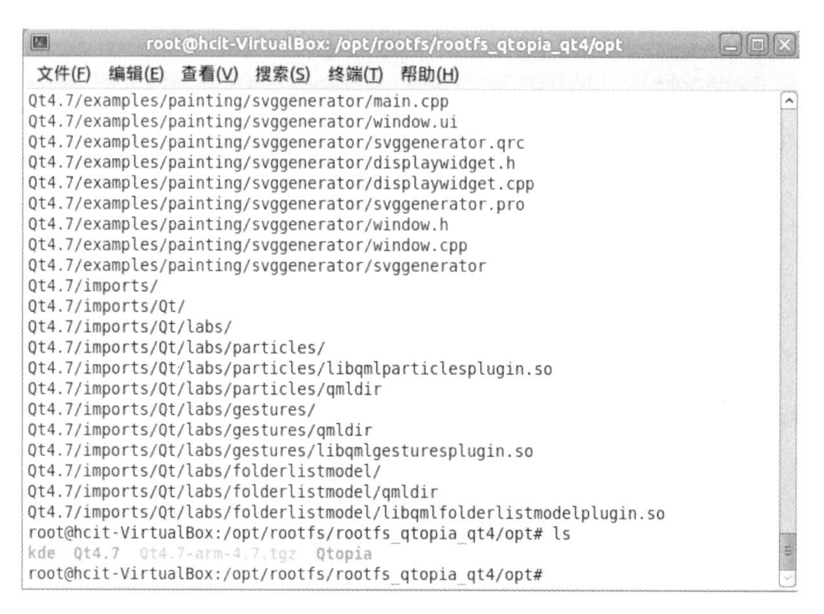

图 4-83 解压 Qt4.7-arm-4.7.tgz 安装包

在终端中输入命令：

```
rm Qt4.7-arm-4.7.tgz
```

删除 Qt4.7-arm-4.7.tgz 安装包。

（2）添加中文字体

在嵌入式系统，主要使用了文泉驿字体。

文泉驿项目是旅美学者房骞骞（FangQ）于 2004 年 10 月创建，致力于开源汉字字体的开发，集中力量解决 GNU/Linux 高质量中文字体匮乏的状况。其官方网址为 http://wenq.org/wqy2/index.cgi。

目前，文泉驿已经开发并发布了第一个完整覆盖 GB18030 汉字（包含 27000 多个汉字）的多规格点阵汉字字库、第一个覆盖 GBK 字符集的开源矢量字库，并提供了目前包含字符数目最多的开源字体 GNU Unifont 中绝大多数中日韩文相关的符号。这些字库已经逐渐成为主流 Linux 发行版中文桌面的首选中文字体，得到了广大中文 Linux 爱好者的支持和喜爱。目前 Ubuntu、Fedora、Slackware、Magic Linux 和 CDLinux 使用文泉驿作为默认中文字体，Debian、Gentoo、Mandriva、ArchLinux 和 Frugalware 则提供了官方源支持。

在终端中输入命令：

```
cp /mnt/Downloads/font_wenquanyi/*.* /opt/rootfs/rootfs_qtopia_qt4/opt/Qt4.7/lib/fonts
```

将文泉驿中文字体文件（font_wenquanyi 目录下的所有文件）复制到/opt/rootfs/rootfs_qtopia_qt4/opt/Qt4.7/lib/fonts 目录下。

进入/opt/rootfs/rootfs_qtopia_qt4/opt/Qt4.7/lib/fonts 目录，在终端中输入命令：

```
ls
```

进行查看，添加文泉驿字体如图 4-84 所示。

```
root@hcit-VirtualBox: /opt/rootfs/rootfs_qtopia_qt4/opt/Qt4.7/lib/fonts
文件(F)  编辑(E)  查看(V)  搜索(S)  终端(T)  帮助(H)
c0649bt_.pfb                    helvetica_140_75i.qpf  UTBI____.pfa
courbi.pfa                      helvetica_140_75.qpf   UTB_____.pfa
courb.pfa                       helvetica_180_50i.qpf  UTI_____.pfa
couri.pfa                       helvetica_180_50.qpf   UTRG____.pfa
cour.pfa                        helvetica_180_75i.qpf  VeraBd.ttf
cursor.pfa                      helvetica_180_75.qpf   VeraBI.ttf
DejaVuSans-BoldOblique.ttf      helvetica_240_50i.qpf  VeraIt.ttf
DejaVuSans-Bold.ttf             helvetica_240_50.qpf   VeraMoBd.ttf
DejaVuSansMono-BoldOblique.ttf  helvetica_240_75i.qpf  VeraMoBI.ttf
DejaVuSansMono-Bold.ttf         helvetica_240_75.qpf   VeraMoIt.ttf
DejaVuSansMono-Oblique.ttf      helvetica_80_50i.qpf   VeraMono.ttf
DejaVuSansMono.ttf              helvetica_80_50.qpf    VeraSeBd.ttf
DejaVuSans-Oblique.ttf          helvetica_80_75i.qpf   VeraSe.ttf
DejaVuSans.ttf                  helvetica_80_75.qpf    Vera.ttf
DejaVuSerif-BoldOblique.ttf     japanese_230_50.qpf    wenquanyi_120_50.qpf
DejaVuSerif-Bold.ttf            l047013t.pfa           wenquanyi_120_75.qpf
DejaVuSerif-Oblique.ttf         l047016t.pfa           wenquanyi_130_50.qpf
DejaVuSerif.ttf                 l047033t.pfa           wenquanyi_130_75.qpf
fixed_120_50.qpf                l047036t.pfa           wenquanyi_150_50.qpf
fixed_70_50.qpf                 l048013t.pfa           wenquanyi_150_75.qpf
helvetica_100_50i.qpf           l048016t.pfa           wenquanyi_160_50.qpf
helvetica_100_50.qpf            l048033t.pfa           wenquanyi_160_75.qpf
helvetica_100_75i.qpf           l048036t.pfa
root@hcit-VirtualBox:/opt/rootfs/rootfs_qtopia_qt4/opt/Qt4.7/lib/fonts#
```

图 4-84　添加文泉驿字体

（3）添加环境配置脚本

在终端中输入命令：

```
cp /mnt/Downloads/setqt4env /opt/rootfs/rootfs_qtopia_qt4/bin
```

将环境配置脚本文件 setqt4env 复制到/opt/rootfs/rootfs_qtopia_qt4/bin 目录下。

4.3.2　生成目标文件系统

1．解压安装目标文件系统映象制作工具 mkyaffs2image

要把上一步中的 rootfs_qtopia_qt4 目录烧写入目标板中使用，就需要使用相应的 mkyaffs2image 工具了，它是一个命令行的程序，使用它可以把主机上的目标文件系统目录制作成一个映象文件，以烧写到开发板中。

在终端中输入命令：

```
tar -xvzf /mnt/Downloads/mktools-20120518.tar.gz -C/
```

在命令行中，C 是大写的，C 后面有个“/”，C 是改变解压安装目录的意思。

此时 mkyaffs2image 会被安装到/usr/sbin 目录下，如图 4-85 所示。

可以看出：针对不同的系统，有不同的 mkyaffs2image 工具，针对 Micro2440，选择使用 mkyaffs2image-128M。

图 4-85　安装 mkyaffs2image 工具

2. 生成 YAFFS 文件系统映象

进入/opt/rootfs 目录，在终端中输入命令：

```
mkyaffs2image-128M rootfs_qtopia_qt4 rootfs_qtopia_qt4.img
```

将开始生成文件系统映象，此时往往会出现图 4-86 所示的“Error opening file: Too many open files”错误。

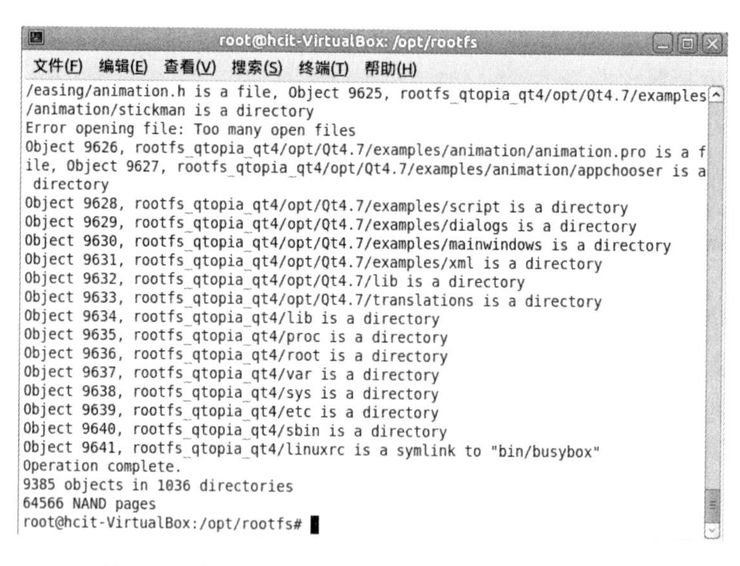

图 4-86　“Error opening file: Too many open files”错误

这是因为 Linux 有文件句柄限制，而且 Linux 默认不是很高，一般都是 1024。在终端中输入命令：

```
ulimit -n
```

进行查看，Linux 文件句柄限制如图 4-87 所示。

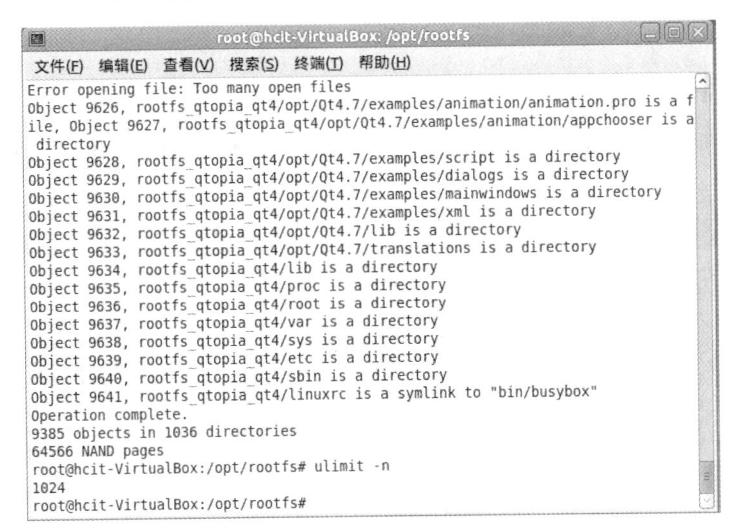

图 4-87 Linux 文件句柄限制

在终端中输入命令：

```
ulimit -n 10240
```

将文件句柄修改为 10240，但是 ulimit 命令修改的数值只对当前登录用户的目前使用环境有效，系统重启或者用户退出后就会失效。

再次在终端中输入命令：

```
mkyaffs2image-128M rootfs_qtopia_qt4 rootfs_qtopia_qt4.img
```

将开始在当前目录下生成 rootfs_qtopia_qt4.img 映象文件，如图 4-88 所示。

图 4-88 生成 rootfs_qtopia_qt4.img 映象文件

当生成完成后，在终端中输入命令：

```
ls
```

可以查看 rootfs_qtopia_qt4.img 映象文件，如图 4-89 所示。

可以使用之前小节中介绍的方法把 rootfs_qtopia_qt4.img 映象文件下载到开发板进行测试。

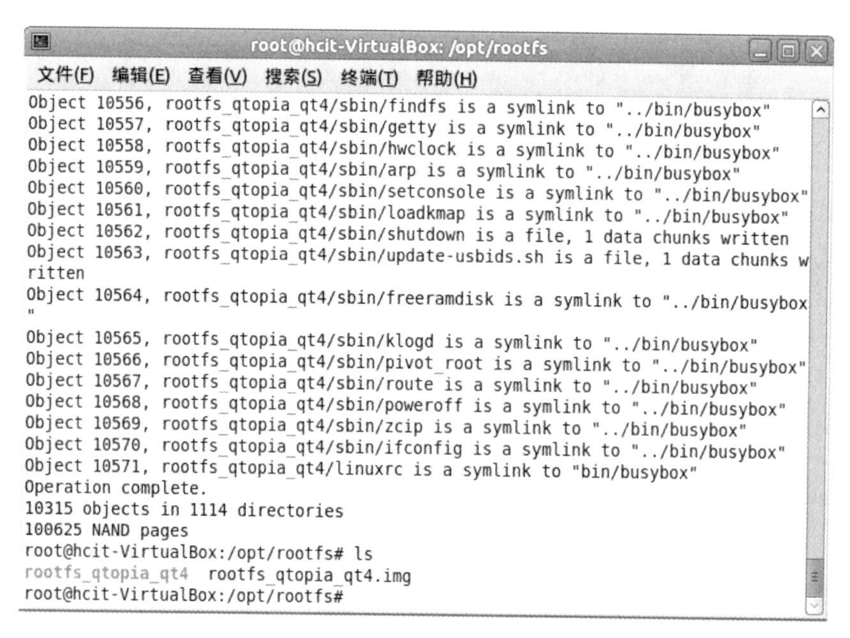

图 4-89 查看 rootfs_qtopia_qt4.img 映象文件

4.4 实训

1. 独立完成 vboot 的生成，将其下载至 Micro2440 开发板中，验证其功能是否实现。

2. 独立完成 Linux 内核的定制，并生成 zImage，将其下载至 Micro2440 开发板中，验证其功能是否实现。

3. 独立完成目标文件系统的生成，将其下载至 Micro2440 开发板中，验证其功能是否实现。

4.5 习题

1. 什么是依赖包？其作用是什么？

2. 依赖包关系问题的解决方法有哪些？

第 5 章　嵌入式操作系统的使用

5.1　登录嵌入式操作系统

5.1.1　使用串口登录嵌入式操作系统

1．设置 root 账户密码

当嵌入式操作系统安装完成并启动后，在 PC 的超级终端中：

➢ 对于 Micro2440 开发板会出现图 2-39 提示的界面。

➢ 对于 Smart210 开发板会出现图 2-56 提示的界面。

➢ 对于 A8 实验仪会出现图 2-70 和图 2-71 提示的界面。

对比这几个界面可以发现：Micro2440 开发板和 Smart210 开发板并没有设置 root 账户密码。此时，可以设置 root 账户密码。

在超级终端中输入命令：

```
passwd
```

会出现图 5-1 所示的界面。

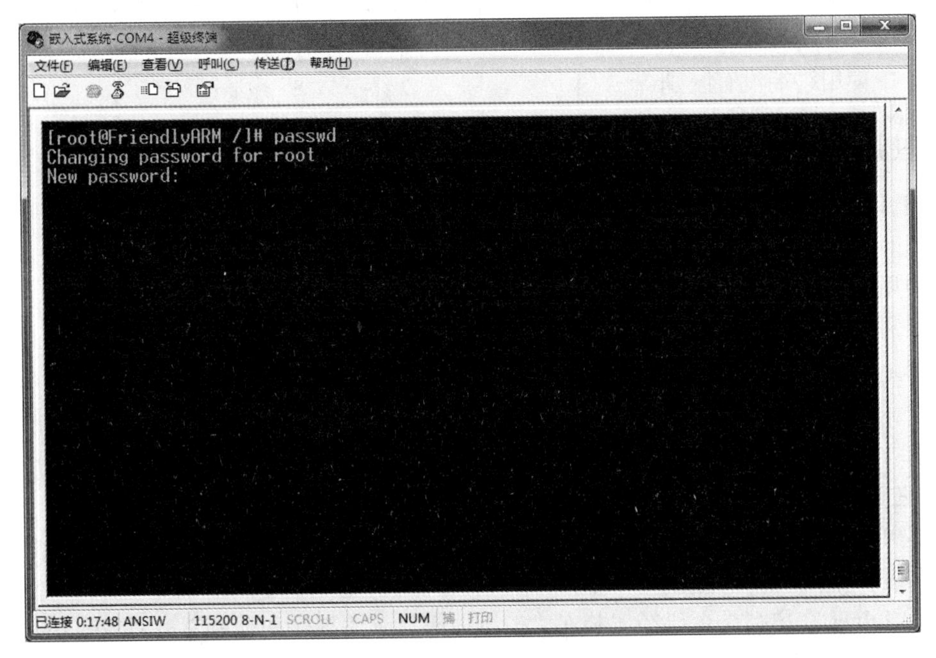

图 5-1　设置 root 账户密码

按照提示进行设置 root 账户的密码，在这里设置为“111111”。当设置 root 账户密码完成后会出现图 5-2 所示的界面。

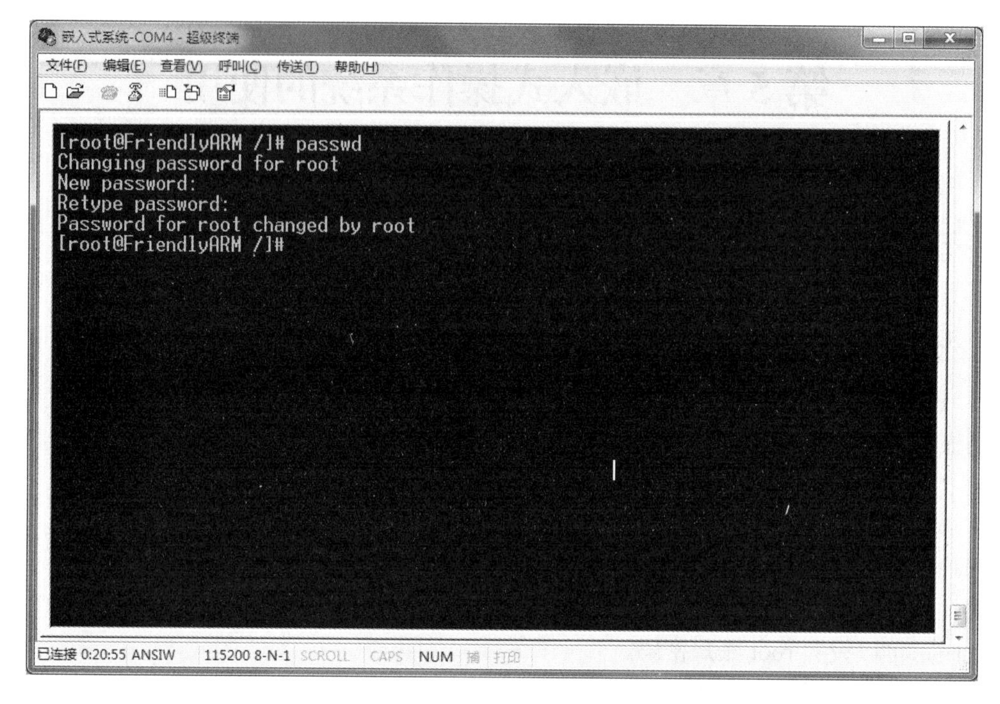

图 5-2　设置 root 账户密码完成

2．其他命令行操作

根据前面的介绍，结合在嵌入式系统中设置密码的操作可以看出：仅仅在 PC 上需要一个终端模拟软件就可以使用串口提供的标准输入、输出来操作嵌入式 Linux，使用习惯跟在 Linux PC 中使用终端没有区别。

5.1.2　使用 Telnet 登录嵌入式操作系统

1．Telnet 协议简介

Telnet 协议是 TCP/IP 协议族中的一员，是 Internet 远程登录服务的标准协议和主要方式。它为用户提供了在本地计算机上完成远程主机工作的能力。在终端使用者的计算机上使用 telnet 程序，用它连接到服务器。终端使用者可以在 telnet 程序中输入命令，这些命令会在服务器上运行，就像直接在服务器的控制台上输入一样。可以在本地就能控制服务器。要开始一个 telnet 会话，必须输入用户名和密码来登录服务器。Telnet 是常用的远程控制 Web 服务器的方法。

2．在 PC 中添加 Telnet 客户端功能

在本书中，PC 中安装的操作系统为 Windows 系列操作系统。以 Windows 7 为例，如果要使用系统自带的 Telnet 功能，一定要确保 Telnet 客户端已经安装。

查看 Telnet 客户端是否已经安装在“控制面板”→“程序和功能”→“Windows 功能”选项中，如图 5-3 所示，Telnet 客户端已经安装。

3．设置 IP 地址

（1）查看嵌入式系统的网络信息

在 Linux 中，显示或设置网络设备使用 ifconfig 命令。

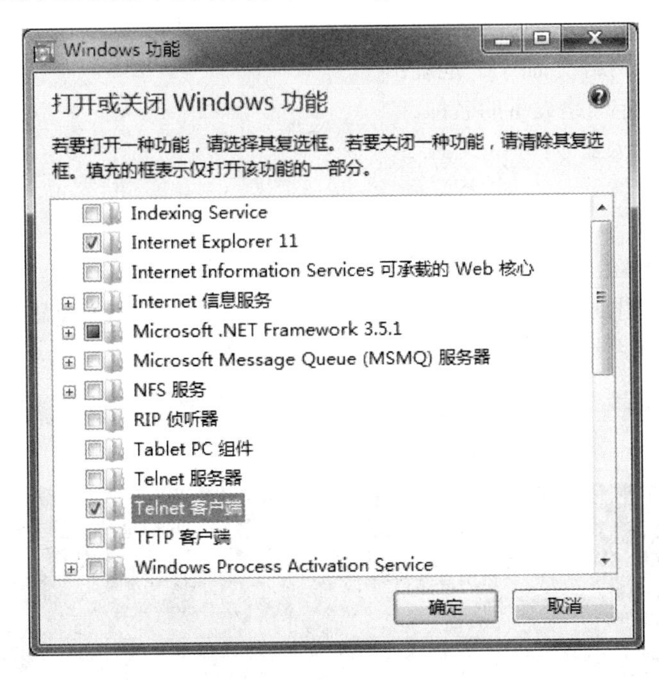

图 5-3　Windows 功能

功能：ifconfig 可设置网络设备的状态，或是显示目前的设置。

参数与格式：

ifconfig [网络设备][down up –allmulti –arp -promisc][add<地址>][del<地址>][<hw<网络设备类型><硬件地址>][io_addr<I/O 地址>][irq<IRQ 地址>][media<网络媒介类型>][mem_start<内存地址>][metric<数目>][mtu<字节>][netmask<子网掩码>][tunnel<地址>][-broadcast<地址>][-pointopoint<地址>][IP 地址]

参数说明：add<地址>：设置网络设备 IPv6 的 IP 地址；

del<地址>：删除网络设备 IPv6 的 IP 地址；

down：关闭指定的网络设备；

<hw<网络设备类型><硬件地址>：设置网络设备的类型与硬件地址；

io_addr<I/O 地址>：设置网络设备的 I/O 地址；

irq<IRQ 地址>：设置网络设备的 IRQ；

media<网络媒介类型>：设置网络设备的媒介类型；

mem_start<内存地址>：设置网络设备在主内存所占用的起始地址；

metric<数目>：指定在计算数据包的转送次数时所要加上的数目；

mtu<字节>：设置网络设备的 MTU；

netmask<子网掩码>：设置网络设备的子网掩码；

tunnel<地址>：建立 IPv4 与 IPv6 之间的隧道通信地址；

up：启动指定的网络设备；
-broadcast<地址>：将要送往指定地址的数据包当成广播数据包来处理；
-pointopoint<地址>：与指定地址的网络设备建立直接连线，此模式具有保密功能；
-promisc：关闭或启动指定网络设备的 promiscuous 模式；
[IP 地址]：指定网络设备的 IP 地址；
[网络设备]：指定网络设备的名称。
在超级终端中输入命令：

```
ifconfig -a
```

来查看嵌入式系统的网络信息，如图 5-4 所示。
其中 eth0 为物理网卡，其 IP 地址被设置为 192.168.1.230，子网掩码为 255.255.255.0。
（2）设置嵌入式系统的网络信息

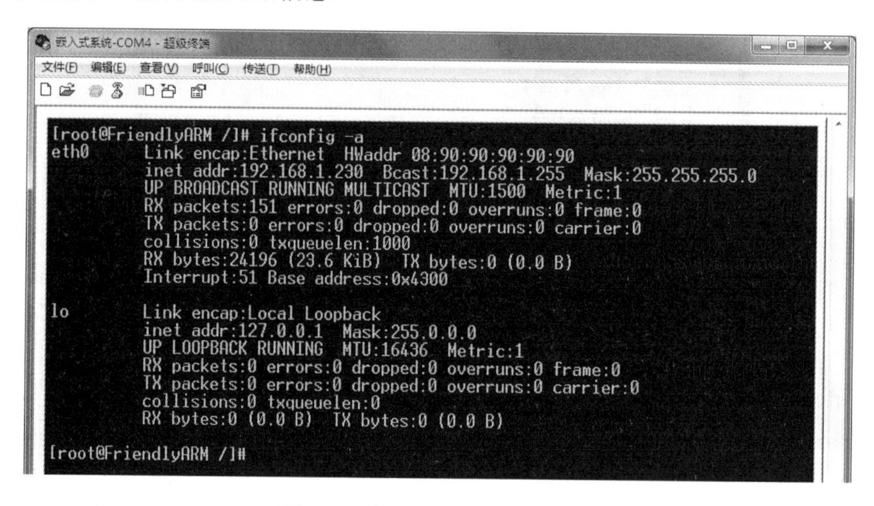

图 5-4　嵌入式系统的网络信息

在超级终端中输入命令：

```
ifconfig eth0 192.168.1.200 netmask 255.255.255.0
```

将 eth0 的 IP 地址设置为 192.168.1.200，子网掩码设置为 255.255.255.0。此时最好重启一下 eth0，在超级终端中输入命令：

```
ifconfig eth0 down
```

关闭 eth0，然后在超级终端中输入命令：

```
ifconfig eth0 up
```

开启 eth0。此时在超级终端中输入命令：

```
ifconfig -a
```

查看修改嵌入式系统的网络信息，如图 5-5 所示。

```
嵌入式系统-COM4 - 超级终端
文件(F) 编辑(E) 查看(V) 呼叫(C) 传送(T) 帮助(H)

[root@FriendlyARM /]# ifconfig eth0 down
[root@FriendlyARM /]# ifconfig eth0 up
eth0: link down
[root@FriendlyARM /]# eth0: link up, 100Mbps, full-duplex, lpa 0xCDE1

[root@FriendlyARM /]# ifconfig -a
eth0      Link encap:Ethernet  HWaddr 08:90:90:90:90:90
          inet addr:192.168.1.200  Bcast:192.168.1.255  Mask:255.255.255.0
          UP BROADCAST RUNNING MULTICAST  MTU:1500  Metric:1
          RX packets:321 errors:0 dropped:0 overruns:0 frame:0
          TX packets:0 errors:0 dropped:0 overruns:0 carrier:0
          collisions:0 txqueuelen:1000
          RX bytes:50888 (49.6 KiB)  TX bytes:0 (0.0 B)
          Interrupt:51 Base address:0x4300

lo        Link encap:Local Loopback
          inet addr:127.0.0.1  Mask:255.0.0.0
          UP LOOPBACK RUNNING  MTU:16436  Metric:1
          RX packets:0 errors:0 dropped:0 overruns:0 frame:0
          TX packets:0 errors:0 dropped:0 overruns:0 carrier:0
          collisions:0 txqueuelen:0
          RX bytes:0 (0.0 B)  TX bytes:0 (0.0 B)

[root@FriendlyARM /]# _

已连接 1:20:56 ANSIW   115200 8-N-1   SCROLL   CAPS   NUM   捕   打印
```

图 5-5　修改嵌入式系统的网络信息

（3）修改 PC 的网络信息

打开本地连接的属性设置，如图 5-6 所示。

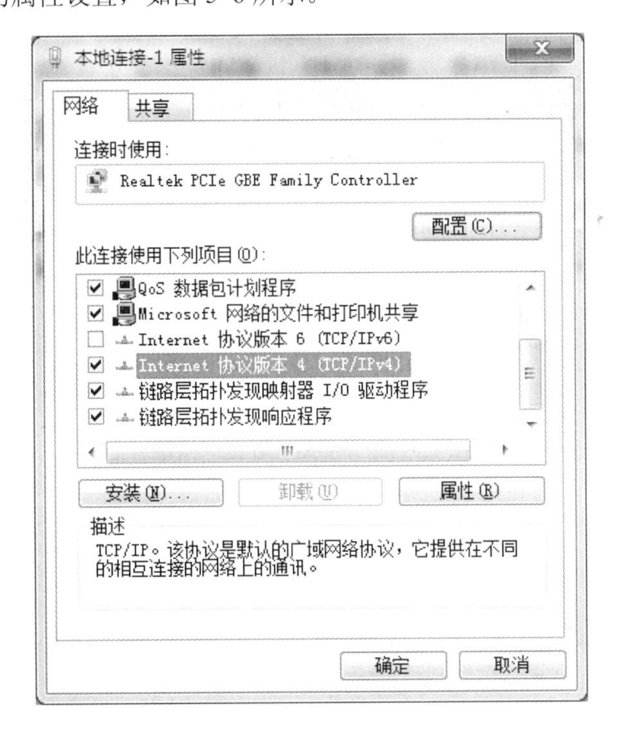

图 5-6　本地连接的属性

在图 5-6 所示的界面中，选中“Internet 协议版本 4 （TCP/IPv4）”。单击“属性”按钮，进入属性设置界面，修改本地连接的 IP 地址如图 5-7 所示。按照图 5-7 的参数进行相关设置即可。

4．使用 Telnet 登录嵌入式操作系统

首先打开 Windows 中的命令提示符，如图 5-8 所示。

在命令提示符中使用 telnet 命令进行远程登录。

参数与格式：

```
telnet [-a][-e escape char][-f log file][-l user][-t term][host [port]]
```

参数说明：-a：企图自动登录；除了用当前已登录的用户名以外，与-l 选项相同；

-e：跳过字符来进入 telnet 客户提示；

-f：客户端登录的文件名；

-l：指定远程系统上登录用的用户名称（要求远程系统支持 TELNET ENVIRON 选项）；

-t：指定终端类型，支持的终端类型仅是 vt100、vt52、ansi 和 vtnt；

host：指定要连接的远程计算机的主机名或 IP 地址；

port：指定端口号或服务名。

在命令提示符中输入命令：

```
telnet 192.168.1.200
```

出现图 5-9 所示的嵌入式操作系统登录界面。由于在 5.1.1 小节中，设置了 root 账户的密码，所以在这里使用 root 账户登录，密码为“111111”。嵌入式操作系统登录成功界面如图 5-10 所示。

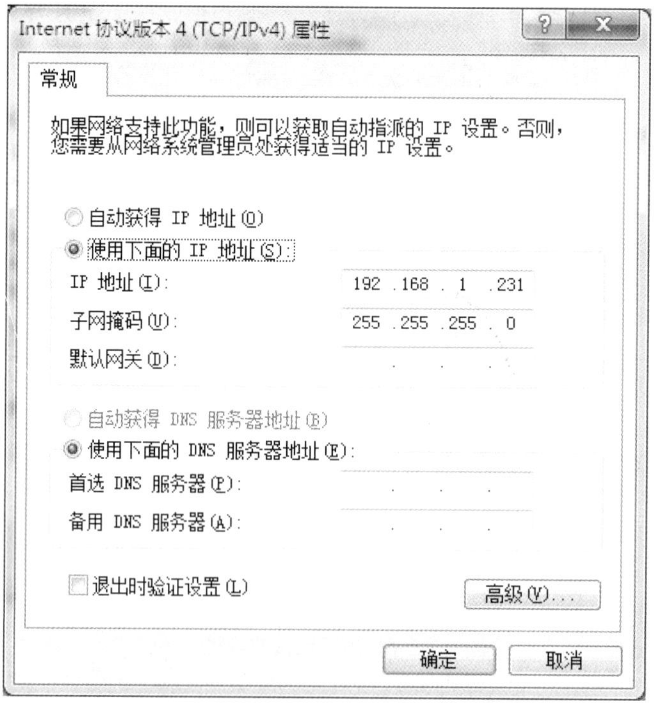

图 5-7　修改本地连接的 IP 地址

图 5-8　命令提示符

图 5-9　嵌入式操作系统登录界面

图 5-10　嵌入式操作系统登录成功界面

此时，就可以像使用超级终端一样使用命令提示符来操作嵌入式操作系统了，如图 5-11 和图 5-12 所示。

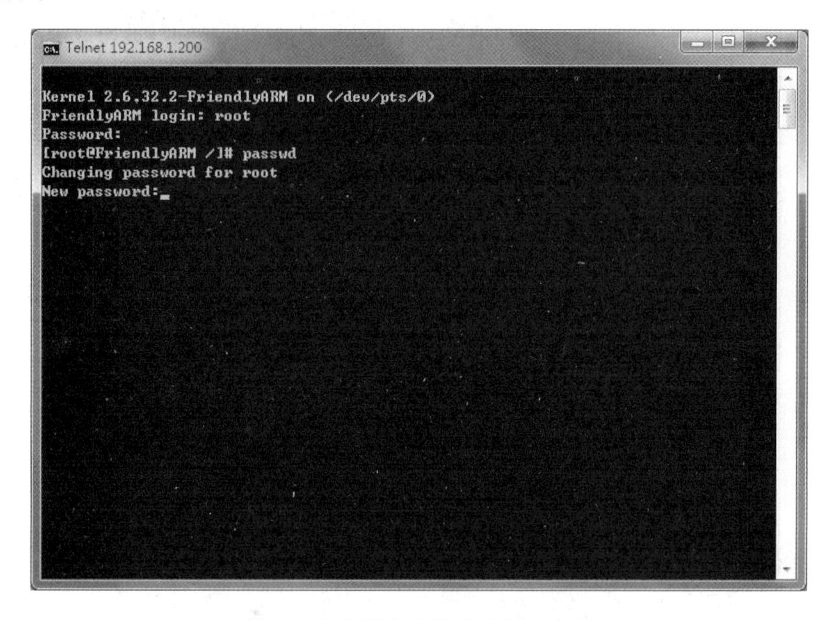

图 5-11　使用命令提示符修改密码

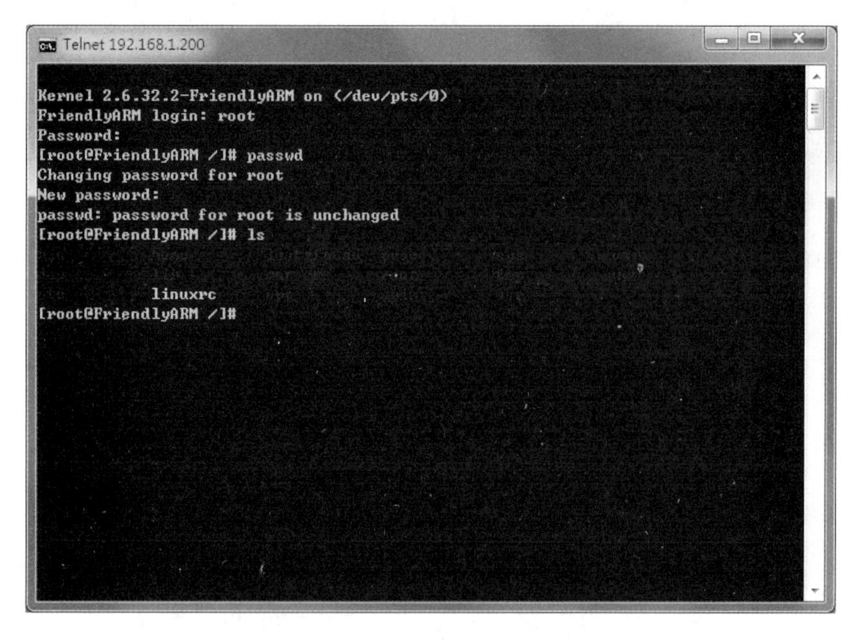

图 5-12　使用命令提示符查看文件夹

5.2　程序上传与运行

在 5.2 节中，假定有一个图形化程序 HelloQt 需要在嵌入式系统中运行。

5.2.1 使用 U 盘上传程序

将编译生成的可执行文件复制到 U 盘中，为了提高 U 盘在嵌入式系统中被识别的成功率，建议使用原生的 U 盘，而不使用 USB 读卡器+存储卡的组合形式，同时保证其存储格式为 FAT32 或 VFAT。

将 U 盘从 PC 上拔下后插入嵌入式系统，嵌入式系统会在根目录下创建 udisk 目录，并自动挂载 USB 存储设备到该目录，此时在控制台会出现类似图 5-13 所示的信息。

需要注意的是：实际上 USB 存储设备对应的设备名为/dev/udisk。

```
超级终端-COM1-嵌入式 - 超级终端
文件(F) 编辑(E) 查看(V) 呼叫(C) 传送(T) 帮助(H)

[root@FriendlyARM /]# usb 1-1.4: new full speed USB device using s3c2410-ohci an
d address 3
usb 1-1.4: New USB device found, idVendor=058f, idProduct=6387
usb 1-1.4: New USB device strings: Mfr=1, Product=2, SerialNumber=3
usb 1-1.4: Product: Mass Storage
usb 1-1.4: Manufacturer: Generic
usb 1-1.4: SerialNumber: 6CA25C39
usb 1-1.4: configuration #1 chosen from 1 choice
scsi0 : SCSI emulation for USB Mass Storage devices
scsi 0:0:0:0: Direct-Access     Generic  Flash Disk       8.07 PQ: 0 ANSI: 2
sd 0:0:0:0: Attached scsi generic sg0 type 0
sd 0:0:0:0: [sda] 3948544 512-byte logical blocks: (2.02 GB/1.88 GiB)
sd 0:0:0:0: [sda] Write Protect is off
sd 0:0:0:0: [sda] Assuming drive cache: write through
sd 0:0:0:0: [sda] Assuming drive cache: write through
 sda: sda1
sd 0:0:0:0: [sda] Assuming drive cache: write through
sd 0:0:0:0: [sda] Attached SCSI removable disk
FAT: utf8 is not a recommended IO charset for FAT filesystems, filesystem will b
e case sensitive!

[root@FriendlyARM /]#

已连接 0:10:4 ANSIW 115200 8-N-1 SCROLL CAPS NUM 捕 打印
```

图 5-13 插入 USB 存储设备相关提示信息

在超级终端中输入命令：

```
cd /udisk
```

可以进入 U 盘。

在超级终端中输入命令：

```
ls
```

可以查看 U 盘中的文件，如图 5-14 所示。

在超级终端中输入命令：

```
cp /udisk/HelloQt /usr
```

将可执行文件复制到/usr 文件夹。

5.2.2 使用串口上传程序

1．Modem 的传输协议简介

Modem（调制解调器）是 Modulator（调制器）与 Demodulator（解调器）的简称。它是在发送端通过调制将数字信号转换为模拟信号，而在接收端通过解调再将模拟信号转换为数字信号的一种装置。早期的 Modem 放置于 PC 机箱外，通过串行通信口与 PC 连接。

Modem 的传输协议包括调制协议（Modulation Protocols）、差错控制协议（Error Control Protocols）、数据压缩协议（Data Compression Protocols）和文件传输协议。

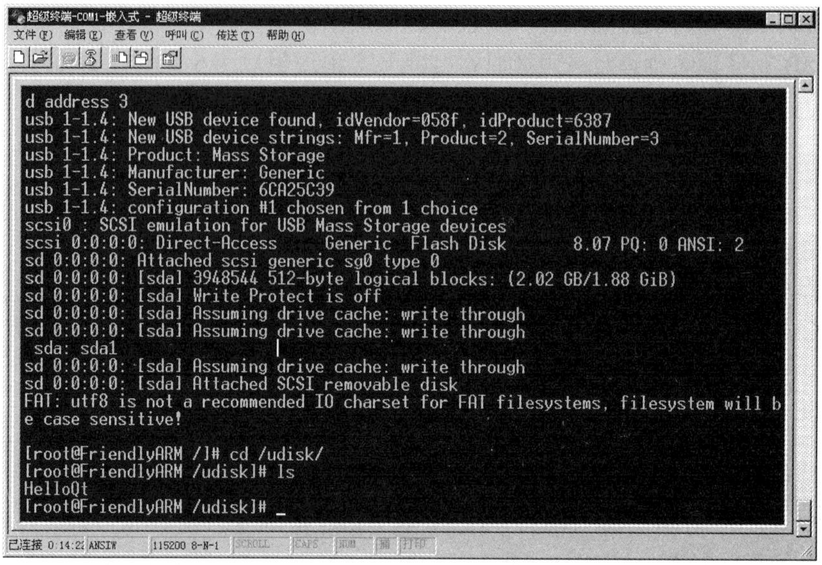

```
d address 3
usb 1-1.4: New USB device found, idVendor=058f, idProduct=6387
usb 1-1.4: New USB device strings: Mfr=1, Product=2, SerialNumber=3
usb 1-1.4: Product: Mass Storage
usb 1-1.4: Manufacturer: Generic
usb 1-1.4: SerialNumber: 6CA25C39
usb 1-1.4: configuration #1 chosen from 1 choice
scsi0 : SCSI emulation for USB Mass Storage devices
scsi 0:0:0:0: Direct-Access     Generic  Flash Disk       8.07 PQ: 0 ANSI: 2
sd 0:0:0:0: Attached scsi generic sg0 type 0
sd 0:0:0:0: [sda] 3948544 512-byte logical blocks: (2.02 GB/1.88 GiB)
sd 0:0:0:0: [sda] Write Protect is off
sd 0:0:0:0: [sda] Assuming drive cache: write through
sd 0:0:0:0: [sda] Assuming drive cache: write through
 sda: sda1
sd 0:0:0:0: [sda] Assuming drive cache: write through
sd 0:0:0:0: [sda] Attached SCSI removable disk
FAT: utf8 is not a recommended IO charset for FAT filesystems, filesystem will b
e case sensitive!

[root@FriendlyARM /]# cd /udisk/
[root@FriendlyARM /udisk]# ls
HelloQt
[root@FriendlyARM /udisk]# _
```

图 5-14　U 盘中的文件

XModem 文件传输协议是一种使用拨号调制解调器的个人计算机通信中广泛使用的异步文件运输协议。这种协议以 128B 块的形式传输数据，并且每个块都使用一个校验和过程来进行错误检测。如果接收方关于一个块的校验和与它在发送方的校验和相同时，接收方就向发送方发送一个认可字节。然而，这种对每个块都进行认可的策略将导致低性能，特别是具有很长传播延迟的卫星连接的情况时，问题更加严重。

使用循环冗余校验的与 XModem 相应的一种协议称为 XModem-CRC。还有一种是 XModem-1K，它以 1024B 一块来传输数据。YModem 也是一种 XMODEM 的实现。它包括 XModem-1K 的所有特征，另外，在一次单一会话期间，为发送一组文件，增加了批处理文件传输模式。

ZModem 是最有效的一个 XMODEM 版本，它不需要对每个块都进行认可。事实上，它只是简单地要求对损坏的块进行重发。ZModem 对按块收费的分组交换网络是非常有用的，不需要认可回送分组在很大程度上减少了通信量。它是 XModem 文件传输协议的一种增强形式，不仅能传输更大的数据，而且错误率更小。ZModem 包含了一种名为检查点重启的特性，如果通信链接在数据传输过程中中断，能从断点处而不是从开始处恢复传输。

2．使用串口上传程序

在超级终端中输入命令：

```
cd /usr
```

进入/usr 目录。

在超级终端中输入命令：

ls

进行查看，此时/usr 文件夹中的文件如图 5-15 所示。

使用 ZModem 文件传输协议将嵌入式系统看做是 Linux 服务器，从本地上传文件到 Linux 服务器使用 rz 命令。

功能：从本地上传文件到 Linux 服务器。

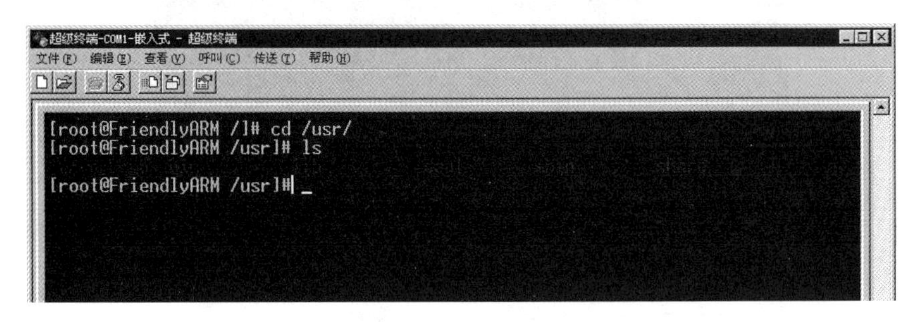

图 5-15 /usr 文件夹中的文件

参数与格式：

rz

在超级终端中输入命令：

rz

即可进入等待接收状态，如图 5-16 所示。在超级终端中的“传送”菜单中选择“发送文件”选项，如图 5-17 所示。此时会弹出图 5-18 所示的“文件和协议选择”对话框。

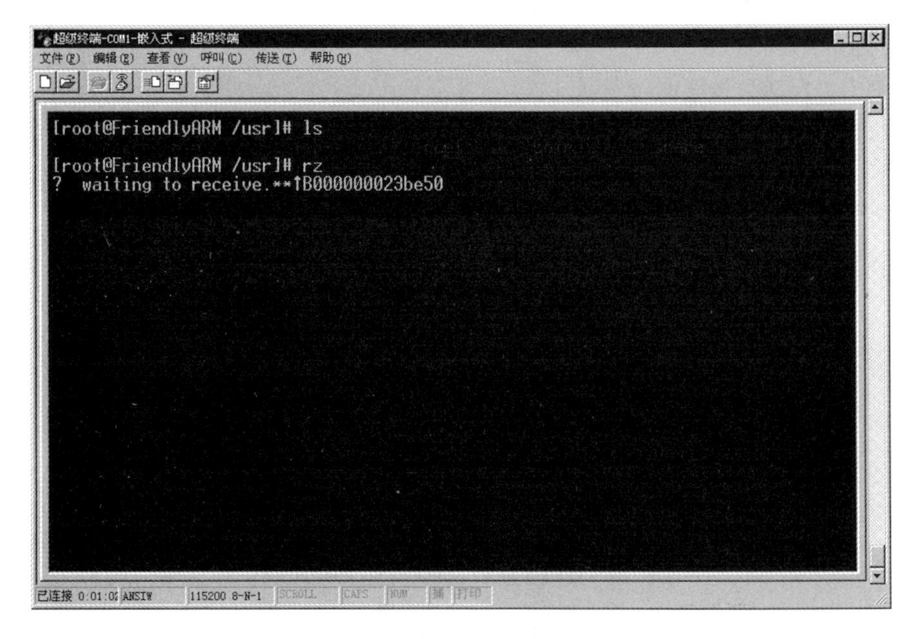

图 5-16 等待接收文件

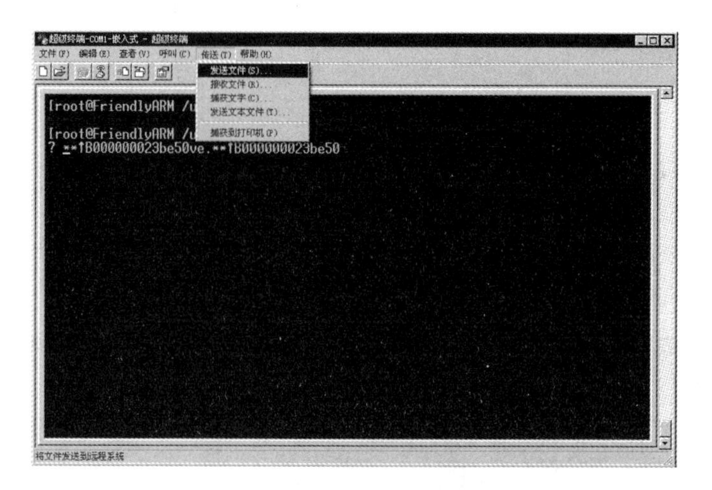

图 5-17　发送文件选项

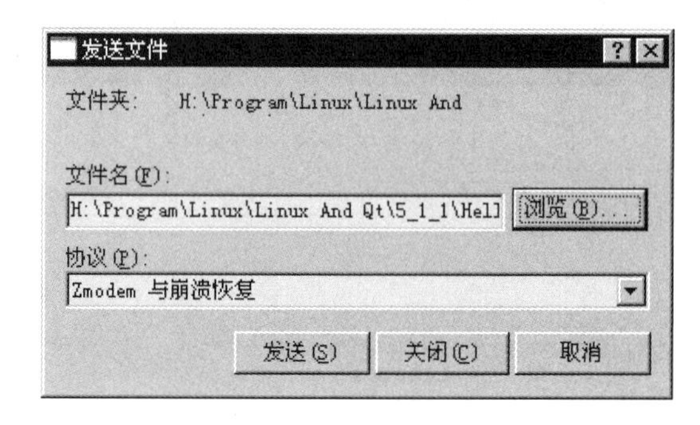

图 5-18　“文件和协议选择”对话框

在图 5-18 所示的界面中：

➢ 文件名选择当前项目针对 Embedded Linux 编译生成的可执行文件；
➢ 协议选择 Zmodem 与崩溃恢复。

然后单击“发送”按钮即可发送文件。

当嵌入式系统接收完成后在超级终端中输入命令：

```
ls
```

进行查看，接收完成后的/usr 文件夹中的文件如图 5-19 所示，可以看出：此时 HelloQt 并不是一个可执行文件。

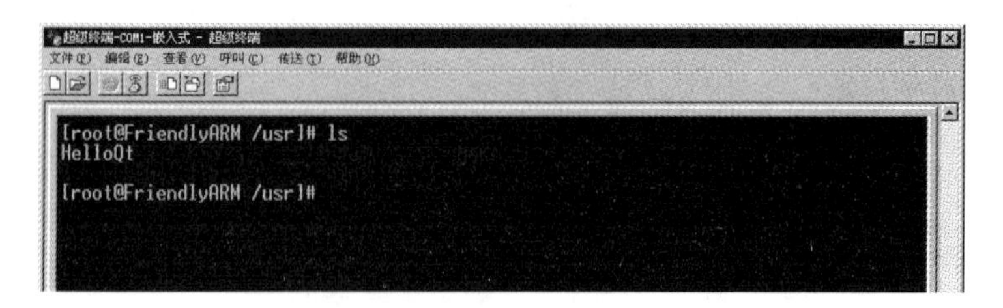

图 5-19　接收完成后的/usr 文件夹中的文件

在 Linux 中修改文件的可执行权限使用 chmod 命令。

功能：chmod 命令可以变更文件或目录的权限。

参数与格式：

chmod[-cfRv][--help][--version][<权限范围>+/-/=<权限设置……>][文件或目录……]

或 chmod[-cfRv][--help][--version][数字代号][文件或目录……]

或 chmod[-cfRv][--help][--reference=<参考文件或目录>][--version][文件或目录……]

参数说明：-c 或—changes：效果类似“-v”参数，但仅回报更改的部分；

-f 或--quiet 或—silent：不显示错误信息；

-R 或—recursive：递归处理，将指定目录下的所有文件及子目录一并处理；

-v 或—verbose：显示命令执行过程；

--help：在线帮助；

--reference=<参考文件或目录>：把指定文件或目录的权限全部设成和参考文件或目录的权限相同；

--version 显示版本信息；

<权限范围>+<权限设置>：开启权限范围的文件或目录的该项权限设置；

<权限范围>-<权限设置>：关闭权限范围的文件或目录的该项权限设置；

<权限范围>=<权限设置>：指定权限范围的文件或目录的该项权限设置。

补充说明：在 UNIX 系统家族里，一般文件或目录权限的控制分别以读取、写入、执行 3 种权限来区分，另有 3 种特殊权限可供运用，再搭配拥有者与所属群组管理权限范围。可以使用 chmod 命令去变更文件与目录的权限，设置方式采用文字或数字代号皆可。符号连接的权限无法变更，如果您对符号连接修改权限，其改变会作用在被连接的原始文件。权限范围的表示法如下：

- u：User，即文件或目录的拥有者；
- g：Group，即文件或目录的所属群组；
- o：Other，除了文件或目录拥有者或所属群组之外，其他用户皆属于这个范围；
- a：All，即全部的用户，包含拥有者，所属群组以及其他用户。

有关权限代号的部分说明如下：

- r：读取权限，数字代号为“4”；
- w：写入权限，数字代号为“2”；
- x：执行或切换权限，数字代号为“1”；
- -：不具任何权限，数字代号为“0”。

此外还可设置第四位，它位于三位权限序列的前面，第四位数字取值是 4，2，1，代表意思如下：

- 4：执行时设置用户 ID，用于授权给基于文件拥有者的进程，而不是给创建此进程的用户；
- 2：执行时设置用户组 ID，用于授权给基于文件所在组的进程，而不是基于创建此进程的用户；
- 1：设置黏着位。

有关 chmod 的使用举例如下：

- chmod u+x file：给 file 的拥有者（u）增加（+）执行（x）的权限；

- ➢ chmod 751 file：给 file 的拥有者分配读、写、执行（4+2+1）的权限，给 file 的所在组分配读、执行（4+1）的权限，给其他用户分配执行（1）的权限；
- ➢ chmod u=rwx,g=rx,o=x file：给 file 的拥有者（u）分配读、写、执行（rwx）的权限，给 file 的所在组（g）分配读、执行（rx）的权限，给其他用户（o）分配执行（x）的权限；
- ➢ chmod =r file：为所有用户分配读（r）的权限；
- ➢ chmod 444 file：给 file 的拥有者分配读（4）的权限，给 file 的所在组分配读（4）的权限，给其他用户分配读（4）的权限，即为所有用户分配读权限；
- ➢ chmod a-wx,a+r file：为所有用户（a）关闭（-）写、执行（wx）的权限，为所有用户（a）添加（+）读（r）的权限；
- ➢ chmod -R u+r directory：递归地给 directory 目录下所有文件和子目录的拥有者（u）添加（+）读（r）的权限。

在超级终端中输入命令：

```
chmod 777 HelloQt
```

给 HelloQt 的拥有者分配读、写、执行（4+2+1）的权限，给 HelloQt 的所在组分配读、写、执行（4+2+1）的权限，给其他用户分配读、写、执行（4+2+1）的权限。

此时在超级终端中输入命令：

```
ls
```

进行查看，可以看出：此时 HelloQt 已经是一个可执行文件了，更改权限后的/usr 文件夹中的文件如图 5-20 所示。

图 5-20　更改权限后的/usr 文件夹中的文件

5.2.3　使用 FTP 上传程序

1. FTP 协议简介

无论在 Linux 系统还是 Windows 系统中，一般安装后都自带一个命令行的 FTP 命令程序，使用 FTP 可以登录远程的主机，并传递文件，这需要主机提供 FTP 服务和相应的权限。一般的嵌入式系统中不仅带有 ftp 命令，还在开机时启动了 FTP 服务。这样就可以使用 FTP 来发布程序。

FTP 的全称是 File Transfer Protocol（文件传输协议），顾名思义，就是专门用来传输文件的协议。FTP 的主要作用就是让用户连接上一个远程计算机（这些计算机上运行着 FTP 服务器程序）查看远程计算机有哪些文件，然后把文件从远程计算机上复制到本地计算机，或把本地计算机的文件传输到远程计算机去。

早期在 Internet 上传输文件，并不是一件容易的事，我们知道 Internet 是一个非常复杂的计算机环境，有 PC、工作站、MAC、服务器和大型机等，而这些计算机可能运行不同的操作系统，有 UNIX、Dos、Windows 和 MacOS 等，各种操作系统之间的文件交流，需要建立一个统一的文件传输协议，这就是所谓的 FTP。虽然基于不同的操作系统有不同的 FTP 应用程序，而所有这些应用程序都遵守同一种协议，这样用户就可以把自己的文件传送给别人，或者从其他的用户环境中获得文件。

在 FTP 的使用当中，用户经常遇到两个概念："下载"（Download）和"上传"（Upload）：

- "下载"文件就是从远程主机复制文件至自己的计算机上。
- "上传"文件就是将文件从自己的计算机中复制到远程主机上。

2．使用 FTP 上传程序

FTP 客户程序分字符界面和图形界面两种，为了方便测试，我们可以从 PC 的命令行窗口登录开发板，并向开发板上传文件。

首先打开 Windows 中的命令提示符，在 Windows 系统中切换目录如图 5-21 所示。随后需要使用 Dos 系统中的 cd 命令将目录切换至代发布程序所在的目录（虽然自 Windows XP 开始，命令提示符并不是真正的 Dos）。

功能：执行 cd 命令可改变当前目录。

参数与格式：

```
cd [/D] [drive:][path][..]
```

参数说明：/D：命令行开关，除了改变驱动器的当前目录之外，还可改变当前驱动器；

drive:：盘符；

path：需要进入的目录的路径（绝对或相对路径）；

\：根目录；

..：上层目录。

需要注意的是：Dos 系统中的命令不区分大小写。

假定代发布的程序在 H 盘根目录下，在命令提示符中输入命令：

```
cd /d h:
```

切换至 H 盘根目录下，如图 5-21 所示。此时需要查看一下目录中的内容确保有待上传的文件，在 Dos 系统中使用 dir 命令。

图 5-21　在 Windows 系统中切换目录

功能：执行 dir 命令可以查看目录内容。

参数与格式：

```
dir [drive:][path] [/P][/W]
```

参数说明：drive:：盘符；

path：需要列出内容的目录的路径（绝对或相对路径）；

/P：当查看的目录太多，无法在一屏显示完屏幕会一直往上滚动，不容易看清，加上/P 参数后，屏幕上会分面一次显示 23 行的文件信息，然后暂停，并提示：Press any key to continue；

/W：加上/W 只显示文件名，至于文件大小及建立的日期和时间则都省略。加上参数后，每行可以显示 5 个文件名。

在命令提示符中输入命令：

```
dir
```

查看当前目录的内容，在命令提示符中查看目录中的内容如图 5-22 所示（红圈所示的文件即为待上传的文件：HelloQt）。

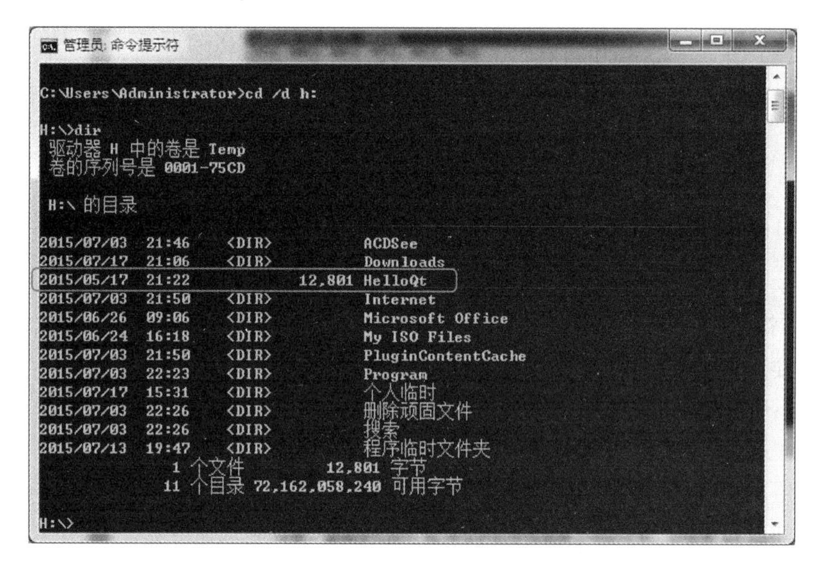

图 5-22　在命令提示符中查看目录中的内容

随后需要设置一下 PC 的 IP 地址，具体操作在 5.1.2 小节中已经介绍过了。

在命令提示符中使用 ftp 命令登录 FTP。

参数与格式：

ftp [-d] [-g] [-i] [-n] [-v [-f] [-k realm] [-q[-C]] [HostName [Port]]

参数说明：-d：将有关 ftp 命令操作的调试信息发送给 syslogd 守护进程；

-g：禁用文件名中的元字符拓展；

-i：关闭多文件传送中的交互式提示；

-n：防止在起始连接中的自动登录。否则，ftp 命令会搜索$HOME/.netrc 登录项；

-v：显示远程服务器的全部响应，并提供数据传输的统计信息。当 ftp 命令的输出是到终端（如控制台或显示）时，此显示方式是默认方式；如果 stdin 不是终端，除非用户调用带有-v 标志的 ftp 命令，或发送 verbose 子命令，否则 ftp 详细方式将禁用；

-f：导致转发凭证。如果 Kerberos 5 不是当前认证方法，则此标志将被忽略；

-k realm：如果远程站的域不同于本地系统的域，系统将允许用户指定远程站的域。因此，域和 DCE 单元是同义的。如果 Kerberos5 不是当前认证方法，则此标志将被忽略；

-q：允许用户指定 send_file 子例程必须用于在网络上发送文件。只有当文件在无保护的情况下以二进制方式发送时此标志才适用；

-C：允许用户指定通过 send_file 命令发出的文件必须在网络高速缓冲区（NBC）中经过缓存处理。此标志必须在指定了-q 标志的情况下使用。只有当文件在无保护的情况下以二进制方式发送时此标志才适用；

HostName [Port]：主机名[端口号]。

在命令提示符中输入命令：

```
ftp 192.168.1.230
```

即可开始登录 Micro2440 的 FTP，如图 5-23 所示。登录过程中需要输入用户名和密码，以 Micro2440 开发版为例，其 FTP 的用户名和密码均为 plg。

登录成功后系统提示“230 User plg logged in.”，如图 5-23 红圈中内容所示。

```
管理员: 命令提示符 - ftp 192.168.1.230
H:\ 的目录

2015/07/03  21:46    <DIR>          ACDSee
2015/07/17  21:06    <DIR>          Downloads
2015/05/17  21:22            12,801 HelloQt
2015/07/03  21:50    <DIR>          Internet
2015/06/26  09:06    <DIR>          Microsoft Office
2015/06/24  16:18    <DIR>          My ISO Files
2015/07/03  21:50    <DIR>          PluginContentCache
2015/07/03  22:23    <DIR>          Program
2015/07/17  15:31    <DIR>          个人临时
2015/07/03  22:26    <DIR>          删除顽固文件
2015/07/03  22:26    <DIR>          搜索
2015/07/13  19:47    <DIR>          程序临时文件夹
               1 个文件         12,801 字节
              11 个目录 72,162,058,240 可用字节

H:\>ftp 192.168.1.230
连接到 192.168.1.230。
220 FriendlyARM FTP server (Version 6.4/OpenBSD/Linux-ftpd 0.17) ready.
用户(192.168.1.230:(none)): plg
331 Password required for plg.
密码:
230 User plg logged in.
ftp>
```

图 5-23　登录 FTP

登录 FTP 后使用 put 命令上传文件。

参数与格式：

put local-file[remote-file]：将本地文件 local-file 传送至远程主机。

参数说明：local-file[remote-file]：本地文件名[远程主机文件名]。

在命令提示符中输入命令：

```
put HelloQt
```

即可开始传送文件，使用 FTP 传送文件如图 5-24 所示。

```
管理员: 命令提示符 - ftp 192.168.1.230
2015/06/24  16:18    <DIR>          My ISO Files
2015/07/03  21:50    <DIR>          PluginContentCache
2015/07/03  22:23    <DIR>          Program
2015/07/17  15:31    <DIR>          个人临时
2015/07/03  22:26    <DIR>          删除顽固文件
2015/07/03  22:26    <DIR>          搜索
2015/07/13  19:47    <DIR>          程序临时文件夹
               1 个文件         12,801 字节
              11 个目录 72,162,058,240 可用字节

H:\>ftp 192.168.1.230
连接到 192.168.1.230。
220 FriendlyARM FTP server (Version 6.4/OpenBSD/Linux-ftpd-0.17) ready.
用户(192.168.1.230:(none)): plg
331 Password required for plg.
密码:
230 User plg logged in.
ftp> put HelloQt
200 PORT command successful.
150 Opening ASCII mode data connection for 'HelloQt'.
226- WARNING! 16 bare linefeeds received in ASCII mode
   File may not have transferred correctly.
226 Transfer complete.
ftp: 发送 12801 字节，用时 0.01秒 2560.20千字节/秒。
ftp>
```

图 5-24　使用 FTP 传送文件

传送完毕，用户可以在超级终端看到目标板的/home/plg 目录下多了一个 HelloQt 文件，远程主机（嵌入式系统）接收的文件如图 5-25 所示。

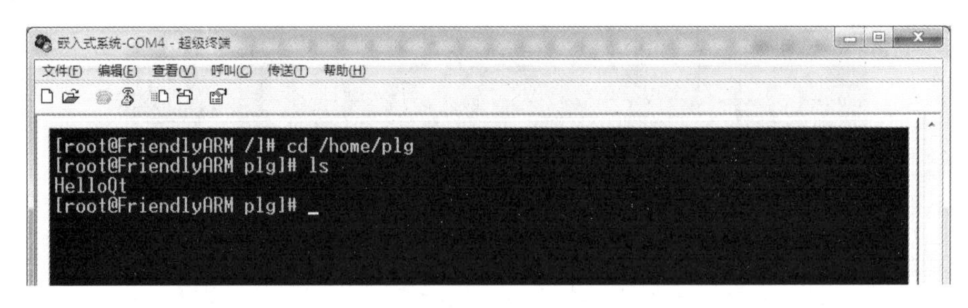

图 5-25　远程主机（嵌入式系统）接收的文件

可以看出：此时 HelloQt 并不是一个可执行文件。可以参照使用 Zmodem 文件传输协议发布程序的步骤进行操作更改 HelloQt 的权限。

5.2.4　程序运行

当赋予 HelloQt 可执行权限后，即可开始运行程序。

在嵌入式 Linux 中运行程序首先需要设置一下程序运行的环境。在嵌入式系统搭建时，已经将环境设置的脚本存储在/bin 目录下，因此只需要在超级终端中输入：

```
. setqt4env
```

即可完成环境的设置，设置程序运行环境如图 5-26 所示。

需要注意的是：点和脚本间有一个空格，说明脚本中导出的环境变量将应用到当前的 shell 会话中。

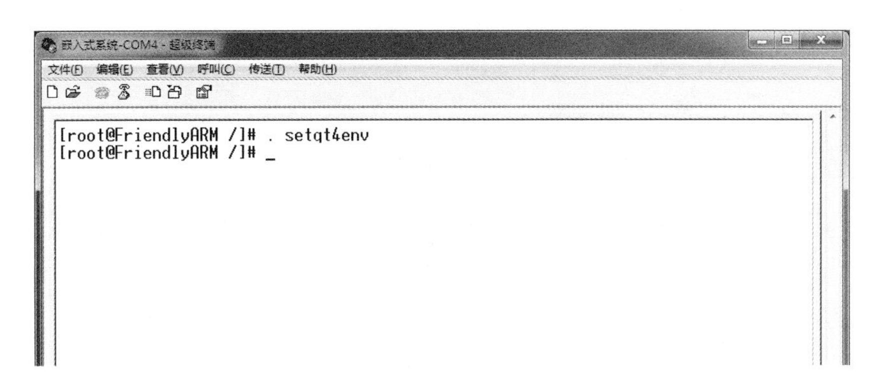

图 5-26　设置程序运行环境

紧接着进入 HelloQt 所在文件夹，在超级终端中输入：

```
./HelloQt -qws
```

或者不进入 HelloQt 所在文件夹，直接在超级终端中输入完整路径：

```
./usr/HelloQt -qws
```

即可运行程序，HelloQt 程序界面如图 5-27 所示。

图 5-27　HelloQt 程序界面

在这里，可以看到有一个重要的参数：-qws。Qt 编程和文档中的术语 QWS 的全称是 Qt Windows System，是 Qt 自行开发的窗口系统，体系结构类似 X Windows，是一个 C/S 结构，由 QWS Server 在物理设备上显示，由 QWS Client 实现界面，两者通过 socket 进行彼此的通信。在很多嵌入式系统里，Qt 程序基本上都是用 QWS 来实现，这样保证程序的可移植性。

另外，在运行 Qt 程序时添加-qws 参数，表示这个程序是 QWS Server，否则是 QWS Client。任何一个基于 Qt 的 application 都可以做 QWS Server。当然，QWS Server 一定要先于 QWS Client 启动，否则 QWS Client 将启动失败。在实际应用中，会指定某个特殊的程序做 QWS Server，这个程序一般还会管理一些其他的系统资源。

5.3　NFS 的使用

网络文件系统（Network File System，NFS）是文件系统中的一种，它允许网络中的计算机之间通过 TCP/IP 网络共享资源。在 NFS 的应用中，本地 NFS 的客户端应用可以透明地读写位于远端 NFS 服务器上的文件，就像访问本地文件一样。

使用 NFS 的时候，将嵌入式系统作为本地端，将虚拟机作为 NFS 服务器。

5.3.1　开启服务器的 NFS 服务

1．安装 nfs-kernel-server

要想在嵌入式系统中使用 NFS，则必须开启虚拟机，也就是 Ubuntu10.10 的 NFS 服务。

在终端中输入命令：

sudo apt-get install nfs-kernel-server

此时会在图 5-28 所示的界面中出现 nfs-kernel-server 安装提示。

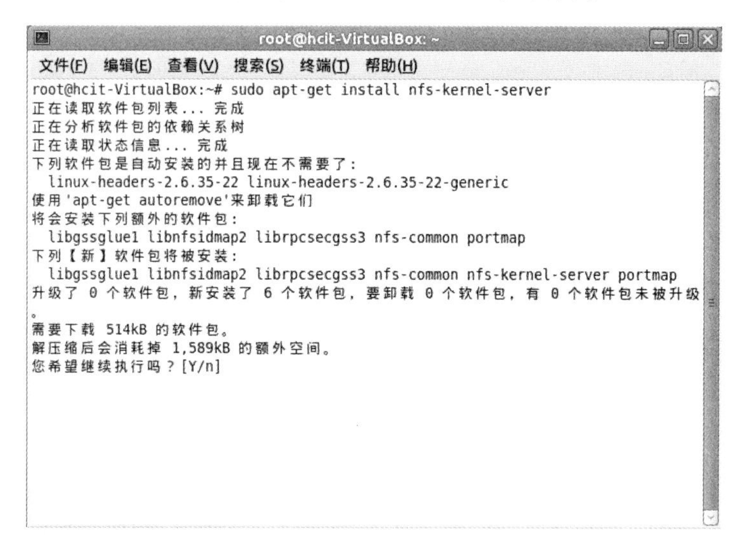

图 5-28　nfs-kernel-server 安装提示

选择输入“Y”，开始下载 nfs-kernel-server 安装包。当下载完成后，会自动安装 libncurses*，nfs-kernel-server 安装完成后的界面如图 5-29 所示。

图 5-29　nfs-kernel-server 安装完成

如果出现提示：

* Not starting NFS kernel daemon: no support in current kernel.

此时没有启动 NFS。解决此问题的方法是在终端中输入命令：

```
sudo gedit /etc/init.d/nfs-kernel-server
```

开始编辑 nfs-kernel-server 文件。

将如下文字进行注释（即在每段文字前加上#），如下所示：

```
# See if our running kernel supports the NFS kernel server
# if [ -f /proc/kallsyms ] && ! grep -qE 'init_nf(sd|      )' /proc/kallsyms; then
#       log_warning_msg "Not starting $DESC: no support in current kernel."
#       exit 0
# fi
```

然后在终端中输入命令：

```
sudo /etc/init.d/nfs-kernel-server restart
```

重启 nfs 服务即可。

2．修改 PC 的网络信息

打开本地连接的属性设置，如图 5-6 所示。

在图 5-6 所示的界面中，选中“Internet 协议版本 4 （TCP/IPv4）”。单击“属性”按钮，进入属性设置界面，选择“自动获得 IP 地址”，修改本地连接的 IP 地址如图 5-30 所示。

3．修改服务器的网络信息

在 Ubuntu10.10 的界面的右上角用鼠标右键单击“网络连接”图标，选择“编辑连接…”选项，如图 5-31 所示，会弹出图 5-32 所示的网络连接选项卡。

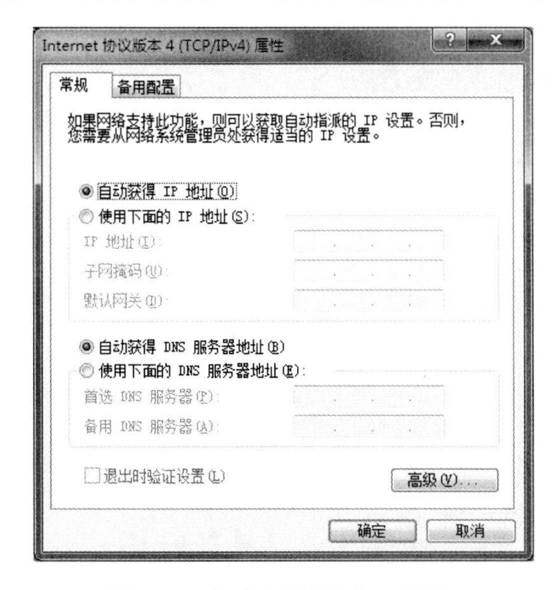

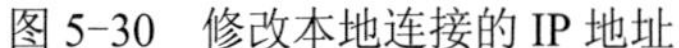
图 5-30　修改本地连接的 IP 地址

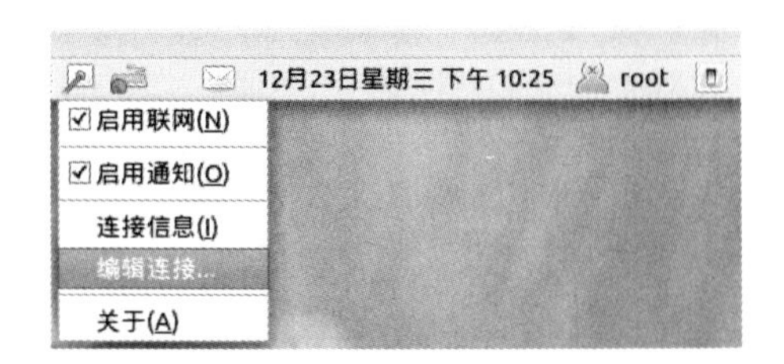

图 5-31　编辑连接

此时，根据 3.2.4 小节中的设置，Auto eth0 是桥接至 HOST 的有线网络适配器，用于与嵌入式进行网络通信，因此选中 Auto eth0 后单击“编辑…”按钮会出现图 5-33 所示 Auto eth0 编辑选项卡。

图 5-32 网络连接选项卡

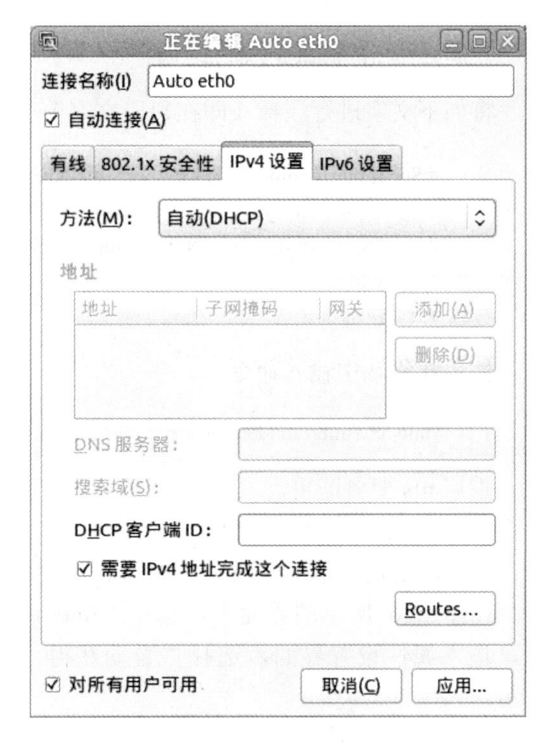

图 5-33 Auto eth0 编辑选项卡

将“IPv4 设置”从“自动（DHCP）”修改为图 5-34 所示的 IPv4 参数设置，其中 IP 地址的值是一个参考值，但是一旦设置完成，以后的主机 IP 也就设定了。

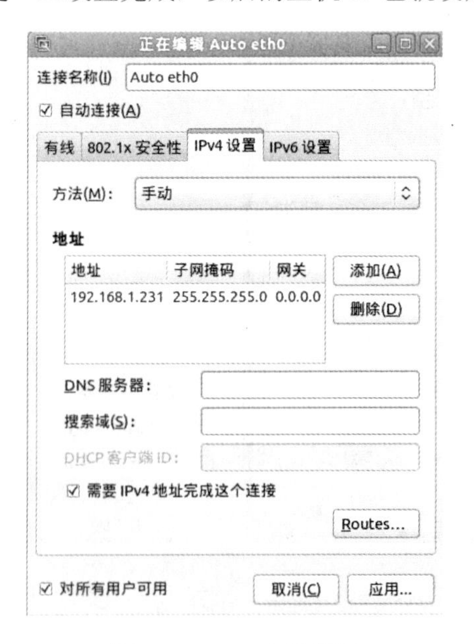

图 5-34 IPv4 参数设置

5.3.2 使用 NFS 共享文件夹

1．在服务器中创建 NFS 共享文件夹

在终端中输入命令：

```
cd /
```

即可进入根目录。

在终端输入命令：

```
sudo mkdir nfs
```

在根目录中创建 nfs 目录。

2．设定 NFS 共享

在终端中输入命令：

```
gedit /etc/exports
```

开始编辑/etc/exports 文件，如图 5-35 所示。在其中空白位置输入如下内容：

```
/nfs *(rw,sync,no_root_squash)
```

其中：

➢ /nfs 表示用作 NFS 共享的目录；

➢ *表示所有的客户机都可以挂载此目录；

```
# /etc/exports: the access control list for filesystems which may be exported
#               to NFS clients.  See exports(5).
#
# Example for NFSv2 and NFSv3:
# /srv/homes       hostname1(rw,sync,no_subtree_check) hostname2
(ro,sync,no_subtree_check)
#
# Example for NFSv4:
# /srv/nfs4        gss/krb5i(rw,sync,fsid=0,crossmnt,no_subtree_check)
# /srv/nfs4/homes  gss/krb5i(rw,sync,no_subtree_check)
#

/nfs *(rw,sync,no_root_squash)
```

图 5-35　编辑/etc/exports 文件

➢ rw 表示挂载此目录的客户机对该目录有读写的权力；

➢ no_root_squash 表示允许挂载此目录的客户机享有该主机的 root 身份。

编辑/etc/exports 文件并保存后，重启 Ubuntu10.10 即可开始使用 NFS 共享文件夹。

3. 使用 NFS 共享文件夹

在超级终端中输入命令：

```
mount -t nfs -o nolock,rsize=2048,wsize=2048 192.168.1.231:/nfs /mnt
```

将服务器端的/nfs 目录挂载到本地端的/mnt 目录，此时在嵌入式系统中操作/mnt 目录实际上就是在操作 Ubuntu10.10 的/nfs 目录。

（1）查看文件夹

Ubuntu10.10 的/nfs 文件夹中有一个名为 nfsmount.sh 的文件，服务器端/nfs 目录中的文件如图 5-36 所示。

图 5-36　服务器端/nfs 目录中的文件

在超级终端中输入命令：

```
cd /mnt
```

即可进入/mnt 目录。

在超级终端输入命令：

```
ls
```

查看本地端/mnt 目录内容，如图 5-37 所示。

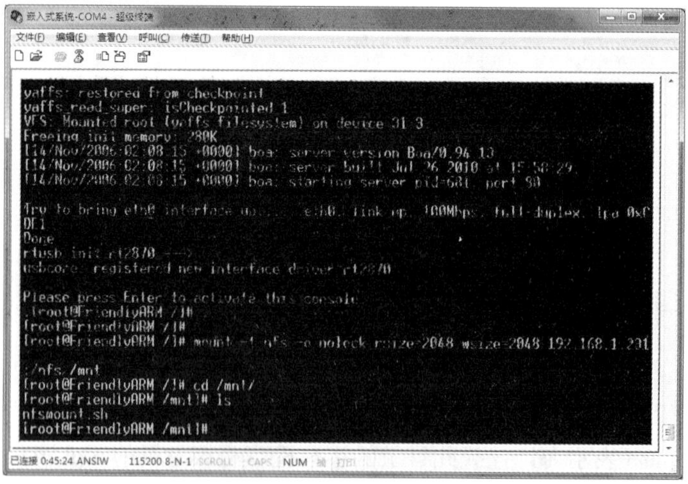

图 5-37　查看本地端/mnt 目录内容

从图 5-36 和图 5-37 中可以看出：服务器端的/nfs 目录挂载到本地端的/mnt 目录内容是一致的。

（2）操作文件夹

在超级终端输入命令：

```
mkdir 000
```

在本地端/mnt 目录创建一个目录“000”，如图 5-38 所示。

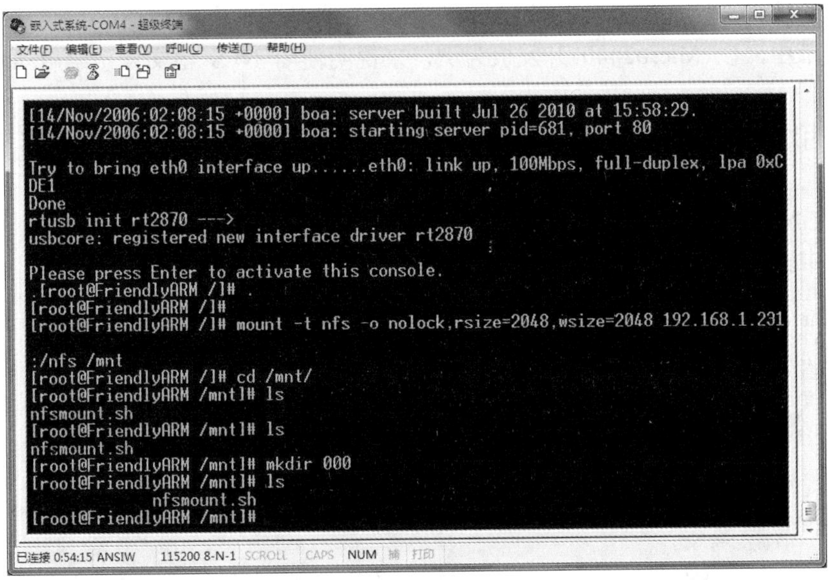

嵌入式系统-COM4 - 超级终端
文件(F) 编辑(E) 查看(V) 呼叫(C) 传送(T) 帮助(H)
[14/Nov/2006:02:08:15 +0000] boa: server built Jul 26 2010 at 15:58:29.
[14/Nov/2006:02:08:15 +0000] boa: starting server pid=681, port 80
Try to bring eth0 interface up......eth0: link up, 100Mbps, full-duplex, lpa 0xC
DE1
Done
rtusb init rt2870 --->
usbcore: registered new interface driver rt2870
Please press Enter to activate this console.
[root@FriendlyARM /]#
[root@FriendlyARM /]#
[root@FriendlyARM /]# mount -t nfs -o nolock,rsize=2048,wsize=2048 192.168.1.231
:/nfs /mnt
[root@FriendlyARM /]# cd /mnt/
[root@FriendlyARM /mnt]# ls
nfsmount.sh
[root@FriendlyARM /mnt]# ls
nfsmount.sh
[root@FriendlyARM /mnt]# mkdir 000
[root@FriendlyARM /mnt]# ls
nfsmount.sh
[root@FriendlyARM /mnt]#
已连接 0:54:15 ANSIW 115200 8-N-1 SCROLL CAPS NUM 捕 打印

图 5-38　在本地端/mnt 目录创建一个目录“000”

此时在 Ubuntu10.10 的/nfs 目录中也多出了一个名为“000”的目录，服务器端/nfs 目录中的文件和目录如图 5-39 所示。

应用程序 位置 系统
文件(F) 编辑(E) 查看(V) 转到(G) 书签(B) 帮助(H)
后退 前进 100% 图标视图
位置 nfs
root
桌面
文件系统
网络
回收站
文档
音乐
图片
视频
下载
000
nfsmount.sh

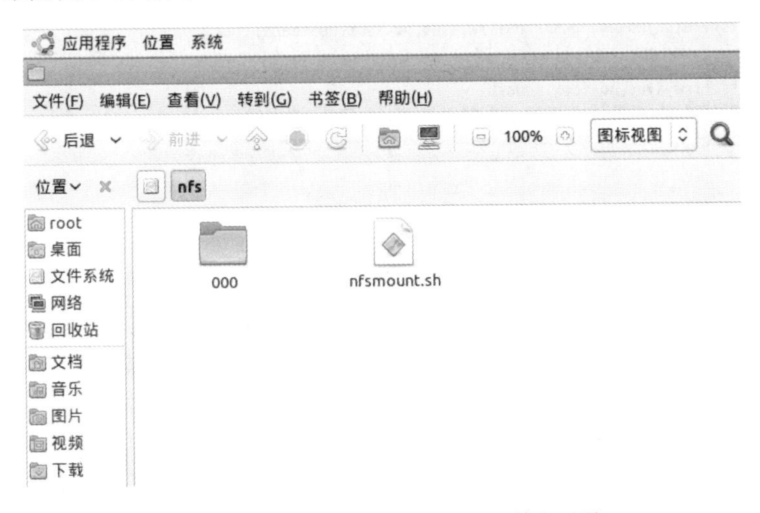

图 5-39　服务器端/nfs 目录中的文件和目录

从图 5-38 和图 5-39 中可以看出：本地 NFS 的客户端应用可以透明地读写位于远端 NFS 服务器上的文件，就像访问本地文件一样。

5.3.3 使用 NFS 根文件系统启动嵌入式系统

在 4.2.2 小节定制 Linux 内核中，我们添加了对于 NFS 启动的支持，这也就意味着可以使用 NFS 文件系统启动嵌入式系统。

通过使用 NFS 作为根文件系统，嵌入式系统的“硬盘”就可以变得很大，因为使用的是服务器端的硬盘，这是使用嵌入式 Linux 开发经常使用的方法之一。

在本小节中，以 Micro2440 开发板为例，来说明使用 NFS 根文件系统启动嵌入式系统的操作。

要想使用 NFS 根文件系统，必须保证 bootloader 和内核已经正确地烧写至嵌入式系统中。

1．设定 NFS 共享

在终端中输入命令：

```
gedit /etc/exports
```

开始编辑/etc/exports 文件，如图 5-40 所示。在其中空白位置输入如下内容：

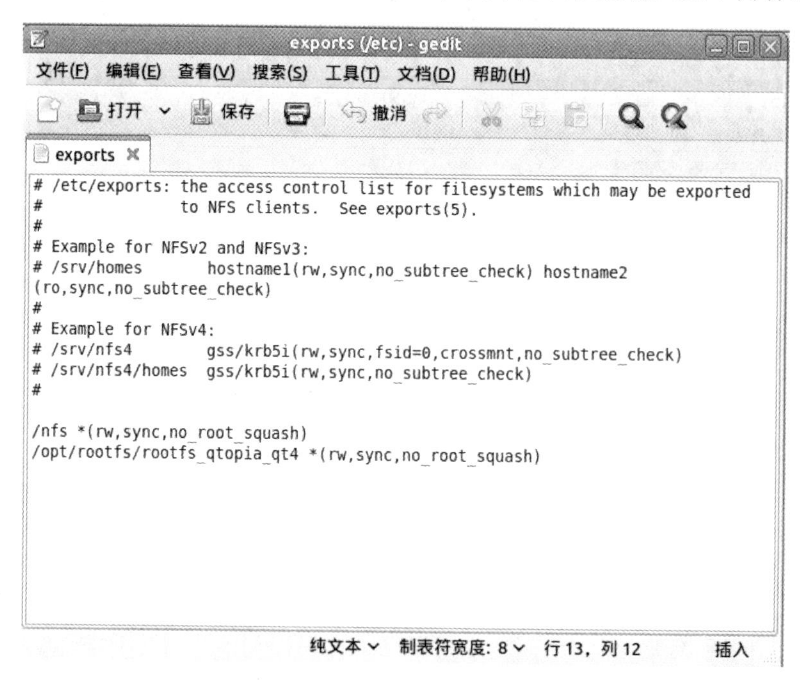

图 5-40 编辑/etc/exports 文件

```
/opt/rootfs/rootfs_qtopia_qt4 *(rw,sync,no_root_squash)
```

重启 Ubuntu10.10。

2．使用 NFS 根文件系统启动嵌入式系统

将 Micro2440 开发板设置为 Nor Flash 启动，开机后在图 2-18 所示的 FriendlyARM

BIOS 2.0 for 2440 界面中输入字符“q”进入 vivi 模式，如图 5-41 所示。

在 vivi 模式中，输入如下命令：

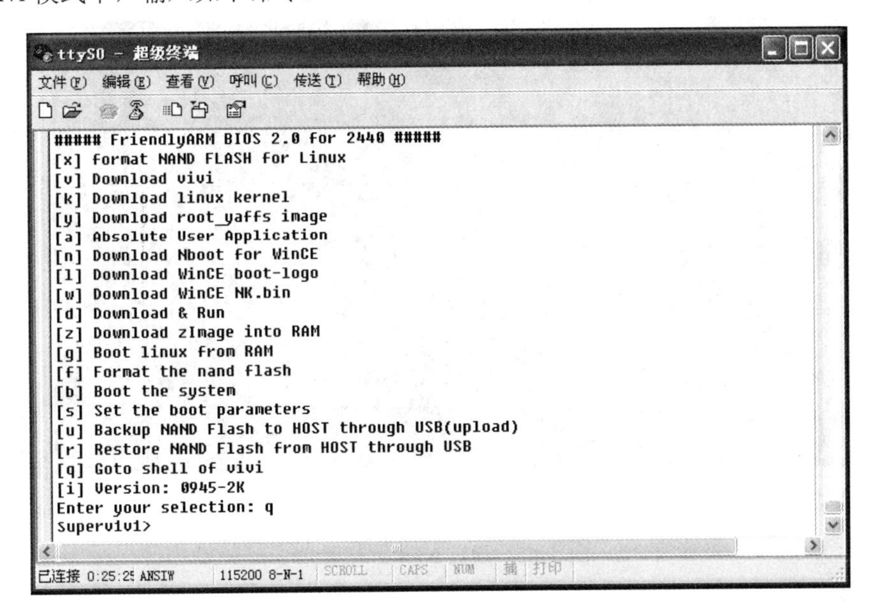

图 5-41 进入 vivi 模式

```
param set linux_cmd_line "console=ttySAC0 root=/dev/nfs nfsroot=192.168.1.231:/opt/rootfs/rootfs_qtopia_qt4 ip=192.168.1.230:192.168.1.231:192.168.1.231:255.255.255.0:sbc2440.arm9.net:eth0:off"
```

其中：

- param set linux_cmd_line 是设置启动 Linux 时的命令参数；
- “nfsroot=”字符串后是服务器端的 IP 地址和 NFS 共享目录；
- “ip=”字符串后第一项（192.168.1.230）是本地端的临时 IP（注意不要和局域网内其他 IP 冲突）；
- “ip=”字符串后第二项（192.168.1.231）是服务器端的 IP；
- “ip=”字符串后第三项（192.168.1.231）是本地端的网关（GW）设置；
- “ip=”字符串后第四项（255.255.255.0）是子网掩码；
- “ip=”字符串后第五项是开发主机的名字（一般无关紧要，可随便填写），eth0 是网卡设备的名称。

然后在 vivi 模式中输入字符串“boot”，按〈Enter〉键就可以通过 NFS 启动系统了，如图 5-42 所示。

3．测试 NFS 根文件系统

在超级终端输入命令：

```
ls
```

查看 NFS 根文件系统，如图 5-43 所示。

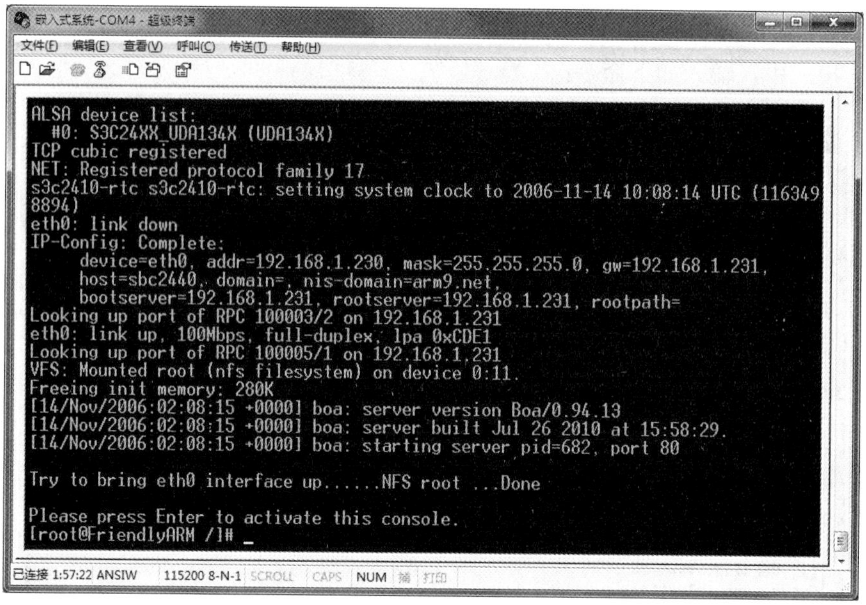
嵌入式系统-COM4 - 超级终端
文件(F) 编辑(E) 查看(V) 呼叫(C) 传送(T) 帮助(H)
ALSA device list:
  #0: S3C24XX_UDA134X (UDA134X)
TCP cubic registered
NET: Registered protocol family 17
s3c2410-rtc s3c2410-rtc: setting system clock to 2006-11-14 10:08:14 UTC (116349
8894)
eth0: link down
IP-Config: Complete:
     device=eth0, addr=192.168.1.230, mask=255.255.255.0, gw=192.168.1.231,
     host=sbc2440, domain=, nis-domain=arm9.net,
     bootserver=192.168.1.231, rootserver=192.168.1.231, rootpath=
Looking up port of RPC 100003/2 on 192.168.1.231
eth0: link up, 100Mbps, full-duplex, lpa 0xCDE1
Looking up port of RPC 100005/1 on 192.168.1.231
VFS: Mounted root (nfs filesystem) on device 0:11.
Freeing init memory: 280K
[14/Nov/2006:02:08:15 +0000] boa: server version Boa/0.94.13
[14/Nov/2006:02:08:15 +0000] boa: server built Jul 26 2010 at 15:58:29.
[14/Nov/2006:02:08:15 +0000] boa: starting server pid=682, port 80
Try to bring eth0 interface up......NFS root ...Done
Please press Enter to activate this console.
[root@FriendlyARM /]# _
已连接 1:57:22 ANSIW 115200 8-N-1 SCROLL CAPS NUM 捕 打印

图 5-42　通过 NFS 启动系统

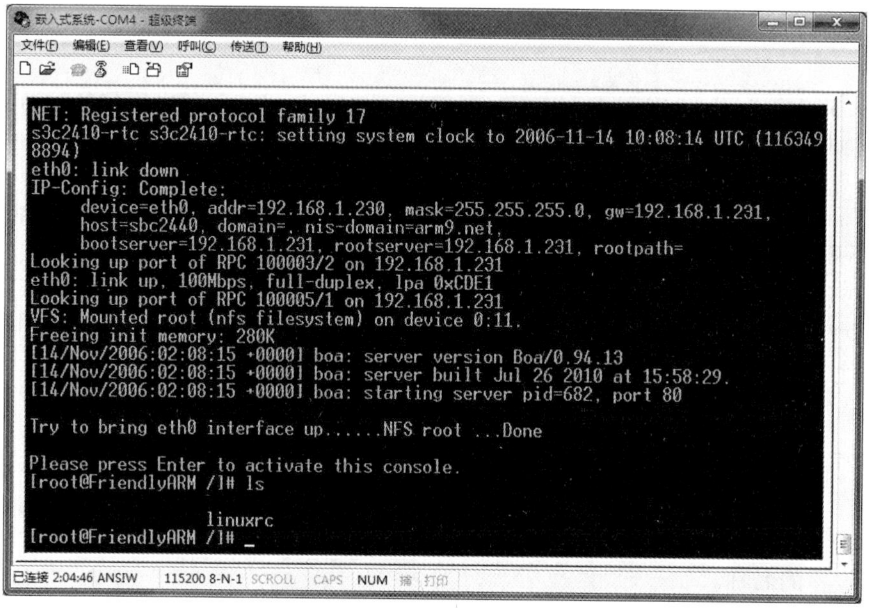
嵌入式系统-COM4 - 超级终端
文件(F) 编辑(E) 查看(V) 呼叫(C) 传送(T) 帮助(H)
NET: Registered protocol family 17
s3c2410-rtc s3c2410-rtc: setting system clock to 2006-11-14 10:08:14 UTC (116349
8894)
eth0: link down
IP-Config: Complete:
     device=eth0, addr=192.168.1.230, mask=255.255.255.0, gw=192.168.1.231,
     host=sbc2440, domain=, nis-domain=arm9.net,
     bootserver=192.168.1.231, rootserver=192.168.1.231, rootpath=
Looking up port of RPC 100003/2 on 192.168.1.231
eth0: link up, 100Mbps, full-duplex, lpa 0xCDE1
Looking up port of RPC 100005/1 on 192.168.1.231
VFS: Mounted root (nfs filesystem) on device 0:11.
Freeing init memory: 280K
[14/Nov/2006:02:08:15 +0000] boa: server version Boa/0.94.13
[14/Nov/2006:02:08:15 +0000] boa: server built Jul 26 2010 at 15:58:29.
[14/Nov/2006:02:08:15 +0000] boa: starting server pid=682, port 80
Try to bring eth0 interface up......NFS root ...Done
Please press Enter to activate this console.
[root@FriendlyARM /]# ls
linuxrc
[root@FriendlyARM /]# _
已连接 2:04:46 ANSIW 115200 8-N-1 SCROLL CAPS NUM 捕 打印

图 5-43　查看 NFS 根文件系统

在超级终端输入命令：

```
mkdir zzzzz
```

在/mnt 目录创建一个目录“zzzzz”，NFS 根文件系统中创建目录如图 5-44 所示。

此时在 Ubuntu10.10 的/opt/rootfs/rootfs_qtopia_qt4 目录中也多出了一个名为“zzzzz”的目录，如图 5-45 所示。

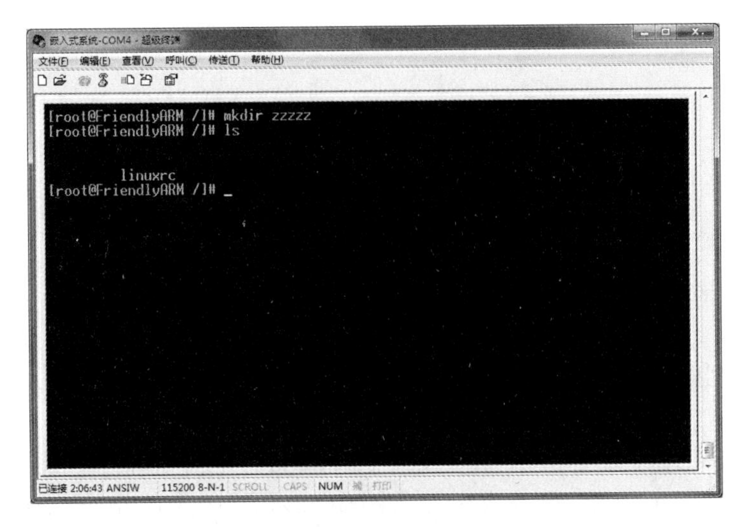

图 5-44　NFS 根文件系统中创建目录

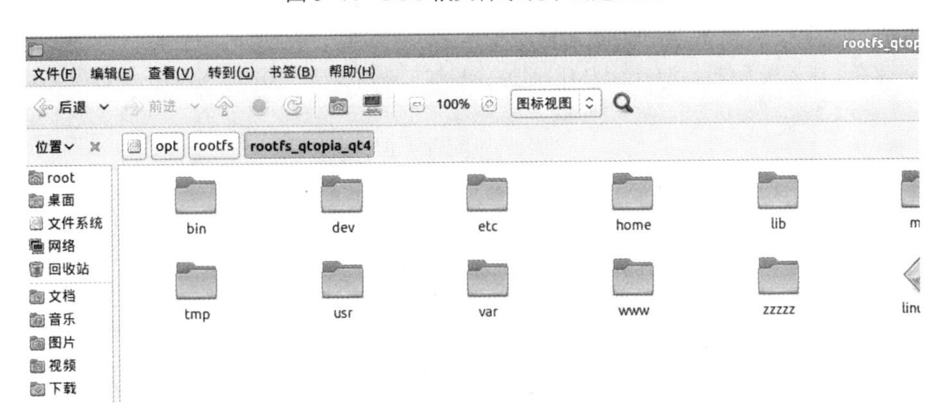

图 5-45　服务器端/opt/rootfs/rootfs_qtopia_qt4 目录中的文件和目录

5.4　实训

1. 使用 Telnet 登录嵌入式系统，并通过串口上传程序，并运行。
2. 将服务器端的/mnt/Downloads 目录挂载至嵌入式系统的/mnt 目录中。
3. 使用 NFS 启动嵌入式系统。

5.5　习题

1. Telnet 协议的特点是什么？
2. 串口传输协议有哪些？其特点是什么？
3. FTP 协议的特点是什么？
4. NFS 的含义是什么？其特点是什么？

参 考 文 献

[1] 童永清．Linux C 编程实战[M]．北京：人民邮电出版社，2008.
[2] 吴军，周转运．嵌入式 Linux 系统应用基础与开发范例[M]．北京：人民邮电出版社，2007.
[3] 林晓飞，刘彬，张辉．基于 ARM 嵌入式 Linux 应用开发与实例教程[M]．北京：清华大学出版社，2007.
[4] 罗苑棠．嵌入式 Linux 驱动程序与系统开发实例精讲[M]．北京：电子工业出版社，2009.
[5] 余辉．嵌入式 Linux 程序设计案例与实验教程[M]．北京：机械工业出版社，2008.
[6] 魏洪兴，胡亮．嵌入式系统设计与实例开发实验教材[M]．北京：清华大学出版社，2005.
[7] 李善平，刘文峰，王焕龙．Linux 与嵌入式系统[M]．北京：清华大学出版社，2006.
[8] 蒋建春．嵌入式系统原理与设计[M]．北京：机械工业出版社，2010.

精品教材推荐

传感器与检测技术 第2版

书号：ISBN 978-7-111-53350-4

定价：43.00 元　　作者：董春利

推荐简言：

金属传统类、半导体新型类，每章包含两类内容。效应原理、结构特性、组成电路、应用实例，一脉相承。精品课程、电子课件、实训教材，配套成系 。

工厂电气控制与 PLC 应用技术

书号：ISBN 978-7-111-50511-2

定价：39.90 元　　作者：田淑珍

推荐简言：

讲练结合，突出实训，便于教学；通俗易懂，入门容易，便于自学；结合生产实际，精选电动机典型的控制电路和 PLC 的实用技术，内容精炼，实用性强。

S7-200 SMART PLC 应用教程

书号：ISBN 978-7-111-48708-1

定价：33.00 元　　作者：廖常初

推荐简言：

S7-200 SMART 是 S7-200 的更新换代产品。全面介绍了 S7-200 SMART 的硬件、指令、编程方法、通信、触摸屏组态和编程软件使用方法。有 30 多个实验的指导书，40 多个例程。

汽车电工电子技术基础 第2版

书号：ISBN 978-7-111-51679-8

定价：39.90 元　　作者：罗富坤 王彪

推荐简言：

理论够用：取材共性知识构建基础理论

内容实用：贴近工程实际形成系统概念

操作适用：实现工作任务训练综合职业能力

S7-300 PLC、变频器与触摸屏综合应用教程

书号：ISBN 978-7-111-50552-5

定价：39.90 元　　作者：侍寿永

推荐简言：

以工业典型应用为主线，按教学做一体化原则编写。通过实例讲解，通俗易懂，且项目易于操作和实现。知识点层层递进，融会贯通，便于教学和读者自学。图文并茂，强调实用，注重入门和应用能力的培养。

电力电子技术 第2版

书号：ISBN 978-7-111-52466-3

定价：43.00 元　　作者：张静之

推荐简言：

面向高等职业教育，兼顾理论分析与实践能力提升。加强基础，精练内容，循序渐进。结合技能等级鉴定的要求，突出理论的工程应用。教学课件、章节内容梳理和提炼、习题及参考答案等教学资源配套齐全，有利于教学。

精品教材推荐

SMT 工艺

书号：ISBN 978-7-111-53321-4

定价：35.00 元　作者：刘新

推荐简言：

国家骨干高职院校建设成果。采用项目导向，任务驱动的模式组织教学内容。校企深度合作，教学内容符合 SMT 生产企业实际需求。

物联网技术应用——智能家居

书号：ISBN 978-7-111-50439-9

定价：35.00 元　作者：刘修文

推荐简言：

通俗易懂，原理产品一目了然。内容新颖，实训操作添加技能。一线作者，案例讲解便于教学。

手机原理与维修项目式教程

书号：ISBN 978-7-111-53449-5

定价：26.00 元　作者：陈子聪

推荐简言：

执行“以就业为导向”的指导思想，多采用实物图来讲解，便于学生形象理解，突出“做中学、做中教”的职业教学特色，以“智能机型”为例讲解，充分体现“以学生为本”的教学思想，突出手机维修技能训练。

光伏电站的施工与维护

书号：ISBN 978-7-111-52516-5

定价：29.90 元　作者：袁芬

推荐简言：江苏省示范院校重点专业教改课程配套教材。校企合作编写，对接光伏电站，精选案例，实用性强。采用“项目-任务”的编写模式，突出“任务引领”的职业教育教学特色。理论联系实际，对光伏电站的施工、测试和维护具有可操作性 。

Verilog HDL 与 CPLD/FPGA 项目开发教程 第 2 版

书号：ISBN 978-7-111-52029-0

定价：39.90 元　作者：聂章龙

推荐简言：

教材内容以“项目为载体，任务为驱动”的方式进行组织。教材的项目选取源自企业化的教学项目，教材体现充分与企业合作开发的特色。教材知识点的学习不再将理论与实践分开，而是将知识点融入到每个项目的每个任务中。教材遵循“有易到难、有简单到综合”的学习规律。

电子产品装配与调试项目教程

书号：ISBN 978-7-111-53480-8

定价：39.90 元　作者：牛百齐

推荐简言：

以项目为载体，将电子产品装配与调试工艺融入工作任务中。以培养技能为主线，学中做，做中学，快速掌握并应用。含丰富的实物及操作图片，真实、直观，方便教学。